生态文明看聊城

主　编　赵庆忠

中国社会科学出版社

图书在版编目（CIP）数据

生态文明看聊城 / 赵庆忠主编. —北京：中国社会科学出版社，2012.11

ISBN 978-7-5161-1728-6

Ⅰ.①生… Ⅱ.①赵… Ⅲ.①区域生态环境—生态环境建设—研究—聊城市 Ⅳ.①X321.252.3

中国版本图书馆CIP数据核字(2012)第261458号

出 版 人	赵剑英
责任编辑	王 斌
责任校对	范丽雯
责任印制	王 超

出版发行	中国社会科学出版社
社　　址	北京鼓楼西大街甲158号（邮编 100720）
网　　址	http://www.csspw.cn
	中文域名：中国社科网　010-64070619
发 行 部	010-84083685
门 市 部	010-84029450
经　　销	新华书店及其他书店

印　　装	北京君升印刷有限公司
版　　次	2012年11月第1版
印　　次	2012年11月第1次印刷

开　　本	710×1000　1／16
印　　张	21.5
插　　页	2
字　　数	304千字
定　　价	58.00元

《生态文明看聊城》编委会

生态文明看聊城

（序一）

党的十七大以来，按照中央和山东省委省府的战略部署，聊城紧密结合自身实际，开展了声势浩大的生态文明市创建活动。短短几年间，创造了普适性极强的生态文明建设 "聊城现象"。作为一个学习研究推动生态文明建设、始终关注聊城生态文明市创建活动的理论和实际工作者，我在感到由衷的喜悦之际，更多的是对创造 "聊城现象"的人们深深的感激和敬佩。

聊城生态文明建设的成功经验十分丰富。在我个人看来，概括起来有15条，即 "一次跨越、两化互进、三箭齐发、四轮驱动、五子登科"：

——实现了从农耕文明跨越工业文明步入生态文明的历史性跨越；

——做到了用生态化改造工业化、生态化和工业化 "两化"互促共进；

——运用党政强力推进、企业率先引领、社会积极响应三大举措整体发力；

——把经济调（结构）转（方式）、科技创新、节能减排、目标考核作为四大抓手；

——收获了经济高速发展（挣了票子）、环境显著好转（不伤身子）、民生持续改善（惠及孙子）、社会不断进步（不出乱子）、示范效应明显（创了牌子）五大效益。

聊城经验之所以弥足珍贵，就在于她的普适性。

作为一个欠发达地区，如何尽快实现现代化？这是每一个此类地区的领导者和人民群众都极为关心又迫切需要解决的大问题，也是众所周知的大难题！难就难在如何既实现工业快速发展又少破坏甚至不破坏环境。这个难题，发达国家没有破解，他们走的是先污染后治理的传统工业文明老路；我国一些发达地区没有破解，他们更多的是沿袭传统工业文明的老路；广大的欠发达地区更没有破解，许多地方还在信奉传统的工业文明老路，怀疑以至抵触生态文明之路。值得欣慰的是，聊城人跳出了传统工业文明的老路，走上了生态文明的康庄大道。他们打破了工业化与生态化势不两立的神话，以自己切身有效的实践，明白无误地向世人表明：生态文明之路是必须的、可行的、能够成功的，聊城市能够做到，发达地区更应该能够做到，所有欠发达地区也应该可以复制。这是聊城人对全国生态文明建设乃至全球可持续发展所作出的杰出贡献。

正因如此，中央和山东省有关机构才决定举办了中国（聊城）生态文明建设国际论坛。论坛聚集了数百名国内外生态文明建设的理论研究者和实际工作者，党和国家领导同志、中央有关部委及山东省领导、业内顶级专家学者、广大新闻媒体的记者出席会议，围绕以绿色循环低碳高速发展的工业与生态文明为特色的"聊城现象"，多维度、广角度深度解读聊城生态文明建设经验，形成了一批高质量的观点、建议和极具震撼力的《生态文明聊城倡议》以及大量的新闻稿件。这些成果，既是聊城生态文明建设光辉历程原始风貌的真切展示，也是参加论坛的领导专家代表及媒体记者心声的真实流露。

令我更感振奋的是，刚刚胜利闭幕的党的十八大将生态文明建设与社会主义经济建设、政治建设、文化建设、社会建设一起列入改革发展的整体规划，并做出部署，这是从战略全局上对生态文明的高度肯定，意义重大，影响深远。为此，将中国（聊城）生态文明建设国际论坛的成果及时结集出版，公示与众，意义非同寻常。

聊城，是生态文明希望之光升起的地方。我坚信并真诚地祝愿：乘着贯彻党的十八大精神的东风，聊城生态文明建设的星星之火，必将燎原在祖国的大地海疆！

王景福

2012年11月15日于北京

着力推进生态文明建设

（代序二）

宋远方

一

生态文明是人类对传统文明形态特别是工业文明进行深刻反思的成果，它重点强调经济发展和环境保护和谐共存、相互促进。

山东聊城市是一个传统的农业地区，又是一个相对欠发达市，选择什么样的发展路径，至关重要。2007年，新一届聊城市委、市政府认真学习领会中央提出的建设生态文明的要求，深入实际调查研究后认为，聊城必须树立生态文明的理念，走经济发展与环境保护互促共赢的路子。

近年来，聊城市着力促进生态保护与经济发展相互融合，通过狠抓生态文明市建设，不仅工业实现了跨越发展，而且生态环境得到有效保护和持续改善，聊城市节能和减排两项指标在全省的综合排名逐年攀升，全市8个县（市区）全部成为国家或省级生态示范区；2011年，聊城获得了国家环境保护模范城市的称号。

一是树立生态理念，统一思想认识。2008年，聊城市委、市政府召开了建设生态文明市动员部署大会。随后，开展了广泛深入的宣传教育活动，提出了"生态是借贷而不是继承"、"GDP增长不等于财富积累"等通俗易懂的理念和口号；采取报告会、党校培训、学习参观等形式，深入宣传生态文明市的重大意义、丰富内涵和实现途径；大力开展生态文明县（市区）、生态文明乡镇等创建活动。

二是发展生态经济，加快转方式调结构的步伐。聊城市委、市政府采取了"加、减、乘、除"4项举措，加快转方式、调结构，努力实现经济发展与环境保护的互促共赢。

——"加"即加大优质高效投入，以增量优化促进存量调整。聊城市委、市政府立足当地产业优势，着眼未来发展方向，提出了建设"一五二"产业基地的战略目标。此外，聊城市委、市政府坚持每年抓好100个符合国家产业政策、科技含量高、财税贡献大、节能环保的重点项目。

——"减"即大力推进节能减排，努力降低生态成本。聊城工业以重化工业为主，节能减排的压力十分沉重。面对严峻的形势，聊城市委、市政府采取多项措施，主动调高指标，与各县（市区）和重点企业签订责任状，并抓好各项目标任务的落实。

——"乘"即充分发挥科技创新"倍加"效应，增创发展新优势。聊城市坚持运用高新技术改造传统产业，大力发展战略性新兴产业，推广应用节能环保技术，积极发展循环经济，提升企业核心竞争力。

——"除"即大力发展生态农业和服务业，调整优化产业结构。聊城市在加快推进新型工业化的同时，大力发展生态农业和服务业，使"无烟产业"成为聊城经济的新支柱。一方面，狠抓农业结构调整，大力发展上档次的龙头企业、成规模的特色农产品基地、有影响的生态农产品品牌。另一方面，加快发展服务业。

三是切实加强考核，树立工作导向。聊城市委、市政府将建设生态文明市的主要任务进行了量化分解，明确了分管领导、责任单位、时间进度、质量要求等；将其纳入各级各部门的年度目标考核体系，赋予其占考核总分值20%的权重。在此基础上，聊城还以生态文明市建设为核心，对目标管理考核体系进行了重新设计，创造性地构建起一套设置科学、方便量化、适合操作的考核指标体系。

二

聊城市着力推进生态文明建设的实践证明，走经济发展与生态保护共赢的道路，是切实可行的。具体而言，有以下几条经验值得总结。

第一，经济发展与环境保护完全可以实现互促共赢。聊城的实践充分证明，只要坚持生态文明的理念，按照建设生态文明的要求抓工作，经济发展与环境保护的关系就不是对立的，而是相互促进的。在经济发展的同时有效保护和改善生态环境，不仅理论上可行，而且在实际工作中完全可以做到。

第二，发展循环经济是加快转方式、调结构的最佳切入口。贯彻落实转方式、调结构的要求有多种渠道，比如转移低端产业，引进高端产业；比如加大研发力度，开发高附加值产品等，都是行之有效的措施。而聊城在实践中走出一条发展循环经济的路子，通过不断延伸产业链条，实现资源的充分利用，既有利于节能减排，保护生态环境，又促进了经济发展，增加财政收入，从而使转方式、调结构有了具体抓手，将各项任务落到了实处。

第三，环保约束是生态文明理念下的发展动力。在传统工业文明的理念下，环保指标无疑是经济发展的约束。而聊城的实践充分说明，由于提出建设生态文明市的目标，从经济、社会等各个方面入手，多措并举促进经济环保同步发展，使这一压力得到积极释放，倒逼转方式、调结构，促进科技创新，催生新工艺、新设备、新项目，带来新效益，从而使压力变成动力，推动了经济发展。

第四，落实生态文明建设的任务必须有过硬的措施。建设生态文明是一个新生事物，没有任何经验可供借鉴，广大干部群众也有一个认识和理解的过程。为推进这项工作，聊城市委、市政府召开大规模会议进行动员，制定强有力的目标考核措施强力推进，并以通俗易懂的语言、生动活

泼的形式广泛宣传，使生态文明的理念深入人心，使生态文明建设在聊城
大地结出了丰硕成果。

（作者为中共聊城市委书记、聊城市人大常委会主任，本文原载2012
年8月24日《人民日报》，标题为《着力推进生态文明建设——关于山东省
聊城市建设生态文明市的调研》）

生态文明聊城倡议

仰观宇宙地球生物圈，俯察人类文明发展史，我们已陷入一个痛苦的悖论：现代文明离不开高速发展的工业化，而工业化的代价是生态环境恶化。当今，伴随着人类工业文明渐次推进的脚步，全球生态环境危机正步步紧逼、步步惊心，人类生存发展已到了最危急的时刻！危机呼唤新文明以拯救人类自己。

生态文明是脱胎并高于工业文明的新的文明形态，她扬弃了工业文明为加速财富积累、资本膨胀而不顾一切、不择手段的发展观、价值观、行为方式，坚守人与自然万物平等互依、"人际公平、国际公平、代际公平"的道德底线，以可持续发展为最高追求目标，力求效益最大化、消耗最低化、环境最优化，发展成果全体社会成员共享。事实上，生态文明就是用生态化对工业化进行革命的文明，她承载着人类自我救赎的希望。

我们，来自世界各地社会各界的理论和实际工作者，怀揣着自救救人之理想，秉承求真务实之精神，聚集在鲁西北的"江北水城"聊城市，以"绿色低碳循环高速发展的工业与生态文明"为主题，深度破解用生态化改造传统工业化步入生态文明的聊城经验，希图以此经验惠及全国乃至全球广大同类地区，实现从传统工业文明向生态文明的历史跨越。为此，我们认为并倡议：

做生态文明理念的忠实信奉者。欠发达地区建设生态文明，必须在理念上既先进又科学。要牢记：生态是借贷而不是继承；工业化是现代化不可逾越的历史阶段，但并不意味着必须亦步亦趋在实现工业文明后才能建设生态文明，尤其不能理解为必须走传统的"先污染、后治理"的工业文明老路；生态文明不能脱离工业文明横空出世，两者不是非此即彼而是相辅相成的关系。后发达地区只要秉持先进科学的发展观念，也一定能够实现后发先至的跨越式发展：跨过经济高速增长环境持续破坏的工业文明旧时代，进入又好又快可持续发展的生态文明新天地。为此，必须承认和尊重大自然的主体价值，奉行人与自然平等和谐的生态观；重新认识科技对人与自然的价值，奉行具有深切生态关怀的科技观；转变经济发展理念，奉行可持续的经济发展观；重新审视执政理念，奉行生态为政观；反思传统消费理念，奉行科学、健康、低碳、节约的生活观；勇于承担人对自然的道德责任，奉行生态伦理道德观。

做生态文明建设的不懈践行者。做生态文明规范的坚定维护者。建设生态文明不是短期行为，而是千秋万代的宏伟事业，必须打持久战，必须有社会大众的积极参与和牢固的体制机制做保证。我们要从个人做起，依靠全社会集体的睿智和努力，促成生态文明法制规范、生态文明道德规范、生态文明职业规范的完善。强化自我约束，勇于相互约束，把遵守生态文明规范养成为生产、生活中的一种习惯，上升为我们内心的自觉要求。

我们坚信：只要我们人类觉悟起来、振奋起来、行动起来，扬起智慧的风帆，驶向历史的长河，就一定能够在创造工业文明的基础上创造更加灿烂辉煌的生态文明。

后发达地区建设生态文明，必须敢于并善于实现从农耕文明跨越工业文明步入生态文明的历史跨越，使生态化与工业化互促共进；必须狠抓经济调（结构）转（方式）、科技创新、节能减排、目标考核；必须做到党政强力推进、企业率先引领、社会积极响应；必须实现经济高速发展、环境根本好转、民生持续改善、社会不断进步、示范效应明显。为此，我们必须把生态文明建设的理念、原则、目标等深刻融入和全面贯穿到经济、政治、文化、社会建设的各方面和全过程，着力推进绿色发展、循环发展、低碳发展，为人民创造良好生产生活环境。

目　录

贺信与致辞

主旨演讲

新闻报道

论坛筹备

附 录

一、生态文明建设文件报告

二、各媒体对聊城的重点报道

‖ 贺信与致辞 ‖

姜春云贺信

姜春云，中共中央政治局原委员、国务院原副总理、九届全国人大常委会副委员长，中国生态文明研究与促进会总顾问，著名生态学家。

1930年4月生，山东莱西人。1947年加入中国共产党，1946年参加工作，曾任莱西县土改宣传工作队队员，县委秘书，县委委员兼办公室主任，省革委会办公室秘书组负责人，省委办公厅领导小组副组长，省委副秘书长、秘书长，省委副书记、省长、省委书记。1992年10月当选为第十四届中共中央政治局委员。1994年9月在中共中央第十四届四次全体会议上被增补为中央书记处书记。1995年3月—1998年3月任国务院副总理、国家防汛抗旱总指挥部总指挥。1997年9月当选为第十五届中共中央政治局委员。1998年3月—2003年3月任第九届全国人大常委会副委员长。作为党的第三代中央领导集体成员，无论在地方还是到中央，无论在国务院还是在全国人大工作，一直关注、研究我国的生态、环境问题，做了大量调查研究，形成了一系列符合科学发展观和生态文明的理念、观点，出版了《姜春云调研文集：生态文明与人类发展卷》、《中国生态演变与治理方略》、《偿还生态欠债——人与自然和谐探索》、《拯救地球生物圈——论人类文明转型》、《科学世界观——新时期简明哲学读本》、《中国现代农业概论》等十多部数百万字论著，发表关于生态文明建设重要论文多篇，均产生了极为广泛的社会影响。（贺信由全国人大常委会研究室原主任程湘清代为宣读）

中国（聊城）生态文明建设国际论坛组委会：

感谢你们的盛情邀请，我因有他事不能与会，谨对论坛的举办表示热烈祝贺！向出席会议的全体中外嘉宾致以诚挚问候！

半个世纪以来，国际社会和世界各国为保护治理生态环境做出了很大努力，但全球环境"局部好转，总体恶化"的严峻局面并没有根本改变，且有愈演愈烈之势。其根源何在？根治出路何在？这是全球一切有识有志之士忧心如焚、急于破解的重大课题。

仰观宇宙地球生物圈，俯察人类文明发展史，人们可以发现，历时二百年的传统工业文明在促进技术革命、解放和发展社会生产力、创造巨大物质文化财富的同时，其极端逐利性、贪婪性、掠夺性，为加速财富积累、资本膨胀而不顾一切、不择手段的发展观、价值观和行为方式，导致全球陷入了环境危机、发展不可持续的困境。反思工业文明负效应的深刻教训，以人类与自然和谐、可持续发展为主要特征的生态文明脱颖而出。生态文明传承了工业文明的优势、长处，并以全新的理念克服了工业文明的弱点、失误，在实践中展示了巨大优势和旺盛生命力，已成为破解人类生存危机、实现发展与环境双赢，步入良性循环的根本出路。

综观全球发展态势，凡是积极推行人类文明转型，坚持以现代生态文明理念主导经济社会发展的国家和地区，无一不收到良好经济、社会、环境、民生效益，呈现出人与自然和谐、经济发展、环境优化、社会安定、人民幸福指数提升的可喜局面。

相反，在那些依然固守传统工业文明理念和行为方式的地方，又无一不陷入环境恶化、资源枯竭、社会矛盾加剧，发展难以为继的困境而迟迟不能自拔。这是为实践所反复证明了的普遍规律，全球如斯，中国如斯，聊城也不例外。

在山东省委、省政府领导下，聊城市从传统农业到起步不久的工业再到步入生态文明新时代，较早摒弃了"先污染、后治理"的老路，初步破解了工业文明导致的环境危机困局，实现了以生态文明新理念引领的可持续的跨越式发展，创造了令人振奋的生态文明"聊城现象"。这是科学发展观在聊城的成功实践，是生态文明之花在聊城的生动绽放，也是人类文明在聊城点燃的希望之光。

"聊城现象"为各级决策者以及专家学者研究和推进生态文明建设提供了不可多得的范例。它的可贵和成功并非是一个偶发、孤立事件，而是广大欠发达地区探索可持续发展路径的一个缩影。通过解剖"聊城现象"这只"麻雀"，可以探索生态文明建设的一般规律。这次论坛汇聚了国内外从事生态文明研究和实践的高层次专家学者、实际工作者，以"绿色、低碳、循环、快速发展的工业与生态文明"为主题，探讨生态文明建设的主旨要义、内涵外延、基本规律和实现途径，是很有意义的。尤其是通过剖析"聊城现象"的本质特征，探讨他们是如何处理发展工业与建设生态文明的关系、实现工业化和生态化和谐共赢，从中提炼出一些带规律性、具有启示意义的东西，并针对需要解决的矛盾、问题做有深度的研讨，提出一些新的理念、观点和思路，对于更加有效地推进生态文明建设，是十分重要、非常必要的。

希望大家紧扣论坛主题，以邓小平理论和"三个代表"重要思想为指导，深入贯彻落实科学发展观，坚持理论联系实际，解放思想，畅所欲言，集思广益，多发表真知灼见，力争取得一批高水平的研讨成果。

预祝论坛圆满成功！

二〇一二年十月十日

陈宗兴致辞

陈宗兴　全国政协副主席、农工党中央常务副主席、中国生态文明研究与促进会会长

1943年6月出生，汉族，河南正阳人，1967年7月参加工作，北京师范大学地理系毕业，研究生学历，理学硕士学位，教授。曾任西北大学校长，农工党陕西省主委、西安市副市长，农工党中央副主席、陕西省副省长、西北农林科技大学校长，全国政协副秘书长（兼职）、农工党中央专职副主席、陕西省政协副主席，十一届全国政协副主席、农工党中央常务副主席。第九届全国政协委员，十届全国政协常务委员，十一届全国政协副主席。

各位嘉宾：

在喜迎中国共产党"十八大"胜利召开的金秋时节，我们齐聚山东聊城，召开中国（聊城）生态文明建设国际论坛，在此，我向论坛的召开表示热烈的祝贺！

胡锦涛总书记7月23日在省部级主要领导干部专题培训班开班式上的重要讲话中，明确指出："推进生态文明建设，是涉及生产方式和生活方式根本性变革的战略任务，必须把生态文明建设的理念、原则、目标等深刻融入和全面贯穿到我国经济、政治、文化、社会建设的各方面和全过程，坚持节约资源和保护环境的基本国策，着力推进绿色发展、循环发展、低碳发展，为人民创造良好生产生活环境。"这是党中央关于生态文明建设的新部署、新要求，为在新的历史阶段推进生态文明建设指明了方向。

建设生态文明，既是历史的必然，也是现实的需要。众所周知，工业革命以来，人类社会通过加速开发自然环境实现了前所未有的发展，但以牺牲生态环境和过度消耗资源为代价的传统发展方式，也带来了难以承受的资源危机、生态危机、环境危机等一系列问题，甚至威胁到人类的生存和发展。呵护人类共同的地球家园、走可持续发展之路，逐渐成为全球共识。

源远流长的中华传统文化中，一直有着"天人合一"的境界追求。北宋思想家张载就提出"民胞物与"即"民，吾同胞；物，吾与也"。也就是"民众是我的同胞，万物是我的朋友"。实际上表达了向往人与人的和谐，人与社会的和谐，人与自然的和谐的美好愿望。

在总结人类社会发展的经验与教训基础上，我国提出了建设生态文明的重大战略，这是在深刻反思工业文明飞速发展导致生态环境恶化，发展难以为继的沉痛教训基础上，继承和发展工业文明，形成的一种遵循自然、经济、社会、生态等整体运行规律，实现人与自然和谐、发展与环境双赢的人类文明发展新形态，是我们党和国家对人类文明结构、文明形态、文明过程在认识和实施上的新拓展、新贡献。

近年来，我国各地区、各部门积极探索，大胆实施，在生态文明建设的理念研究和实践推进上做了大量卓有成效的工作。主要体现在两个方面：在理论层面，初步构建了以科学发展观为指导，以统筹经济社会与生态环境协调发展、推动"两型社会"建设为支撑的理论框架，提出和实施了环保新道路、新型工业化道路、循环经济、低碳经济、清洁生产、节能减排等发展理念；在实践层面，不断加大生态、环保基础设施建设投入，实施了天然林保护工程、退耕还林工程、水土保持工程、自然保护区建设、防护林体系建设以及环境治理重点工程等，陆续启动了生态文明建设试点，生态省、市、县创建以及生态文明教育基地，生态文化示范基地，生态道德教育基地等相关试点示范工作。此外，我国还陆续制定了《清洁生产促进法》、《环境影响评价法》、《可再生资源法》、《循环经济促进法》等法律法规。总体上，我国已逐步构建起生态文明建设的理论框架、法律政策体系，生态文明的理念正在成为社会共识，生态文明建设的实际成效也在逐渐显现。

但我们也要清醒地看到，当前，我国经济发展付出资源环境代价过大的现状、人民群众日益增长的生态环境需要与脆弱的生态系统之间的矛盾等还没有得到根本改变，推进生态文明建设仍然任重而道远。

在我国经济社会发展的新阶段，我们必须坚持以科学发展观为指导，深入研究和把握生态文明建设的客观规律，紧紧围绕调结构、转方式、促和谐，大力传播生态文明的意识和理念，扎实做好推进生态文明建设的各项工作。

调结构，不仅仅是我们强调的比较多的调整产业结构、调整经济结构，还需要重视按照主体功能区规划要求调整空间结构，重视根据经济社会发展水平调整社会管理结构，要通过社会结构的整体优化，促进生态文明建设。

转方式，也不仅仅是转变经济发展方式、消费模式，更为重要的是要转变人们的思维模式、行为方式，比如，要转变发展理念，使GDP挂帅让位于科学发展；要转变幸福观念，推动形成绿色健康的生活和消费模式等。

促和谐，就是在经济社会发展的过程中，努力推动人与人、人与社会、人与自然达到人际和谐、代际和谐、国际和谐，使生态文明建设之路成为科学发展、和谐发展、公平正义发展之路。

多年来，聊城市坚持用生态文明理念引领经济社会的可持续发展，积累了宝贵的经验。这次在聊城召开论坛活动，为大家提供了一个学习交流的好机会。希望各位与会代表围绕会议主题，深入研讨，集思广益，为我国生态文明建设事业的发展和进步积极贡献智慧和力量。

预祝论坛圆满成功！

谢谢大家！

解振华贺信

解振华　国家发展改革委员会副主任

1949年11月生，天津市人，中共十五届中央纪律检查委员会委员，中共十六届中央委员。1968年10月参加工作，1969年11月加入中国共产党。1977年毕业于清华大学工程物理系，1991年获环境法硕士学位。1982年起从事环境保护工作，历任国家环保局处长、司长。1990年5月任国家环境保护局副局长，1993年6月任国家环境保护局局长，党组书记，兼国务院环委会副主任。1998年3月起任国家环境保护总局局长，党组书记，兼任全国爱国卫生运动委员会副主任、中国环境与发展国际合作委员会副主席。曾荣获联合国环境保护最高奖"联合国环境署世川环境奖"、全球环境基金"全球环境领导奖"、世界银行"绿色环境特别奖"。2006年12月起任国家发展和改革委员会党组成员、副主任。（贺信由国家发改委气候司战略规划处处长田成川博士代为宣读）

尊敬的陈宗兴副主席、各位来宾，女士们、先生们：

大家上午好！首先，我代表国家发展改革委对中国（聊城）生态文明建设国际论坛的召开表示热烈的祝贺！向全体前来参加会议，为推动生态文明建设献计出力的有识之士致以诚挚的问候！

当前，绿色低碳发展成为国际社会共识，建设生态文明已是大势所趋。中国是一个发展中国家，面临发展经济、改善民生、保护环境、应对气候变化的多重挑战，加快调整经济结构、转变发展方式，努力实现绿色低碳发展，建设资源节约型和环境友好型社会，是我国增强可持续发展能力、提高生态水平的必然选择。

中央高度重视绿色低碳发展，"十二五"规划《纲要》明确提出，要以科学发展为主题，以加快转变经济发展方式为主线，把建设资源节约型、环境友好型社会作为加快转变经济发展方式的重要着力点，促进经济社会发展与人口资源环境相协调，增强可持续发展能力；把能源消耗强度降低16%，二氧化碳排放强度降低17%，主要污染物排放总量减少8—10%，非化石能源比重提高到11.4%作为重要的约束性指标；把绿色发展，建设资源节约型、环境友好型社会作为重大战略任务。这是中国根据发展的阶段性特征提出的推动科学发展、建设生态文明的新要求。

加快生态文明建设，就是要按照胡锦涛总书记的要求，把生态文明建设的理念、原则、目标等深刻融入和全面贯彻到我国经济、政治、文化、社会建设的各方面和全过程，坚持资源节约和环境保护的基本国策，着力推进绿色发展、循环发展、低碳发展，为人民创造良好的生产生活环境。国家发展改革委将会同有关部门从树立绿色发展理念、调整优化产业结构、大力推进节能减排、加快发展循环经济、开发利用可再生能源、加大环境治理力度、保护修复生态环境、积极应对气候变化、加快完善经济政策、广泛开展全面行动等方面推进绿色低碳发展，加快构建资源节约、环境友好的生产方式和消费模式，不断提高生态文明水平。近年来，聊城市委、市政府按照中央的战略部署，深入贯彻落实科学发展观，大力建设生态文明市，围绕发展生态经济、优化生态环境、培育生态文化、构筑生态社会进行了广泛而深入的探索，取得了经济发展、民生改善、环境保护等良好成绩。特别是在工业快速增长过程中，较好地完成了节能减排目标任务，成功创建为国家环保模范城市。相信聊城的实践，将为与会专家学者开展研讨提供一个生动的样本。希望大家利用此次国际论坛，积极总结聊城的经验，进一步深化生态文明这一重大课题的研究与交流，共同推进生态文明建设，为促进科学发展、构建和谐社会作出新的贡献。

预祝论坛取得圆满成功！

陈寿朋致辞

陈寿朋　中国生态道德教育促进会会长、北京大学生态文明研究中心主任

1931年出生于江苏泰州，1952年毕业于上海俄语学院，教授，我国生态道德教育首倡者，生态道德教育理念奠基人，中国作家协会会员，高尔基研究资深专家，享受政府特殊津贴。曾任内蒙古大学、内蒙古教育学院等高校系主任、院长、校长。现任中国生态道德教育促进会会长、内蒙古沙尘暴研究治理促进会主席、中国生态文明研究与促进会顾问、北京大学生态文明研究中心主任、中国农业大学客座教授、国家林业局专家咨询委员会委员、中华名人协会执行主席等，第八、九、十届全国人大代表，第八、九届全国人大教育科学文化卫生委员会委员。

尊敬的陈宗兴副主席，各位嘉宾：

刚才，全国人大常委会研究室原主任程湘清同志宣读了姜春云同志的贺信；连承敏主任代表山东省作了热情洋溢的致辞；宋远方书记系统介绍了聊城生态文明建设经验；陈宗兴副主席深刻阐述了建设生态文明的重大意义，高度评价了"聊城现象"的现实作用，对保证论坛成功举办提出了明确要求。在此，请允许我代表论坛主办各方，向姜春云同志、陈宗兴副主席、解振华先生、宋远方书记和莅会的中外嘉宾朋友们表示衷心的感谢！

党的"十七大"以来，遵照中央和山东省委、省政府的部署，聊城开展了声势浩大的生态文明市建设活动，短短几年间，取得了显著成效，创造了颇具特色的生态文明聊城现象。聊城现象的核心要义是科学发展，突出特色是"又好又快"：她有效破解了与快速工业化城镇化相伴而生的生态环境恶化困局，实现了工业的绿色低碳循环高速发展，促进了区域生态文明建设，闯出了一条欠发达地区工业化和生态化和谐共进的新路子。

聊城的实践表明，生态文明建设不是发达国家和地区的专利，只要深入贯彻落实科学发展观，牢固树立生态文明意识，狠抓发展方式转变，坚定走新型工业化道路，坚持把生态文明建设的理念、原则、目标等深刻融入和全面贯穿到经济、政治、文化、社会建设的各方面和全过程，欠发达地区一样可以实现跨越式发展：跨过经济高速增长环境持续破坏的工业文明旧时代，进入又好又快可持续发展的生态文明新天地。

聊城现象之所以弥足珍贵，就在于，她只是我国广大地区特别是欠发达地区的局部而非全部。这就要求我们必须认真探索聊城现象所揭示的生态文明建设内在规律，把聊城的经验升华到理性和理论层面，用以指导我国乃至全球同类地区建设生态文明的伟大实践。我们举办这个论坛的根本宗旨，就是要把国内外的有识有志之士聚集一堂，全面总结聊城经验，深入探讨聊城现象形成的根源，深度破解聊城现象广泛运用的体制机制障碍，为聊城现象的发扬光大出谋划策。衷心希望全体与会代表秉承解放思想、实事求是的精神，各尽所能，畅所欲言，为论坛成功举办共同努力。

预祝论坛圆满成功！谢谢大家！

张文台致辞

张文台　全国人大环境与资源保护委员会副主任

山东青岛市胶州人，汉族，研究生学历，上将军衔，青年时期就读于洛阳第八步校和北京解放军政治学院，中年时就读于国防大学和中央党校。曾先后担任集团军副政委、政委，济南军区副政委、政委和中国人民解放军总后勤部政委等重要职务，并历任各级党委书记，现任全国人大环境与资源保护委员会副主任。中共十三大、十六大代表，第十六届中央委员，第八、九、十、十一届全国人大代表，全国人大十届、十一届环境与资源保护委员会副主任委员。

尊敬的陈宗兴副主席，各位领导，各位专家：

值此党的"十八大"即将胜利召开之际，很高兴来到江北水城·运河古都，参加"中国（聊城）生态文明建设国际论坛"。大家知道，党的十六届五中全会提出"加快建设资源节约型、环境友好型社会"的要求，胡锦涛同志又在十七大报告中明确提出了建设生态文明的科学论断和战略任务。为了纪念这一战略思想的提出，我写了本《生态文明十论》的小册子，由中央党校出版社和中国环境科学出版社先后出版并再版。书中我提出了建设生态文明必须坚持"十个基本体系"即：领导决策体系、政策引导体系、法律规章体系、产业经济体系、科技支撑体系、企业运营体系、生态文化体系、社会参与体系、协调运作体系和交流合作体系，引起了各级领导、专家及新闻媒体的重视和关注。为供大家学习参考，我带了几十本发给有关领导和同志们，敬请指教。这次论坛大家能够欢聚一堂，畅谈近年来生态文明建设取得的成绩和"十二五规划"描绘的美好蓝图，积极探索在生态文明理念指导下的新型工业化、城镇化和农业现代化道路，推动生态文明建设不断发展。在此，我向本次论坛的胜利召开表示热烈的祝贺！向与会的各位领导、专家及新闻界的朋友们致以诚挚的问候！向大会的精心组织者表示衷心的感谢！

保护环境，节约资源，建设生态文明，是深刻而伟大的革命，也是前无古人的伟业，更是造福子孙后代的大事。做好这样一项伟业，必须加强党和政府的领导，坚持"党委领导，政府负责，企业运作，公众参与"的原则。在全人类共同应对气候变化和我国转变发展方式、调整经济结构的时代背景下，生态文明建设既具有全人类文明的创造性视角，又能够提升中华文化软实力和竞争力，必将给我国经济、政治、文化和社会等各个领域带来历史性的变革。本次国际论坛的举办意义深远，作用重大，概括起来，可以说为大家提供了"四个平台"：

一是促进生态文明建设发展的平台。近年来，聊城市委、市政府深入贯彻落实科学发展观，在山东省率先创建生态文明市，取得了经济发展和环境保护协调推进的明显成效。本次论坛在聊城举办，既是对聊城过去所取得的一系列成绩的肯定和褒奖，也是对未来聊城"生态立市"的一种鼓舞和鞭策。通过生态文明建设国际论坛这样一个平台，大家在信息上互相交流，资金上互相支持，技术上互相转让，项目上互相合作，人才上互相流动，一起把生态文明建设做大做强。这样大家一定能在工作上取得新成绩，事业上会有新拓展，理念上得到新提升，可以说是物质、精神双丰收！

二是交流生态文明建设经验的平台。本次论坛既有全国政协、国家部委和地方政府领导同志的参加指导，又有研究机构、专家及环保企业等先进单位的发言交流。这里面既有政策导向上的探索，又有实践经验上的总结；既有国家战略层面的研究，又有企业发展层面的交流，推出的典型大家可以共同学习，取得的经验大家可以共同借鉴，介绍的成果大家可以共同分享。本次论坛，是一次组织层次高、开展活动好、社会影响大的生态文明建设经验交流的好平台。

三是传播生态文明建设文化的平台。我国自古以来就有着优秀的生态文化。2500年前的孔夫子就告诉人们"不杀不成材的树，不打怀孕的猎物，不抓归巢的鸟"。在经济社会发展的过程中，生态文化建设必须贯穿其中，常抓不懈。本次论坛将有大量的案例与大家交流，通过大会发言，对话座谈，实地考察等多种形式积极宣传生态文化，论坛最后还将通过《生态文明聊城倡议》，必将收到良好的宣传效果，充分发挥文化引导社会、教育人民、推动发展的作用。

四是搭建生态文明建设从业者相聚的平台。通过论坛组织的各类活动，我们还能结识新朋友，重逢老朋友，每次见面大家都有叙不完的情，说不完的话，活动结束都是依依不舍，期待下次再会。通过这样一个平台，大家工作上成了伙伴，生活上成了挚友，有经验互相交流，有困难互相帮助，必将其乐融融，事业亨通！

最后，祝愿本次论坛取得圆满成功！为生态文明建设做出更多的实事、大事、好事，为十八大的胜利召开献上一份自己的礼物！

谢谢大家！

连承敏致辞

连承敏　山东省人大常委会副主任

1951年3月出生，男，汉族，山东荣成人，1972年12月加入中国共产党，1971年7月参加工作，现任山东省人大常委会副主任。曾任威海市委副书记、市政协主席，临沂市委副书记、市长，临沂市委书记、市人大常委会主任兼市委党校校长，省人大常委会党组成员，2011年02月起任山东省人大常委会副主任。中共十七大代表，十届全国人大代表。九届山东省委委员，山东省七次党代会代表，省八届政协委员。

尊敬的各位领导、各位专家、各位来宾：

今天，我们齐聚在美丽的"江北水城·运河古都"，举行中国（聊城）生态文明建设国际论坛，深入探讨加快工业化进程与建设生态文明的共赢之路，这对于推动生态文明建设，促进经济社会又好又快发展具有十分重要的意义。在此，我谨代表省几大班子向论坛的举办表示热烈的祝贺！

建设生态文明，是人类实现可持续发展的必由之路，是一项功在当代、利在千秋的崇高事业。党的十七大明确提出了建设生态文明的重大战略任务，十七届四中全会将建设生态文明纳入中国特色社会主义事业的总体布局，十七届五中全会对加快建设资源节约型环境友好型社会、提高生态文明水平提出了全面要求。今年7月23日，胡锦涛总书记在省部级主要领导干部专题研讨班开班式上的重要讲话中指出："推进生态文明建设，是涉及生产方式和生活方式根本性变革的战略任务，必须把生态文明建设的理念、原则、目标等深刻融入和全面贯穿到我国经济、政治、文化、社会建设的各方面和全过程，坚持节约资源和保护环境的基本国策，着力推进绿色发展、循环发展、低碳发展，为人民创造良好生产生活环境。"这些重大举措、重要论述充分表明，我们党和国家对建设生态文明的重大意义有着清醒而深刻的认识，并采取了一系列有效措施，推动全国上下加快迈向生态文明的崭新发展阶段。

近年来，山东认真贯彻党中央、国务院关于生态文明建设的决策部署，紧紧围绕主题主线，着力推进产业结构调整和节能减排，狠抓生态建设和环境保护，坚定不移地走生产发展、生活富裕、生态良好的文明发展之路，取得了明显成效。"十一五"时期，全省万元生产总值能耗累计下降22.1%，化学需氧量和二氧化硫排放量累计削减率为19.4%和23.2%，分别完成国家下达减排目标的130%和116%，节能减排工作获国务院通报表扬；省控59条重点污染河流全部恢复鱼类生长，实现了淮河流域治污考核"五连冠"和海河流域治污考核"三连冠"。今年年初，我省隆重召开了生态山东建设大会，动员全省上下进一步统一思想、坚定信心，加快推进生态文明建设，努力建设经济繁荣、人民富裕、环境优美、社会和谐的生态山东。

聊城作为山东西部的一个欠发达市，充分认识到建设生态文明的重大意义，在全省较早地开展了建设生态文明市的实践，取得了工业高速发展与生态环境保护互促共赢的可喜成绩。这次生态文明建设国际论坛在聊城举办，各位领导和专家学者共同研究分析"聊城现象"，深入探讨欠发达地区在生态文明理念指导下，推进绿色低碳循环高速发展的路子，必将对聊城乃至山东的生态文明建设产生积极而深远的影响。希望聊城以这次论坛为契机，认真吸取各位领导和专家学者的真知灼见，扎实做好生态文明建设的各项工作，促进生态文明建设迈上一个新的台阶，为建设经济文化强省做出新的更大贡献。希望各位领导、各位专家一如既往地关心和支持我省的工作，对我省的生态文明建设多提宝贵意见。最后，预祝本次论坛取得圆满成功！祝各位领导、各位来宾身体健康、工作顺利！

谢谢大家！

徐庆华致辞

徐庆华　环境保护部核安全总工程师

1952年9月生于北京，汉族，籍贯山东临沂，硕士研究生，高级工程师，1970年12月参加工作，1975年11月加入中国共产党。现任环境保护部核安全总工程师。曾任国家环境保护局规划标准处副处长，科技司标准处处长，中国环境科学研究院院长助理、副院长，驻联合国环境规划署代表处副代表（参赞衔），中华环保基金会秘书长，环境保护部国际合作司司长等职务。

各位来宾，女士们、先生们：

金秋十月是收获的季节。在全国上下喜迎党的十八大胜利召开之际，中国（聊城）生态文明建设国际论坛在这里举办，来自社会各界的领导、专家、学者欢聚一堂，围绕"绿色低碳循环高速发展的工业与生态文明"这一主题进行深入的讨论、交流，体现了大家对环境保护工作和生态文明建设的高度重视，这次论坛的成果也必将会对环境保护工作水平和生态文明进程起到极大的推动作用。借此机会，我谨代表环境保护部对论坛的举办表示祝贺！对大家长期以来对环境保护工作的关心和支持表示衷心感谢！

纵观发达国家的发展史，基本上所有国家的环境治理在其工业化过程中都走过了一条"先污染、后治理"的道路。但是，实践证明，他们这条道路给社会和公众造成的损害是惨痛的，所付出的代价是高昂的，也并不是工业化进程的必经之路。由于我国在资源供给能力、污染物排放总量、环境自净能力以及必须保持较高的经济增长速度等方面的基本国情，特别是在当前竞争不断加剧的严峻国际形势下，实现经济超越不允许我们再走任何弯路。长期以来，我们一直在探索如何在发展中保护，在保护中发展的新路子。现在，我们欣喜地看到，聊城市在工业发展与生态文明互促共赢方面取得了较好的成效，在经济社会保持较快发展的同时，生态环境得到有效保护和持续改善，节能减排综合排名不断攀升，不仅取得了海河流域水污染防治核查第一名的好成绩，还被授予国家环境保护模范城市称号，成为环保部成立后按新标准验收通过的全国第一个地级市，起到了示范作用。

聊城市的探索和实践，在全国乃至世界同类国家和地区中具有学习和借鉴作用，可以在全国乃至世界同类国家和地区中加以推广。建设生态文明是一个长期的历史进程，基础是建立良好的自然生态系统，前提是全社会树立生态文明观，核心是实现人和自然的和谐，关键是处理好保护环境与发展经济的关系，过程是生产方式、生活方式和消费模式的不断转变。今后，我们要继续围绕生态文明建设这一主题，全面落实科学发展观，进一步加强生态保护，不断改善环境质量，积极开展生态教育，大力弘扬生态道德文化，在发展中保护，在保护中发展，探索具有自身特点的绿色发展之路，为促进可持续发展做出积极贡献。

最后，预祝本次论坛取得圆满成功！衷心祝愿各位领导、各位来宾身体健康、万事如意！

谢谢大家。

宋远方致辞

宋远方　中共聊城市委书记、市人大常委会主任、博士

1957年8月出生，男，汉族，河北隆尧人，研究生学历，工学博士，1975年1月参加工作，1985年7月加入中国共产党，现任中共聊城市委书记、市人大常委会主任、市委党校校长。曾在加拿大多伦多市瑞尔松理工大学做博士后研究工作，曾任青岛市计划委员会副主任、党组成员兼空港建设指挥部副指挥、工委副书记，省外经贸厅副厅长、党组副书记，威海市委副书记、市长，2007年3月任中共聊城市委书记兼市委党校校长。中共十七大代表，第九届、十届中共山东省委委员，第十届全国人大代表，山东省第八次、九次、十次党代会代表，第十届、十一届山东省人大代表。

尊敬的陈宗兴副主席，尊敬的各位领导、各位专家，女士们、先生们、朋友们：

10月的聊城，秋高气爽，天蓝湖碧。在这个硕果累累的金秋时节，中国（聊城）生态文明建设国际论坛隆重开幕了，这是聊城发展历程中的一件大事、盛事。在此，我谨代表聊城市委、市政府，向论坛的开幕表示热烈的祝贺！向百忙之中前来出席论坛的各位领导和嘉宾表示热烈的欢迎！

刚才，程湘清主任宣读了姜春云同志的贺信，陈宗兴主席作了重要讲话，深刻阐述了建设生态文明的重大意义及其实现途径，充分肯定了"聊城现象"的现实作用；解振华主任发来贺信，连承敏主任、张文台主任、徐庆华总工程师、陈寿朋会长等领导和专家发表了热情洋溢的致辞，充分体现了对聊城工作的关心、支持和鼓励，我们表示衷心的感谢！

聊城位于山东省西部，冀鲁豫三省交界处，辖8个县（市区）和一个经济开发区，总面积8715平方公里，总人口604万。聊城是一个传统的农业地区。近年来，聊城各级深入贯彻落实科学发展观，牢固树立生态文明理念，积极探索绿色低碳循环高速发展的新型工业化道路，呈现出生态化工业新城的崭新面貌。我们明确提出建设生态型强市名城的奋斗目标，在全国全省较早地开展了建设生态文明市的实践，促进生态文明理念深入人心，经济结构加快转调升级，循环经济模式普遍推广，生态环境保护卓有成效，实现了经济发展、环境保护和民生改善的协调推进，创造了受到各级领导、专家学者和各大媒体关注的"聊城现象"。在经济发展方面，聊城在保持农业全省领先的同时，工业实现了快速发展。全市规模以上工业主营业务收入由2006年的1407.42亿元发展到2011年的5294.08亿元，翻了近两番，在全省的位次由第12位上升到第7位；服务业也取得了长足发展，占生产总值的比重超过30%。在环境保护方面，在工业高速发展的前提下，节能减排指标由2006年的双双全省第16位分别上升至第4位和第6位，由此获得了国家环保模范城市称号，成为国家环保部成立后按新标准验收通过的全国第一个地级市。在民生改善方面，全市每年用于民生的财政投入增幅均高于当年经常性财政收入增幅。去年全市各项民生支出达到113亿元，占财政总支出的65%，这个比例在全省也是最高的之一。今年上半年，在宏观经济下行压力较大的情况下，全市生产总值达到972.9亿元，同比增长12.7%；地方财政收入达到56.98亿元，增长21.1%；城镇居民人均可支配收入达到11765元，增长15.8%；农民人均纯收入达到5429元，增长19%，主要经济社会发展指标增幅均位居全省前列。目前，全市上下正在抢抓国家将聊城纳入中原经济区、山东省建设鲁西经济隆起带、加快实施省会城市群经济圈战略等重大机遇，按照"全面建设生态型强市名城、创造聊城人民的幸福生活"的奋斗目标，大力推进"一五二"产业基地建设，即在一产方面，建设生态农业及农产品深加工基地；在二产方面，建设有色金属及金属加工、运输设备及零部件、基础化工及精细化工、轻纺造纸及食品医药、能源电力及节能设备等五个工业基地；在三产方面，建设商贸流通及现代物流、文化旅游及休闲度假两个基地，努力将聊城打造成山东西部的新兴生态化工业城市、冀鲁豫交界地区的商贸物流中心城市、江北文化旅游和休闲度假目的地城市。

生态文明是人类社会文明的崭新形态，是当今世界发展的潮流。这次中国（聊城）生态文明建设国际论坛的举办，通过高端对话、智慧碰撞、成果交流，必将推动生态文明理念更加广泛地传播，为生态文明建设的研究和实践带来更多有益启迪。聊城能够承办这一高水平盛会，为推动生态文明建设搭建交流平台，是我们的荣幸，更是我们学习提高的宝贵机遇。我们将认真学习运用论坛成果，更加深入地推进生态文明建设，努力谱写聊城科学发展的新篇章，以优异成绩迎接党的十八大胜利召开！衷心希望各位领导、各位来宾在聊城多走走、多看看，对我们的工作提出宝贵意见。

最后，预祝中国（聊城）生态文明建设国际论坛圆满成功！

祝各位领导、各位来宾身体健康、工作顺利、万事如意！

谢谢大家！

宋远方致闭幕词

尊敬的各位领导、各位专家、各位来宾：

备受瞩目的中国（聊城）生态文明建设国际论坛，经过与会各方的共同努力，取得了圆满成功，即将落下帷幕。本次论坛围绕"聊城现象：绿色低碳循环高速发展的工业与生态文明"这一主题，举办了深入广泛的学术交流活动，并将实地参观考察聊城的生态文明建设情况。各位领导和专家学者以聊城为例，深入研究探讨了在相对欠发达地区，如何以生态文明理念为指导，实现经济发展与环境保护的互促共赢。通过这次论坛，进一步丰富了生态文明理论，明晰了生态文明建设的实现途径，取得了一些重要的理论成果。在形成共识的基础上，通过了《生态文明聊城倡议》，为生态文明建设的研究和实践提供了有益借鉴。

本次论坛得到了各级领导、中外专家学者和社会各界的大力支持。全国人大原副委员长姜春云同志发来贺信，全国政协陈宗兴副主席等中央和省领导出席开幕式并作重要讲话；全国人大、中宣部、国家发改委、环保部、建设部、国家林业局、山东省几大班子的领导，省直部门和高校的主要负责同志，中外专家学者以及各大媒体来宾共200多人莅临论坛，16位在生态文明研究领域成就卓著的领导和专家学者发表了精彩演讲，使我们分享了最高层次的研究成果，听到了许多宝贵的意见和建议。可以说，本次论坛主题鲜明、内涵丰富、气氛热烈、讨论坦诚，取得了圆满成功，引起了广泛关注和良好反响，真正开成了一次主题突出、影响深远的盛会，一次智慧碰撞、思想交融的盛会，一次增进友谊、共谋发展的盛会。在此，我谨代表聊城市委、市政府，向本次论坛的主办单位：农工党中央环资委、中国生态道德教育促进会、北京大学生态文明研究中心、农工党山东省委、山东省生态文明研究会、山东大众报业集团，向莅临大会的各位领导和专家学者，向为大会作出重要贡献的媒体朋友和工作人员表示衷心的感谢！

各位领导、各位来宾，生态文明已经成为当今全球性主题，发展绿色经济、低碳经济和循环经济是生态文明建设的重要内容，也是实现经济社会协调、可持续发展的重要基础。本次论坛在聊城的成功举办，是对聊城生态文明建设实践的充分肯定，更是对我们的鼓励和鞭策。聊城作为一个新兴生态化工业城市，不仅要做跨越发展的典范，更要做绿色发展的典范。我们将乘这次大会的东风，充分学习运用大会成果，进一步提升发展理念，深入推进转方式调结构，更加注重发展循环经济，倾力保护生态环境，努力推动生态文明建设向更高水平、更深层次发展。衷心希望各位领导、各位来宾一如既往地关注聊城、支持聊城，诚挚欢迎大家多来聊城检查指导工作。让我们携起手来，以更加紧密的合作、更加积极的作为，为传播生态文明理念、推动生态文明建设做出新的更大贡献，以生态文明建设的新成就迎接党的十八大胜利召开！

谢谢大家！

‖ **主旨演讲** ‖

积极探索生态文明理念下
经济发展与环境保护的互促共赢之路

——在中国（聊城）生态文明建设国际论坛上的报告
（2012年10月10日）

林峰海

林峰海　聊城市委副书记、市长

1962年7月出生，男，汉族，山东栖霞人，大学学历，1985年7月加入中国共产党，1984年7月参加工作，现任中共聊城市委副书记、市政府市长、政府党组书记。九届省委委员，十一届全国人大代表，十届、十一届省人大代表，2005年第一次全国经济普查先进个人，2006年第二次全国农业普查先进个人，2009年第二次全国经济普查先进个人。

尊敬的各位领导、各位来宾，女士们、先生们：

非常荣幸作为东道主城市，参加这次中国（聊城）生态文明建设国际论坛。在这次论坛上，中外嘉宾将以聊城为例，探讨在相对欠发达地区，如何以生态文明理念为指导，推进绿色低碳循环发展的新型工业化途径，这对于促进生态文明建设的研究和发展，具有非常重要的意义。近年来，聊城在中央和省委、省政府的坚强领导下，深入贯彻落实科学发展观，开展了建设生态文明市的实践与探索，取得了经济发展、环境保护、民生改善的较好成效，创造了受到各级领导、专家学者和各大媒体关注的"聊城现象"。借此机会，我把聊城近年来建设生态文明市、促进科学发展的有关工作做一汇报：

一、坚持以科学理论为指导，在求实创新中确立发展思路

建设生态文明，是我们党对人类社会发展规律和现代化建设规律认识的新境界、实践的新探索。各地的自然条件不同、发展阶段不同、面临的任务不同，建设生态文明也应有不同的实现路径。同许多发达地区走过的道路一样，聊城在工业化的起步阶段，重点发展劳动密集型、资源密集型的传统工业，这些产业在作出历史性贡献的同时，也因其高能耗、高污染、粗放式的特征，带来了很大的资源和环境压力，并由此带来了许多社会问题。

党的十七大提出建设生态文明的战略任务，给我们创新发展思路指明了道路。2007年，新一届市委、市政府通过调查研究、分析市情，大家一致认为，在科学发展成为时代主题的今天，如果继续沿用"先污染、后治理"的发展模式，发展将难以持续；而且聊城地处平原，人口稠密且分布均匀，生态环境的自我修复能力很差，一旦发生生态灾难，后果不堪设想，必须积极探索代价小、效益好、排放低、可持续的新型工业化路子。基于这一认识，市委、市政府确立了"加快建设生态型强市名城实现新跨越"的奋斗目标，召开了大规模、高规格的建设生态文明市动员部署大会，研究制定了《关于建设生态文明市的意见》，明确了建设生态文明市的目标任务和主要措施；开展了广泛深入的宣传教育活动，提出了"生态是借贷而不是继承"、"GDP增长不等于财富积累"、"既要金山银山，又要碧水蓝天"等通俗易懂的理念和口号，采取多种形式宣传生态文明建设的重大意义；狠抓各项工作落实，开展了建设生态文明县（市区）、生态文明乡镇、生态文明社区、生态文明单位等群众性创建活动，全市上下形成了关心、支持、参与生态文明市建设的浓厚氛围。

二、坚持以转调升级为方向，在总量扩张中提高发展质量

聊城作为一个相对欠发达地区，既不能靠减缓发展速度来保护环境，又不能以牺牲环境为代价换取一时的发展，二者的结合点就在于加快转方式、调结构，在生态文明理念指导下走开绿色低碳循环高速发展的新型工业化道路。

一是精心谋划特色产业。立足聊城的产业优势和发展前景，我们部署了建设"一五二"产业基地的总体产业布局，即在一产方面，建设生态农业及农产品深加工基地；在二产方面，建设有色金属及金属加工、运输设备及零部件、基础化工及精细化工、轻纺造纸及食品医药、能源电力及节能设备等五个工业基地；在三产方面，建设商贸流通及现代物流、文化旅游及休闲度假两个基地。以建设"一五二"产业基地为总抓手和主战场，促进整合生产要素、拉长产业链条、引进高端项目、加快科技创新、促进产业升级，推动产业实力发展壮大、质量效益不断提升。

二是大力发展循环经济。依靠科技创新，催生新的工艺、新的设备、新的项目，发展起一批循环式生产的企业、产业和园区，创造了新的经济增长点。其中，信发铝业、祥光铜业是国家级资源节约型、环境友好型试点企业；泉林纸业是国家第一批循环经济试点企业，祥光生态工业园是设在县域的第一家国家级生态工业示范园。信发铝业投资16亿元，自主研发建设了200万吨赤泥综合利用项目，不仅可把氧化铝生产过程中产生的尾矿赤泥"吃干榨净"，而且可实现销售收入22.5亿元，利税5.9亿元。这项技术吸引了美国美铝公司主动前来寻求合作。祥光铜业年产40万吨阴极铜项目，采用世界最先进的节能环保技术，最大限度提高资源利用效率，实现了"三废"零排放，仅此一项每年可带来经济效益36亿元。泉林纸业投资106亿元建设150万吨秸秆综合利用项目，不但有效利用农村秸秆，增加农民收入，而且利用废液生产有机肥。通过发展循环经济，既减少了排放、保护了环境，又增加了财富，成功实现了经济发展与环境保护的双赢。

三是积极推进科技创新。坚持开放式发展科技，推动聊城企业与国内外200多家高校院所建立了产学研合作机制；与西安交通大学合作，投资6

亿元建设了西安交大聊城科技园；聊城有色金属产业基地被科技部批准为国家火炬计划特色产业基地；全国仅有的两个主要农作物种质创新国家重点实验室之一落户我市的冠丰种业公司。坚持一手抓传统产业改造，一手抓战略性新兴产业发展。中通客车集团投资11亿元，建设了年产2万辆新能源客车项目，承担了三项国家"863"计划节能与新能源汽车重大专项，拥有30多项新能源技术专利；鑫亚集团投资10亿元，建成了国内最大的欧4标准发动机电喷系统生产项目。科技创新对聊城经济发展的贡献率不断提高，2011年，聊城获得"全国科技进步先进市"称号。

四是做大做强现代农业和现代服务业。在粮食产量突破百亿斤、保持全省领先的基础上，我们以打造富有地方特色的优质农产品品牌为抓手，大力发展生态农业及农产品深加工业。全市无公害、绿色、有机农产品品牌和地理标志保护产品达到266个，基地面积达到321万亩；规模以上农业龙头企业达到416家；全市蔬菜产量达到1390万吨，居全省第1位。在工业快速发展的同时，加快推进1.5平方公里的中华水上古城、10平方公里的马颊河（世界运河之窗）生态旅游度假区、占地4800亩的聊城农产品交易中心等服务业重点项目，促进了服务业比重、规模和质量迅速提高，占生产总值的比重突破30%。

三、坚持以节能减排为硬约束，在加快发展中保护生态环境

聊城工业以重化工业为主，节能减排的压力十分沉重。在2006年节能和减排指标双双列全省第16名的严峻形势下，市委、市政府痛下决心，背水一战，在省下达目标任务的基础上主动调高指标，与各县（市区）和重点企业签订责任状，抓好各项目标任务的落实。一是坚决淘汰落后产能。对国家明令禁止的"十五小"和"新五小"企业进行了全面取缔。二是突出抓好重点领域。综合运用政策、市场等多种措施，督促全市75台燃煤发电机组全部建成了脱硫设施，建设了12家污水处理厂；50户重点用能企业、130户重点排污企业实现了达标生产。三是强化源头控制。严格环评能评制度，坚决切断高能耗、高污染的源头。经过努力，2011年节能和减排指标分别上升至全省第4位和第6位，全市8个县（市区）全部成为国家或省级生态示范区，城市污水集中处理率达到95%，全市重点河流均实现"有水就有鱼"的水质改善目标。2009年，代表山东省在国家海河流域水污染防治工作核查中获得第一名。2011年，获得了国家环保模范城市称号，成为国家环保部成立后按新标准验收通过的全国第一个地级市。

四、坚持以目标考核为导向，在激励约束中增强发展动力

目标考核是各级干部工作的"指挥棒"。我们对生态文明市建设的主要任务进行了量化分解，将其与经济建设、政治建设、文化建设、社会建设一并考核，赋予其占考核总分值20%的权重。随后，又以生态文明市建设为核心，对整个目标管理考核体系进行了重新设计，共分生态经济、生态环境、生态文化、生态社会、政治建设、党的建设和群众满意度测评等7个方面，创造性地构建起一套设置科学、方便量化、适合操作的考核指标体系。在重要的单项工作上，制定了具体的考核细则。如在节能减排方面，制订了全市节能减排工作实施方案，对各县（市区）、行业部门和重点企业逐年下发工作目标计划，严格实施考核。每年的岁末年初，我们跟据考核结果对各级各部门进行排名，并召开高规格的表彰大会进行隆重表彰，树立了强有力的工作导向，有效推动了生态文明市建设。

各位领导，各位来宾！经过近年来建设生态文明市的工作实践，我们获得了四点重要体会：第一，工业发展与环境保护完全可以实现互促共赢。只要坚持生态文明的理念，按照建设生态文明的要求抓工作，经济发展与环境保护的关系就不是对立的，而是相互促进的。第二，发展循环经济是转方式、调结构的最佳切入口。通过发展循环经济，可以实现资源充分利用，促进节能减排，保护生态环境，赢得良好的经济效益和社会效益。第三，环保约束是生态文明理念下的发展动力。在传统工业文明的理念下，环保指标无疑是经济发展的约束。而在生态文明理念下，可以使这一压力得到积极释放，有力促进科技创新，倒逼转方式、调结构，创造出更大的经济效益。第四，过硬的措施是落实生态文明建设任务的有力保证。一方面，决策者认识要清醒，意志要坚定，促使各级干部步调一致、持之以恒、百折不挠地向前推进；另一方面，要让广大人民群众理解和接受，使新理念被群众所掌握，转变成巨大的物质创造力和自觉的社会监督力。

各位领导、各位来宾，我市的生态文明建设虽然取得了一定的进展，但也存在很多问题和差距。这次论坛汇聚了富有实践经验的领导和知名专家学者，为我们带来了许多先进理念和科学成果，我们将以这次论坛为新起点、新动力，在各位领导和专家的指导下，进一步推进生态文明建设，全面建设生态型强市名城，让聊城的天更蓝、水更清、空气更新鲜，让聊城的发展更好、更快、更可持续，让人民群众的生活更加和谐、富裕、幸福，在全面建设小康社会的征程上迈出新的更大步伐！

谢谢大家！

山东环境的十年变化及启示

张 波

张波　山东省环境保护厅党组书记、厅长，工学博士

同济大学博士研究生。曾历任青岛建工学院教研室副主任，青岛建工学院副院长，山东省环境保护局副局长、党组成员，2009年6月至今任山东省环境保护厅党组书记、厅长。他提出了"治、用、保"并举的流域治理策略，广泛应用于我省水污染防治实践并取得显著成效；提出环保工作要以"改善环境质量，确保环境安全，服务科学发展"为主线，进一步明确了环保部门的科学定位；研究提出了"城市污水生物脱氮除磷倒置A2/O工艺"，在国内外广泛推广应用，并纳入国家设计规范和高等教育重点教科书，先后获山东省科技进步一等奖和国家科技进步二等奖。

十年前，山东有很多河流、湖泊鱼虾绝迹，很多企业将超标污水直排。我们在凌晨或者下大雨时暗访，看到有些企业就趁着暴雨排放污水，一些地方的水库变成污水库，COD浓度高达上千毫克/升。如果人们的生产生活方式总是和自然对抗，人类自身的发展又能走多远？发达国家在流域治污方面，经历了一个艰难而漫长的过程，从工业革命开始就逐步引发了流域污染。发达国家从19世纪末才开始治理，但成效缓慢，很多河流在经过了100多年的治理后才有了一定改善。上世纪五六十年代，流域污染达到了最高峰。从70年代开始，以美国为代表的发达国家，普遍实行了以容量总量控制为模式的流域污染治理，在一些地方实行了严格的零排放。进入2000年以后，发达国家才推行水生态健康指标，开始实施湿地修复，保证野生鱼类的健康生长和繁殖。流域治污社会背景的巨大差异决定了发展中地区不可能简单照搬发达国家的治污模式，因为"以人为本"的理念不止要照顾到对环境质量的需求，还要照顾到人对其他方面的需要。因此，如何既改善流域环境质量，又保证地方经济发展和社会稳定，是发展中地区在流域治污方面需要破解的难题。

山东省委、省政府历来高度重视环境保护和生态文明建设，坚持以人为本、生态优先、统筹兼顾的发展理念；以人为本是根本出发点，生态优先就是尊重自然规律，然后做到统筹兼顾；坚持把生态山东建设作为促进生态文明的重要载体，努力建设资源节约型、环境友好型社会，生态文明建设取得了积极进展。流域治污应当从发展中地区的实际出发，以人为本、生态优先，统筹流域治污与经济社会发展，实施基于容量总量控制的水质目标逼近策略，建立污染治理、循环利用、生态保护有机结合的流域治污体系，以流域治污优化经济发展，以经济发展提升流域治污水平。这就是山东从2001年开始，逐步探索出来的"治、用、保"流域治污模式。和发达国家治理模式相比，多出了一"用"一"保"的内容，实际上是一减一增：减的是污染负荷，增的是环境总量承载力，这有效缓解了发展中地区的治污压力，使发展中国家在经济总量还不太大的情况下，也可以有效解决流域保护问题。

"治"就是污染治理。山东从2003年起，实现了行业标准向流域标准的过渡。从造纸业入手，制定了比其他省都严格地多的山东地方标准，也推动了行业技术创新和结构调整。从2010年1月1日起，取消了造纸等高污染行业的排污特权。也就是说，在山东一个企业排污，排污标准不是取决于在哪个行业，而是取决于所处的位置，是处于核心区、重点保护区，还是一般保护区。取消污染行业的排污特权，这在环保行业是一场革命。山东历时8年、4个阶段，完成了这项革命。事实证明，山东的经济发展、社会稳定都没有受到严重影响。相反，还加快了转方式、调结构的进程。流域环境标准是山东的创新，这是环境承载力的一个标准，以流域环境承载力作为分区依据，优化了区域产业布局，实现了污染物排放标准和水环境质量标准相衔接。同时，在全省重点排污单位统一设置生物指示池，外排废水达到常见鱼类稳定生存的要求再进行排放。由此，山东造纸业实现了脱胎换骨的转变，市场竞争力显著增强。山东造纸业领先全国同行业至少五年，而领先的核心竞争力就是企业的治污水平。如聊城的泉林纸业，投巨资吸引国内外专家破解治污难题，获得160多项专利，克服了麦草制浆等诸多难题。2011年7月，国家环保部突破产业政策壁垒，批复了泉林纸业年处理150万吨秸秆综合利用项目，标志着山东造纸业"转方式、调结构"取得了新突破。

"用"就是循环利用。统筹"降水、人工湿地接纳能力、再生水生产、需求、调蓄"等五个边界条件，建立区域再生水循环利用体系。截至目前，仅山东南水北调沿线就建成21个再生水截蓄导用工程，年可消化中水2亿多立方米，有效改善灌溉面积达200多万亩。姜大明省长在今年的省政府工作报告中宣布，2011年，山东实现了增产增效不增水，用水总量减少2亿立方米，地下水位回升0.24米。众所周知，山东是严重缺水的省份，山东的经济发展改变了以高耗水为代价的发展方式，迎来了一个不增反降的拐点，这是一个重大实践。山东能够做到，其他省份也一定能做到。

"保"就是生态保护。在重点排污口下游、支流入干流处、河流入湖口，因地制宜建设人工湿地水质净化工程，实施规模化退耕还湿。我们曾经也有错误的教训，组织农民开发湿地，将湿地改为农田种庄稼，但由于地势很低，每年汛期都会淹掉，老百姓收入很低，而且大量湿地就这样被破坏。我们对此应该反思，现在要进行退耕还湿，建设沿河环湖大生态带，削减面源污染，增加环境容量，改善生态环境。

自上世纪80年代以来，山东水环境质量总体经历了快速污染阶段、治污"拉锯战"阶段和环境持续改善阶段三个过程。自2002年以来，已连续10年在两位数经济增长的背景下实现水环境质量明显改善。至2010年底，省控59条重点污染河流全部恢复鱼类生长，以水污染为代价的经济发展方式得到了明显转变。国家重点流域考核中，山东连续5年获得淮河流域考核第1名，连续3年获得海河流域考核第1名。2011年，国务院通报表扬"十一五"减排工作，山东列全国第一位。2011年，中国社科院发布的各省（市区）环境竞争力排名，山东居首，广东、江苏、浙江、北京分居2、3、4、5位。在水质好转的同时，南水北调沿线生态环境也得到持续改善。目前，南水北调沿线已建成人工湿地13.7万亩，修复自然湿地14.8万亩，流域内生物多样性显著增强。举例来说，在南四湖栖息的鸟类达200多种，其中包括白枕鹤、大天鹅等国家级珍禽，绝迹多年的小银鱼、毛刀鱼等再现南四湖，白马河也发现了素有"水中熊猫"之称的桃花水母。

由山东环境保护工作得到的启示：一，没有真正落后的行业，只有落后的观念、标准、技术和管理。要高度关注传统行业和一些被贴了落后标签的行业，当突破落后的观念、技术和管理之后，将会有一番新的天地。二，科学实施积极的环保措施，不仅不会影响经济发展，反而是推动传统行业"转方式、调结构"的重要手段。三，以环境保护优化经济发展，应当把握必要性、预见性、引导性和强制性等"四性"结合的原则。必要性，就是要把握形势，用改善环境质量、保障公众健康的必要性和经济发展的必然规律统一思想；预见性，就是统筹经济社会与环境保护，提前若干年科学确定工作目标，明确努力方向；引导性，就是制定实施分阶段逐步加严的地方环境标准，引导企业逐步淘汰落后产能，转变发展方式，提高治污水平；强制性，就是确定的政策措施必须坚决依法予以实施。巧用环保力，可以促进大变革。

（本文由梁潇根据录音整理）

生态文明是可持续发展的标志

尹伟伦

尹伟伦　中国工程院院士、林业学家，北京林业大学原校长、教授、博士生导师

1945年9月出生于天津市，原籍河北省。被聘为国家中长期科技战略专家、林业战略首席专家；兼任国际杨树委员会执行委员，亚太地区社会林业培训中心理事，中国林学会副理事长，中国杨树委员会主席，《林业科学》编委、副主编，教育部科学技术委员会生命学部委员、常务副主任等。获得国家发明三等奖、国家科技进步二等奖、国家级教学改革一等奖多次，并获得全国优秀科技工作者、全国模范教师、全国优秀教师、国家级突出贡献专家等多项荣誉称号。

一、人类处在一个生态短缺的时代

人类文明可以分为四个阶段：原始文明、农业文明、工业文明、生态文明。原始文明的表现是依赖自然，农业文明则是利用自然，工业文明追求利润而忽略了自然。由于掠夺性地利用资源而没有补偿自然界，工业文明仅仅三百年的时间就导致资源枯竭、环境恶化，使得经济繁荣、物质丰富的状况难以为继。工业生产所利用的资源和能源是没有生命、不可再生的，这些资源在使用过程中发生了化学变化，排碳、排硫、排出各种污染的气体，这就要求我们节能减排。聊城以及我国其他地方的经验已经证明少排放是必要的和完全可行的，但是发展工业，不排放是不可能的，要避免环境恶化，就需要有更好的办法来解决。

在工业难以持续、人类难以生存下去的时代，不可再生资源的枯竭和环境的恶化是当前非常重要的问题。大气中每年净增加二氧化碳32亿吨，这说明二氧化碳的循环受阻。排出的碳本来是被森林、海洋吸收掉，然后再生产、再排碳，构成一个循环。在过去生产力比较低的情况下，这种循环很通畅。但是现在大量的森林被砍伐，海洋也在被污染，碳的回收受阻，加上经济发展迅速，大量的碳停留在大气中。森林的锐减、大气的污染、固体废弃物增加、土地沙化等等系列问题，造成了我们现在面临的环境问题和资源枯竭问题。

二、生态文明能够解决环境与发展的矛盾

当前，气候正在发生变化，带来了极多的自然灾害。五十年不遇、百年不遇、甚至几百年不遇的灾害，怎么都让我们遇到了？这是因为现在自然的排碳能力、排污能力与忽略环境的工业发展走到了极端。必须节能减排和增加碳汇双管齐下，才能更加科学合理地解决发展与环境的矛盾。在国内外的广泛关注下，生态文明应运而生。反思工业发展的历程，必须以可持续发展为核心，通过发展以环境友好、经济发展为主要特征的生态文明，才能解决环境与发展的矛盾。聊城的经验充分证明了这一点。

无论在精神层面、物质层面还是制度方面，都应全方位地强化生态文明所需各项工作。建设自觉保护环境的机制，按照公平合理的原则平等分配自然资源和保护环境的责任，逐步建立起人与自然和谐共存、社会可持续发展的新秩序，我认为这是生态文明的伟大之处。生态文明是实现可持续发展的重要标志，这需要建立以人为本的发展观、不侵犯后人发展权的道德观以及人与自然和谐相处的价值观等。

三、提升森林碳汇能力是生态文明的主要任务

人类要一代一代繁衍下去，但是支持人类繁衍的资源是有限和不可再

生的。生物资源是有DNA的，可以繁衍，所以我们需要大力开发可再生的生物资源。只有把主要依靠不可再生资源转变为以利用可再生资源为主，才能彻底解决资源问题。同时，还要完善环境法律规范，利用规章制度尽量减少污染。通过提高森林、海洋的吸收能力，使排放出的污染气体和废弃固体在自然界畅通循环，经济发展、环境友好、可持续发展即可实现。

现阶段，低碳发展主要有三个措施，分别是减少排放、提高碳汇能力和收集、储存碳。我们今天使用的煤炭、石油都是亿万年前形成的，在过去的300年间大量排放出去，带来了显而易见的负面效应。虽然碳排放带来了巨大的经济效益和物质繁荣，但也带来了生态和环境难以持续的问题。

聊城市在工业节能减排上取得了显著的成绩，但节能减排只是"节流"，还需要"开源"。如果把大气层中的碳收集起来，使它再次循环，GDP就可以实现再增长。提高碳汇能力、开发可再生资源，是生态文明建设的重要方面。森林和海洋是提高碳汇能力的重要载体，应该得到重点保护。林业的碳汇与低碳经济是密切相关的，地球植物每年同化2000亿吨的碳，维持大气中碳和氧的平衡，因此当前要更好地利用和开发林业，发挥林业改善生态环境的功能。

在度过了物质短缺的20世纪60年代后，我们正面临着生态短缺的时代，应对措施是节能减排和增加碳汇能力。我国颁布了大力发展碳汇应对气候变化的一些规章制度，林业碳汇已日益成为我国气候外交的重心。胡锦涛总书记在2009年9月20日联合国气候变化峰会上提出：到2020年中国森林面积与2005年相比要增加4000万公顷，森林蓄积量与2005年相比要增加13亿立方米。木材的蓄积就是碳的积累，国家在林业工作会议上提出要增加森林碳汇，积极参与应对气候变化的国际合作。"十二五"规划将碳税纳入到环境税的重要范畴中，说明必不可少的工业污染将通过纳税的方式回收。碳税将投入到生态建设中，如海洋建设、森林建设、湿地建设，国家的生态建设资金来源、社会的良性运转、工业经济的友好发展、人民生活质量的提高将得到兼顾。

提升碳汇能力，在生态建设中地位重要，在应对气候变化中地位特殊，也是西部大开发的基础，具有重大的意义。

四、推崇绿色GDP是可持续发展的有力支撑

GDP是经济的产值，而没有对环境的污染以及付出的代价进行核算。建设生态文明，需要用绿色GDP考量经济发展情况，提高发展伴生的环境污染和不可再生资源使用成本，鞭策企业自觉节能减排，把人力、物力、财力投入到工业转型升级上，从而同聊城企业一样取得更大的成绩。以经济的杠杆推动生态文明建设，用绿色的GDP、以人为本、全面协调、可持续的发展观促进经济社会的可持续发展，改变过去重经济轻社会发展、重物质轻人与自然和谐、重眼前利益轻长远利益的观点，这样才能建立符合科学发展观要求的经济发展核算体系。目前，国际社会如芬兰已经做了尝试，取得了较好成绩。

绿色GDP是生态文明建设的有力支撑，而生态文明是可持续发展的必要条件。通过节能减排与碳汇增加以及碳的固定等技术相结合，我们将进入人类生态文明时代。

谢谢！

（本文由赵宏磊根据录音整理）

生态文明与绿色发展

牛文元

牛文元　全国政协委员、国务院参事、中国科学院可持续发展战略研究组组长、首席科学家、第三世界科学院院士

同时担任国家规划专家委员会委员、国家环境咨询委员会委员、国务院应急管理专家委员会委员、《中国发展》杂志编委会主任。主要从事以环境与可持续发展为核心的研究与应用。曾获得国家发明奖一项，中科院科技进步一等奖一项、三等奖两项，省部级科技进步二等奖一项。并被授予中国环保大使、全国科技10大英才人物、国际圣佛朗西斯环境大奖、中国十佳绿色新闻人物等荣誉称号。

我讲几个问题：

一、二十一世纪呼唤生态文明

世界银行有一组数据，整个20世纪的一百年，人类消耗了好多东西，如2650亿吨石油、1420亿吨煤炭、380亿吨钢、7.6亿吨铝、4.8亿吨铜，等等。

新世纪的一百年，如果我们还用这种传统方式去做，大家可以看，我们要消耗多少东西。全球每年的二氧化碳排放量大约300亿吨，其中75亿吨被海洋吸收，75亿吨被森林固定，大约还有150亿吨排放在大气中。怎么样才能消减日益增加的排放量，是我们的重大任务。

从全球范围来看，人类的"生态足迹"已经超出了全球承载力的20%，人类在加速耗竭自然资源的存量。中国建国62年来，一次性能源生产从1949年的2334万吨标准煤到2011年的约35亿吨，增长了约140倍，成为世界第一大能源生产国；1949年全国人均生活用电不到一度，发展到现在人均生活用电310度。截至2011年底，中国原煤产量超过35亿吨，原油产量超过2亿吨，发电装机容量超过9亿千瓦以上，一次性能源生产总量超过32亿吨标准煤。据计算，2005—2010年，在中国每建1平方米房屋需要消耗：土地0.80—0.83平方米，钢材55—60公斤，能源0.2—0.3吨标煤，混凝土0.20—0.23立方米，墙砖0.15—0.17立方米，CO_2排放0.75吨。大家可以看，自2000年以来，每年平均房屋竣工面积20亿平方米，约消耗7亿吨标煤，占社会总能耗的32%。

从"只要金山银山、不管绿水青山"，到"既要金山银山、也要绿水青山"，再到"绿水青山也是金山银山"的认知历程，中国的发展转型之路，生动地体现了观念创新、制度创新、科技创新、管理创新、文化创新的全过程。

二、从自然感悟到生态文明

文明是什么？实际上就是对于人类普世规则"觉醒、萃取、反思、坚守、传承"随时间的动态增殖过程，这就是文明的一个过程。

文明的理论矢量是追求最终的"真善美"，文明的实证矢量是对于"人与自然"和"人与人"两大关系和谐程度的实现。

人类进程中的四大文明形态都对文明有所贡献。比方说原始文明非常淳朴，但是具有盲目性；农业文明勤勉，日出而作，日落而息，但是具有依赖性，要靠天吃饭；工业文明具有进取性，但是有掠夺性。现在进入生态文明，就要求我们要自觉、和谐，要讲究各方面非常协调的发展。这些就不再介绍了。

人类文明的实质就是绿色的广延。马克思早在《1844年经济学——

哲学手稿》中直言"人是自然的一部分","人直接地是自然存在物"等等。

从自然的绿色进展到经济的绿色,再进展到到社会的绿色,再进展到心灵的绿色,这些共同支撑整体的生态文明。

生态文明的两大主线刚才讲了,人与自然的关系中人类向自然的索取必须与人类对自然的回馈相平衡。同时,人与人的关系,人际关系、代际关系、区际关系、利益集团之间的关系应实现共建共享、互利和谐。

生态文明的基本内涵说法很多,包括"整体、有序、循环、协调、共生、高效、简约"等元素的总和等等。

生态文明是人性"真善美"的集中表达,是健全社会的支点,是传承文明的载体,是激励人生的盛宴,是提升物质文明的催化剂和倍增器。

这里我们讲生态文明有三个目标:一个是和战略目标要求的逼近程度。第二个是要素之间整合的规整程度。第三个是对社会心理检验的度量。人怎么样才叫美。这些我都不再讲了。

三、如何促进生态文明

必须要首先关注生态产业。我非常赞赏会议的主题,写的是"聊城现象——绿色低碳循环与高速发展的工业与生态文明",这就明确了它的主题。生态文明是上层建筑,必须依赖它的经济基础。如果没有生态产业,生态文明的实践就是一句空话。

我们一直在跟踪美国对智慧产业的考虑。以新一轮的发展红利抵消传统产业的边际效益递减;以创新的发展内涵抵消粗放式生产的外部成本;以智慧管理的制度创新重塑产业的新秩序和社会的新风尚。这就是我们对生态产业本身作为经济基础如何推动生态文明的总体要求。

关于对未来20年的智慧产业预见,美国奥巴马政府集中了100多位各类顶尖专家,通过七个月的研究,最后提出了方案,未来20年产业的走势。这对我们发展生态产业具有参考意义。奥巴马在国情咨文中说:美国决不做世界第二。

该项成果总结了七个主要技术领域的预测结果以及相应的三组实现方

案等等，这个结论在世界上还是有关注度的。未来20年智慧产业预见路线图从哪一年到哪一年，上面都有一些明确的标志。到2030年能源与环境产业的技术突破与市场预测、信息产业如何突破、先进制造业如何突破以及医疗与生物产业、智能交通产业、商务贸易产业、航空航天产业，一共七个大项都有介绍。

四、要实现智慧流通

智慧流通就是通过互联网时代的物联网、传感网、云技术、大数据，实现零废品、零库存、零中间交易成本，这是一个非常大的改变。大家都知道，如果有废品，就会浪费资源、污染环境，如果库存多，周转度就小；如果中间成本高，就影响了人的福利。这些就不详细讲了。传感网、物联网、泛能网、云计算、大数据、超算中心，这些是一个大的产业，也是生态文明依赖的物质基础。

五、生态文明要创新社会管理

就是以生态文明的精神和要求来激励全社会更加理性，消费更加绿色，来达到生态文明的要求。

一个稳定和谐的社会环境，怎么做，应当怎样创新社会管理，怎样使生态文明的精神和要求一代一代继承和发扬下去，特别是在复杂的互联网时代应该怎么做，应当怎么做，这些都是我们应当考虑的。我们经常通过对社会异常事件的自动发现、实时追踪、波形判断、态势演化、干预机制、虚拟现实等，来适应智慧社会管理的现代要求。

六、建设绿色聊城，实现四大转移

我们说充分认识生态文明是历史的张力、时代的凝练、文化的自觉、人类的盛宴。如果我们在这个基础上来看生态文明，聊城其实是走在前边的。第一，由"传统式"的发展战略，向"低碳型"、"循环型"的绿色发展战略转移和提升。第二，由"传统式"的发展理念，向"智慧型"的绿色发展理念转移和提升，这是聊城面对的基本现实。第三，由"传统式"的发展思路向"脱钩型"的绿色发展思路转移和提升。我们说的"脱钩"，是产值要上来，财富要上升，但是所使用的能源、水、资源以及土地等等要下降。这个是生态文明对我们的基本要求，也是资源节约、环境友好的具体体现。第四，由"传统式"的发展技术向"数字型"的绿色发展技术转移和提升。这是四个基本要求。

在这里我想讲三个具体建议。

第一，聊城作为一个传统农业发达地区，应当在向现代农业、生态农业的靠近以及实现上，加以进一步努力。农业的发展经历了几个阶段，第一是化肥的出现，农业产量大大提升。第二是设施农业的出现，提高了农业生产水平。现在世界开始出现了一些尖端技术。举个例子，淡水养海鱼，使得海洋的捕捞、运输、冷藏等等成本大大降低，而且扩大了淡水领域。聊城是水城，应该是一个非常好的选择。

第二个建议，利用现在绿色聊城的良好基础。现在世界联合国大学正在实施一项新的建议，希望建设世界自然生态大学，就是把生态学的课堂搬到自然界当中。把全球54个典型的景观内容组团式地集合在一起，让学生通过20天的学习，基本上能够领会三个东西：第一，领会人与自然和谐的重要性和必然性。第二，了解生态系统零排放能量物质的充分循环的路径，第三，理解要加强生态修复、生态保护甚至多样性保护的理念。这是一个非常大的转折。我想从聊城来讲，自然大学的建立，将是教育体系的重大改变。把修学旅游、知识旅游融合在我们的经济发展当中。

第三个建议，聊城在发展中必须提升新型环保产业，这是生态文明、生态建设的一个非常具体的要求。现在新型环保产业已经进入第三代，表现在充分利用超临界技术、资源化技术、离子化学技术、二氧化碳的固定和再利用技术等，完整地实现循环低碳绿色生态文明目标。

总之，在深刻理解生态文明的前提下，大力促进绿色经济的创新与提升，这是新一轮经济周期突破"增长瓶颈"的整体构想，也是最大程度获取"可持续能力"和实现科学发展的必然选择，是提升聊城绿色竞争力的全新战略目标。

（本文由苑莘根据录音整理）

以生态文明改造和提升工业文明
务实推进生态文明建设

潘家华

潘家华　中国社会科学院城市发展与环境研究所所长、教授、博导

1957年生，湖北枝江人。国家气候变化专家委员会委员，中国生态文明研究与促进会常务理事，欧洲气候论坛理事，国际可持续发展研究院（IISD）理事会理事，国家973项目首席科学家，北京师范大学、华中科技大学兼职教授等。曾在中央政治局集体学习时（2010年）讲解"关于实现2020年二氧化碳减排目标的思考"。负责主持了多项国际合作、国家自然科学基金、科技支撑等项目，在《科学》、《自然》、《牛津经济政策评论》、《中国社会科学》、《经济研究》等国内外刊物上发表多篇中英文论（译）著。国务院特殊津贴获得者，绿色中国年度人物。

　　工业文明是一种线性模式，而现实的自然是一种非线性模式，这就决定了工业文明要被自然文明所替代。对于生态文明的替代，现在存在着一些误区，因此，文明转型存在着挑战。怎样改造和提升工业文明，务实地推进生态文明建设？我们说工业文明正是由于科技的出现，正是由于我们征服和改造自然的能力的提升，使得我们对自然界的征服能力与日俱增，我们发展的程度也在不断地增强，我们物质财富的积累也是在线性增长。从工业革命以来，温室气体的排放基本上都是线性增长的。在美国，从19世纪末到20世纪中叶，基本上都是线性增长的，中国的线性增长速度也非常快。这样的一种线性增长不是必然的，欧洲的一些发达国家总量和人均都已经在下降，世界不可能一直这样线性增长下去。有这种自然约束，所以线性增长只是阶段性的，工业文明也就是一种阶段性的文明。美国一位学者预测工业文明的寿命大约是150年时间，我们如果尽早地终结工业文明进入新的文明形态，我们社会可持续、经济和环境的可持续也就有更大的希望。

工业文明本身所面临的挑战是显而易见的。张波厅长讲山东省的环境治理做得很好，但另外一个方面也要看到，在1995的时候，中国能源消费不到美国的一半，现在高出美国15%，所以我们对工业文明提出的改造不是围绕文明本身，而是为了我们能源的安全，生态和气候的安全。我们在提生态文明建设的时候有很多认知上的误区，很多人认为生态文明就是要返璞归真、回归自然，实际上这样一种理念在工业文明初期就有人做过实验，最近也还有。2009年，在哥本哈根，联合国前秘书长安南在会上说，他从秘书长这个位置上退下来以后，希望能够到一个自然的、安静的地方，不受任何外界干扰。他跑到意大利那不勒斯南部的一个要走30公里才能出来的森林里，打算在里面生活3个月时间，结果待了不到7天就跑出来了，因为里面没有电灯，没有网络，没有通信，没有报纸。我们的生活品质不可能回到这样一种原始的自然状态。生态文明不是限制发展，不是限制高耗能，不是贫困，也不是成本高不可攀。聊城的实践表明，重化工也可以转化成在生态文明下的高产出，转化成为甚至零排放的为社会提供大量物质财富的产业。

在生态文明建设过程中，很多人认为生态文明就是绿色经济、低碳经济、循环经济，也就是生态经济，其实并不完全是这样。低碳并不一定绿色，例如照明，是低碳的，但这样一种碳汇如果对生物多样性造成破坏，如果造成水土流失，就不是绿色的。单一指标是不可取的，我们说绿色、生态，是把二氧化硫降下来了，是把石油比降下来了，但用的是高耗能的技术。这就表明，生态文明建设不仅仅是围绕绿色，也不仅仅是为了低碳，而应该是绿色、低碳、循环等多重指标的叠加。从这个层面上讲，聊城的生态文明建设实践给了我们非常好的案例，不仅仅是绿色、低碳、循环，还有一个更关键的人本。生态文明的建设最终是为了我们生活品质的提高，如果说绿色与提高生活品质相矛盾，就不可能被社会所接受。例如农村的小沼气就是一个典型的个案；电动汽车的电源如果不是全绿色的，那么它就是个未绿色，如果它不能保障舒适、安全的话，就不能被消费者所接受。对发达国家来讲已经实现了这样一种绿色，但并没有低碳，这也是为什么发达国家在全球气候变化的谈判中，否认理事责任，非常不情愿减少碳排放。然而中国的城市，尚未绿色，仍欠发展，却已经高碳。从这个意义上来讲，如果我们能够先行一步，我们的发展就能更加可持续。

生态文明与工业文明看起来是相矛盾的，但聊城的生态文明建设实践证明，要将生态与工业相融合并探索如何提升，满足低碳、绿色、以人为本的要求。"金山银山"与"绿水青山"是工业文明与生态文明两个具体的体现，工业文明的理念是利润产生的积累，"绿水青山"也是财富的积累，我们要把工业文明与生态文明接壤，把工业技术与生态理念嫁接，这对于企业的发展也是很好的个案。通过这次论坛，我们对聊城的生态文明实践有了系统的总结和提炼，这是中国生态文明建设的一个很好的个案。这样一个个案已经有了比较好的理念，山东做得很好。在全国，国家发改委也有低碳城市试点，但我觉得聊城做得比很多试点城市都好。世界上也有一些这样的城市联盟搞低碳的，我们做得比别人做的更好，我们的低碳城市，我们的低碳生态文明建设成果应该走向世界。我们推进生态文明建设这样一种生态转型，要考虑用生态文明来改造和提升工业文明，务实地推进生态文明建设，需要绿色、低碳、循环、高效、公正、人本、和谐。从这个意义上讲，在聊城举办的这个论坛，不仅仅是理论上的，更重要的是怎样更加务实地推进生态文明建设。

谢谢大家！

（本文由叶晨雯根据录音整理）

生态文明建设与绿色经济

左律克

左律克　威立雅环境服务亚洲首席执行官

1959年1月出生，法国籍。1981年毕业于法国里昂高等商学管理学院，1983年加入威立雅集团，先后任法国蒙特奈公司财务总监、蒙特奈特伯公司总经理、诺莫斯罗纳-阿尔卑斯里昂公司总经理，亚太及奥绿思亚洲控股（现威立雅环境服务亚洲）财务总监、威立雅环境服务亚洲上海分公司财务总监及董事、威立雅环境服务亚洲首席财务官，威立雅环境服务、威立雅水务和威立雅交通多家下属分公司董事，奥绿思埃及亚历山大公司主席。

《生态文明建设与绿色经济》一书指出，21世纪人们不断意识到自然资源的稀缺和脆弱已经构成了现代文明的背景、人类生存的极限和相互依存的关系，提示我们世界已经进入一个生态的转型期。

科学研究表明当今世界气候已经变异，生物多样性正在消失，一些和环境、健康相关的物质中都包含毒性。尽管在有些领域还未进行充分研究，但几乎可以肯定，我们毁坏环境的速度远比我们想象得更快。

促进生态文明建设应注重的三个方面：

一，大力推进生态文明建设首先要保持谦逊的态度。孟子曰，不违农时，谷不可食也；数罟不入污池，鱼鳖不可胜食也;斧斤以时入山林，材木不可胜用也。法国哲学家、法兰西科学院院士米歇尔·塞瑞斯说过，人们曾经想开拓这个世界，这就是旧的科学与技术造就的现状。今天，用新的技术不是试图去解释，而是试图去理解。

二，生态文明体现在有能力去决策，敢于放弃我们习以为常的舒适感，在承担金融世界压力之外，勇于承担更多的责任。生态文明体现在家庭生活中，就是改变对能源消耗的态度，比如愿意放弃开车，而选择公共交通方式或骑自行车；愿意降低暖气温度;主动将垃圾分类；节约用水。只有我们改变个人的行为，才能改变集体的行为。生态文明体现在工作中，要积极推进环境衡量标准，即二氧化碳的排放量，通过二氧化碳在水和空气中的排放印记，衡量服务和环境的表现。

三，生态经济体现在所有人都能获得且是公平地分享资源，包括食物、能源和自然资源。从法国的发展经验看，生态文明不可能存在于社会的断层中，西方有很多东西要向中国学习。

体现生态文明建设的四个实例：

一，天津危险废弃物综合处理中心。可以处理中国垃圾分类49类中的48类，除了核垃圾。这个废弃物处理中心显示了垃圾处理的标杆水平。

二，广州李坑垃圾焚烧发电厂。这个实例揭示了人类交往中透明关系的重要性。将邻里的农民作为朋友，诚实地向他们公布所有环境的指数。

三，上海老港生活垃圾卫生填埋场四期工程。此工程致力于增加生物多样性，减少垃圾对环境的污染。此工程安装八台发电机，利用1万吨/天垃圾发电一万千瓦时。

四，佛山医疗废弃物处置中心。处理医疗垃圾能力不断提高。

聊城生态文明建设的成功经验，表明人们已意识到绿色经济的重要性，这是生态文明的巨大进步。

（本文由梁潇根据录音整理）

生态文明建设聊城现象的启示

朱坦

朱坦　中国生态道德教育促进会顾问，天津市第十一届政协副主席，南开大学教授、博导

1943年7月生，江苏靖江人。教育部"985工程"循环经济哲学社会科学创新基地首席专家，南开大学环境与社会发展研究中心主任；兼任国家环境咨询委员会委员、国家环保总局战略环评专家咨询委员会委员，最高人民检察院专家咨询委员会委员，科技部"973"综合交叉领域咨询专家，中国经济社会理事会常务理事、天津市生态道德教育促进会会长等职。第九届全国人民代表大会代表，第十届全国政协委员。

我国改革开放三十多年的伟大历史进程，孕育着中国特色社会主义理论和实践的伟大创造，取得了经济社会全面发展、综合国力显著增强的伟大成果。然而，当我们高歌猛进式地迈向现代工业文明的时候，全球生态危机越来越成为对我们生存和发展的巨大威胁。而对这样一种挑战，我国党和政府把科学发展观指导下的生态文明作为对传统工业文明的超越，作为推动经济社会新一轮发展的起点。几年来，生态文明建设的理论和实践在全国各个领域、各个地区得以有效推进。聊城现象的产生和发展，为我国地域生态文明建设提供了很多宝贵的经验。由此我认为，选择在聊城举办这个论坛是一件很有意义的事情。下面，我从四个方面谈一下粗浅的感受：

一、对生态文明建设内涵的基本认识

生态文明是人类保护和建设美好生态环境取得的进步和成果总和。从人类社会的文明体系上看，生态文明是人类社会文明体系的重要组成部分，它与物质文明、政治文明和精神文明既有密切联系又有鲜明的相对独立性。从人类社会的发展历程上看，生态文明是继原始文明、农业文明和工业文明之后，人类社会文明发展的新阶段、新形态。

生态文明以人与自然和谐为价值观基础和本质特征，强调以自然规律为准则，避免传统工业文明发展方式造成的资源环境危机，是一种高效、可持续的新型文明。工业文明时期是一种高投入、高消耗、高污染的粗放型增长方式，带来"生产—消费—污染"的恶性循环。生态文明强调的是一种"资源—产品—消费—再生资源"的循环经济发展模式，它把反映经济系统内部再生产关系的"内部均衡"与反映经济系统与生态系统之间再生产关系的"外部均衡"紧密地结合起来，从生态经济系统整体的高度出发，统筹经济系统内部以及经济系统与环境系统之间的物质循环流动关系，把经济系统与生态系统看作是一个功能上相互依存的统一的大系统，从大系统整体功能的生产循环出发，来把握人类经济的可持续性问题，即遵循内外均衡、一体循环的循环经济理念，实现生态效益、经济效益和社会效益的最大化，促进整个生态文明健康稳步发展。

生态文明建设以科学发展观为统领。科学发展观作为统领我国经济社会发展全局的重大战略思想和指导方针，人口、资源、环境、人与自然、人与人、人与社会的关系纳入经济社会发展有机的框架之下，通过发展来实现人与自然的和谐和人的全面发展。中国特色生态文明建设要在科学发展观指导下，立足现实，重视生态保护和资源可持续利用，实现人与自然和谐，推动经济社会可持续发展。生态文明的提出为人类走可持续发展之路提供了更全面、更彻底、更深入的思想观念和方法论指导。胡锦涛总书

记指出："建设生态文明，实质上就是要建设以资源环境承载力为基础、以自然规律为准则、以可持续发展为目标的资源节约型、环境友好型社会。"生态文明建设摒弃了只注重经济效益而不顾人类自身生存需求和自然界进化的传统工业化发展模式，强调经济、社会、自然和谐发展，最终实现经济社会全面、协调、可持续发展，这正是科学发展观的本质意义。

二、生态文明建设有着丰富的内容体系

胡锦涛总书记在今年省部级主要领导干部专题研讨班上指出，推进生态文明建设，是涉及生产方式和生活方式根本性变革的战略任务，必须把生态文明建设的理念、原则、目标等深刻融入和全面贯穿到我国经济、政治、文化、社会建设的各方面和全过程，坚持节约资源和保护环境的基本国策，着力推进绿色发展、循环发展、低碳发展，为人民创造良好的生活环境。按照这个要求，生态文明建设的内容可以概括为实现经济发展方式的转变、着力推进绿色低碳发展、推进城镇化过程中的生态化建设、提供良好和健康的生活环境、加强自然环境保护、提高全民生态环保意识等几个方面。

三、生态文明建设聊城现象的几点启示

近年来，聊城市着力促进生态保护与经济发展相互融合，围绕推进新型工业化，依靠科技创新，发展循环经济，狠抓节能减排。在从上至下提高全民生态意识的过程中，通过发展生态经济、优化生态环境、培育生态文化、建设生态社会，积极探索生态文明市的建设之路，取得了显著成效和宝贵经验：

统一思想认识是生态文明建设的前提。生态文明建设是事关中国特色社会主义事业全局、国家安全、人民福祉的千秋大计。聊城市各级领导高度重视，通过党校培训、学习参观、新闻宣传等形式，自上而下宣传普及生态文明建设的重大意义、丰富内涵和实现途径，通过生态文明县市区、生态文明乡镇、生态文明社区等创建活动，引导公众积极参与，使生态文明理念深入人心。他们把思想认识统一到中央精神上来，把包括基础设施、生态产业、环境质量、生态文化等在内的生态文明建设指标纳入对各

级各部门的年度目标考核体系，与经济建设、政治建设、文化建设、社会建设一并纳入政绩考核，有力地增强了生态文明市建设的效果。

以环境保护优化经济增长是生态文明建设的重要途径。环境保护是生态文明建设的主战场。聊城市在着力推进生态文明建设的实践过程中，始终坚持以环境保护优化经济增长，坚持走绿色发展之路。他们在建设生态文明市的目标下，从经济、政治、社会等各个方面入手，多措并举促使经济发展和环保同步推进，充分发挥环境保护参与宏观调控的倒逼机制和先导作用。以科技创新催生新工艺、新设备、新项目，推动经济发展，带来新效益。在推进城镇化建设的过程中，全面注重水资源、土地资源的保护利用工作，积极开展环境整治集中行动，着力提升城乡人居环境，不断提高人民群众的需求层次，致力于让群众喝上干净的水、呼吸上新鲜的空气、吃上安全的食品、在良好的生态环境中生产生活。他们坚持走以环境保护优化经济发展之路，既保证了经济的可持续发展，又能满足人民群众宜居安康的愿望。

"转方式、调结构"是生态文明建设的重要内容。推进生态文明建设，是涉及生产方式和生活方式根本性变革的战略任务。聊城作为一个传统的农业地区，在发展新型工业化的过程中，以发展循环经济为最佳切入点，以节能减排为重要抓手，贯彻落实"转方式、调结构"的主线。以打造"一五二"产业基地为着力点，把发展循环经济作为产业发展的基本取向，培育发展高新技术产业，用高新技术产业改造传统产业，促进产业的优化升级，落实推进"加、减、乘、除"4项举措，构建现代低碳产业体系。以市场需求为导向、科技创新为手段、质量效益为目标，科学确定区域农业发展重点，形成现代农业在第一产业中逐渐占据主导地位，现代工业规模不断壮大，战略性新兴产业快速发展，第三产业特色突出，现代服务业比重稳步增加，全市经济实力和发展水平不断提升的生态城市。

四、建设生态聊城的两点建议

一是进一步发挥环境影响评价在生态文明建设中的重要作用。环评是环境保护的一道重要防线，也是一项不可替代的环境管理的工具与手段。

聊城要坚持走经济发展与环境保护互促共赢的生态文明市建设之路，积极发挥环评在"转方式、调结构"，保护自然生态环境，改善民生，加快生态文明市建设中的积极作用。要在聊城生态化顶层设计和总体规划中，突出环评特别是战略环评在生态文明建设中的独特作用，进一步将生态文明理念和要求落实到工业、交通、能源等相关发展规划中。要始终将预防和控制环境污染、生态破坏，保护环境质量作为重要关注点，把环评作为产业结构调整的"调节器"，进一步发挥它在节能减排中的"防火墙"作用，以环境优化促进经济增长。聊城建设"一五二"产业基地过程中，要实施战略环评、规划环评，从产业结构、能源结构、基础设施等方面，提出具有可操作性的优化调整建议和保障措施。根据实现节能减排约束性指标的关键条件，为相关区域和行业提出必要的建设项目环境准入条件，并将这些准入条件、约束性指标在项目环评中落实。

二是将大力发展生态产业作为生态文明建设的一项重要内容。推进生态文明建设，是涉及生产方式和生活方式根本性变革的战略任务。大力发展生态产业、循环经济，实行清洁生产，从源头和全过程控制污染物产生和排放，降低资源消耗，提高资源产出率和资源综合利用水平。生态产业的指向具有多维性，包括生态工业、生态农业、生态旅游业等多种生态产业。聊城作为一个传统的农业地区，应充分发挥本市优良的水土和气候优势，以市场需求为导向、科技创新为手段、质量效益为目标，科学确定区域农业发展重点，培育壮大生态农业。依托聊城的优势产业，努力拉长产业链条，不断提高产品附加值，推动产业转型升级。依托聊城生态环境优势和区位地理优势，建设文化旅游休闲产业重大项目，做大做强生态旅游业，打响"江北水城·运河古都"城市品牌，将聊城打造成为内涵丰富、特点突出的文化旅游与休闲度假目的地城市。

生态文明的哲学思考

——对生态文明建设聊城模式的解读

刘爱军

刘爱军 山东省人民政府办公厅党组成员、副主任，山东省生态文明研究会会长

1962年生，山东栖霞人，环境法学专业博士，中国生态文明研究与促进会常务理事，山东省法学会常务理事，山东大学研究生合作导师，山东师范大学兼职教授。长期从事生态文明理论研究工作，出版专著、论文多篇，主持《山东生态省法规保障机制研究》、《生态文明及其发展对策研究》、《生态文明与山东环境立法研究》等多个省级课题。《生态文明及其发展对策研究》获得山东省科技进步二等奖、山东软科学优秀成果一等奖。2009年1月，发起成立山东省生态文明研究会。主编《生态文明研究》。

各位领导、各位专家、同志们：

大家下午好！

很高兴来到著名的江北水城——聊城参加生态文明建设国际论坛。今天听了各位领导的讲话和专家的发言，我深受启发，受益匪浅。下面，我汇报一下本人对生态文明的一些粗浅的看法：

一、聊城生态文明市建设取得了显著成就

在党的十七大上，胡锦涛总书记作出了"建设生态文明"的重要指示。一年之后的2008年10月，聊城市委、市政府经过认真的调查研究，作出了"建设生态文明市"的重大决策，召开动员大会进行了安排部署。宋远方书记在会上作了非常好的动员报告，思想性、指导性、逻辑性都很强，虽然四年多了，现在看来还不落伍，最近学习了一下很受启发。四年来，聊城市委、市政府围绕建设生态文明市这个总目标，科学规划，狠抓落实，取得了经济发展、生态优化、民生改善、社会和谐的显著成就。

聊城市在提出建设生态文明市之前，地区生产总值、财政收入和规模以上工业增加值增速一直处在全省中下游水平，万元生产总值能耗、主要污染物减排和生态建设均排在全省最后几位，经济社会发展、节能减排和环境保护的任务十分艰巨。自2008年提出建设生态文明市之后，各项主要指标逐年上升，特别是2011年以来，生态文明市建设的成效开始显现，地区生产总值、财政收入和规模以上工业增加值增速步入全省前3名，而同期节能和减排在全省的位次由双双第16位分别提高到第4位和第6位，反映生态建设综合情况的生态省建设考核由第15位进入全省前列，考核结果自2008年之后均为良好和优秀。可以说，聊城市的生态文明市建设取得了十分显著的成绩，形成了生态文明建设的聊城模式，为全省乃至全国的欠发达地区探索了一种新型发展模式，给予我们很多启迪和思考。聊城市的做法（建设生态文明之路）是符合科学发展观的，是符合国际新潮流的，是符合广大群众愿望的。解读聊城的生态文明市建设之路，主要有以下几个方面的体会：

（一）转变发展理念是建设生态文明市的根本。聊城市的经验再次说明，思想是行动的先导，建设生态文明市必须坚持理念先行。2007年换届以后，聊城市新一届领导集体，站得高、看得远，创造性地贯彻落实科学发展观，在全省乃至全国率先作出了建设生态文明市的战略决策，提出了"生态是借贷而不是继承"和"既要金山银山，又要碧水蓝天"的生态

文明理念，深入开展了生态文明县（市区）、生态文明乡镇、生态文明社区、生态文明单位、生态文明企业等群众性创建活动，广泛开展了宣传教育活动，生态文明理念深入人心，广大群众积极践行生态文明的生产方式和生活方式，全市上下形成了关心、支持、参与生态文明市建设的浓厚氛围。

（二）发展生态经济是建设生态文明市的关键。聊城市以生态文明理念为指导，根据生态环境容量确定经济发展的规模、速度、方式和结构，坚持从源头上转变经济发展方式、推进产业结构调整。把发展循环经济、生态经济作为加快"转方式、调结构"的切入口，部署实施了建设"一五二"总体产业布局，采取了"加、减、乘、除"4项举措，拉长产业链条，推动科技创新，狠抓节能减排，做大做强农业和现代服务业，严格控制人口增长。2011年，全市生产总值和规模以上工业增加值增速均居全省第3位，财政收入增速居全省第2位。特别是今年上半年，生产总值和规模以上工业增加值增速均居全省第2位，财政收入增速居全省第1位，综合实力迈上大的台阶，经济素质和产业竞争力实现了新跨越，实现了经济发展、生态良好的双赢，为生态文明市建设提供了有力的经济保障。

（三）优化生态环境是建设生态文明市的基础。近年来，聊城市在建设生态文明市的过程中，把优化生态环境作为基础，采取了一系列政策措施。一是充分利用水的优势，大力实施"两城一河"战略，凸显"江北水城·运河古都"城市特色，打造宜居生态城市，城市功能和环境承载力进一步增强。二是加大环境修复和整治力度，加强植树造林，改善空气质量，不断优化生态环境。2009年，在海河流域水污染防治工作核查中，代表山东省一举夺得了第一名的优异成绩。2011年，成功创建国家环境保护模范城市，成为环保部按照新标准验收通过的全国第一个地级市。三是狠抓节能减排，加快淘汰落后产能，推进重点用能企业节能技术改造，超额完成了省里下达的节能减排目标。2011年，全市四项主要污染物指标不同程度下降，是山东省四项指标均下降的三个市之一。聊城的实践证明，在经济发展的同时有效保护和改善生态环境，理论和实践上都是切实可行的。

（四）加强监督考核是建设生态文明市的保障。建设生态文明市，大政方针已定，关键在于狠抓落实。2008年，聊城市委、市政府成立了建设生态文明市工作领导小组，研究制定了《关于建设生态文明市的意见》，明确了各级各部门的目标责任，每年与各县（市区）签订《生态文明市建设县（市区）长、主任目标责任书》，将主要任务进行量化分解，并将完成各项指标情况纳入年度目标考核体系，实施严格的监督考核，有力地保障了生态文明市建设的顺利推进。

二、关于生态文明的哲学思考

经过多年来的学习和工作实践，我个人对生态文明在理论上有一些思考，在这里向大家汇报如下：

（一）对生态文明的理解

什么是生态文明？生态文明是人类在充分认识自然、尊重自然的基础上，在利用自然造福人类社会、实现人与自然和谐统一的进程中，所取得的全部文明成果的总和，是人与自然交流融通的状态。生态文明是人类社会和生产力水平发展到一定历史阶段的必然产物。从纵向来说，生态文明作为人类文明的一种高级形态，是继原始文明、农业文明、工业文明之后一种新的文明。从横向来讲，生态文明是与物质文明、政治文明和精神文明并列的四大文明。

基于生态文明理论与实践发展的状况，生态文明的内涵应该主要包括这样几个方面：在文化价值上，对自然的价值有清醒的认识，树立符合自然生态规律的价值需求、价值规范和价值目标；在生产方式上，转变高生产、高消耗、高污染的工业化生产方式，使生态产业在产业结构中居于主导地位，以生态技术为基础实现社会物质生产的生态化；在生活方式上，倡导科学、合理、适度消费，使绿色消费成为人类生活的新目标、新时尚；在社会层面上，使生态化渗入到社会结构之中，实现人类活动对生态的最小损害并能够进行一定的生态建设，从而使人类与自然更加和谐。

（二）对生态文明的定位

第一，生态文明是科学发展观的重要内容。科学发展观是"全面、协调、可持续的发展观"，要求遵循客观规律，统筹个人利益和集体利益、局部利益和整体利益、当前利益和长远利益，提高发展质量和效益。生态文明要求，要尊重生态规律，按生态规律办事，在保护好生态环境的前提下，适当满足人类合理的物质文化需求，使我们的人口规模与生态容量相适应，使我们的经济发展与生态容量相适应，使我们的生活消费与生态容量相适应，真正实现良性循环、可持续发展。生态文明是生态规律、经济规律和社会规律相融合的文明形态，集中体现了科学发展观的基本方向和原则，是科学发展观的进一步阐释和升华，代表了科学发展观的核心价值。因此，牢固树立生态文明理念，积极推进生态文明建设，是深入贯彻落实科学发展观、构建社会主义和谐社会必不可少的重要内容。

第二，生态文明是应对生态危机的总对策、总抓手。工业文明暂时缓解了生产和需求的矛盾，却激化了生产与自然的矛盾，生态被严重破坏，环境被严重污染，自然界正在经历着由量变到质变的重大转折，人类社会正面临着严峻的生态危机，甚至是生存危机。可以说，人口的急剧膨胀、经济的快速发展与生态环境日益恶化之间的矛盾越来越突出，正在成为我国社会的主要矛盾。消除这些危机、解决这个主要矛盾，显然应该是比工业文明更高级的文明，既能保留甚至超过工业文明的巨大创造力，又能消除工业文明在生态环境方面的负面效应。生态文明是人类社会发展的必然选择，是比工业文明更高级的文明形态。生态文明正是人类消除工业文明的负面影响，偿还生态欠债，应对生态危机，解决主要矛盾的最佳选择。因此，我们只有以科学发展观为指导，牢固树立生态文明理念，把建设生态文明作为应对生态危机的总对策、总抓手，才能实现可持续发展。

第三，生态文明是物质文明、政治文明和精神文明的基础。生态文明与物质文明、政治文明和精神文明构成了当今社会的四大文明。建设社会主义的物质文明、政治文明和精神文明，与建设社会主义的生态文明是互为条件、相互促进、不可分割的整体。一方面，物质文明、政治文明和精神文明离不开生态文明，没有良好的生态条件，人类既不可能有高度的物质享受，也不可能有高度的政治享受和精神享受。没有生态安全，人类自身就会陷入最深刻的生存危机。从这个意义上说，生态文明是物质文明、政治文明和精神文明的基础和前提，没有生态文明，就不可能有高度发达的物质文明、政治文明和精神文明。另一方面，人类自身作为建设生态文明的主体，必须将生态文明的内容和要求内在地体现在人类的法律制度、思想意识、生活方式和行为方式中，并以此作为衡量人类文明程度的一个基本标尺。也就是说，建设社会主义的物质文明，内在地要求社会经济与自然生态的平衡发展和可持续发展；建设社会主义的政治文明，内在地包含着保护生态、实现人与自然和谐相处的制度安排和政策法规；建设社会主义的精神文明，内在地包含着环境保护和生态平衡的思想观念和精神追求。

（三）正确处理发展理念上的几个关系

一是人与生态的关系。人类是自然界的一部分，是自然界的产物，良好的生态环境是人类赖以生存和发展的基础。皮之不存，毛将焉附？可以说，生态是人类生存和发展之本，所以要确立以生态为本的理念。以生态为本就是强调以生态利益为出发点，主张人类应当尊重自然、善待自然、顺应自然，合理地调节人与自然之间的物质交换，以消解人与自然之间的对立关系，最终实现人与自然和谐共处。二是生存与发展的关系。生存与发展是人类社会两大永恒的主题，生存是发展的基础和前提，一切发展都只能在确保生存的基础上进行；发展依附于生存，发展是生存的保证，发展是为了更好地生存。生存是第一位的，发展是第二位的。人类首先要确保生存，然后才能谈得上发展。因此，建设生态文明必须把生存作为第一要务，把是否有利于生存作为检验发展正确与否的标准。三是生态与经济的关系。良好的生态是经济发展的基础，经济发展需要的能源资源都来自于生态，当然，经济的发展也有助于生态环境的改善。就两者的关系而言，生态是第一位的，是基础和前提，经济是第二位的，服从、服务于生态。因此，建设生态文明就要坚持生态优先，在指导思想上吸收生态文明的精髓，在政策导向上由强调以经济建设为中心逐步转变为以生态建设为中心，在实践路径上大力建设社会主义生态化国家。

三、关于聊城建设生态文明市的建议

胡锦涛总书记在"7·23"讲话中指出："推进生态文明建设，是涉及生产方式和生活方式根本性变革的战略任务，必须把生态文明建设的理念、原则、目标等深刻融入和全面贯穿到我国经济、政治、文化、社会建设的各方面和全过程，坚持节约资源和保护环境的基本国策，着力推进绿色发展、循环发展、低碳发展，为人民创造良好生产生活环境。"这是继党的十七大和十七届四中、五中全会对生态文明建设进行战略部署以来的又一次重大突破，相信在党的十八大上，胡锦涛总书记还将对生态文明提出更加重要的论述。省委、省政府近两年也就生态文明建设作出了重要部署，相继出台了《关于加强生态文明乡村建设的意见》和《关于建设生态山东的决定》。根据党中央、国务院和省委、省政府对生态文明建设的要求，我对聊城的生态文明市建设提出以下几点建议：

一是要深入学习胡锦涛总书记"7·23"重要讲话和即将召开的党的十八大报告中关于生态文明的重要论述，深入学习省委、省政府关于生态文明建设的重要部署，认真总结四年来聊城生态文明市建设的经验和不足，研究制定下一步推进生态文明市建设的具体措施，搞好中长期规划，并狠抓工作落实。二是要把建设生态文明市作为聊城市的长期战略，不断完善适应生态文明建设的体制机制，大胆启用重视生态文明的生态化干部，一届一届地抓下去，一代一代地干下去，不断提升生态文明水平，不断满足人民群众日益增长的生态环境需求。三是要大力推进生态化社会建设，把生态文明贯穿于经济社会发展的各个方面，坚持以生态为本，充分尊重生态规律，一切按生态规律办事，大力建设符合聊城实际、具有聊城特色的生态经济、生态政治、生态文化、生态环境和生态社会。四是要采取各种手段深入宣传生态文明理念，让生态文明进社区、进学校、进家庭，使生态文明理念家喻户晓、人人皆知，形成全社会关心、支持、参与生态文明市建设的巨大合力。

以上是我个人的一些思考和建议，由于水平所限，难免有不当之处，恳请批评指正。

加快推动低碳发展
努力建设生态文明

田成川

田成川　国家发改委应对气候变化司战略规划处处长

管理学博士，北京大学应用经济学博士后，长期在宏观经济管理部门工作，从事经济发展战略、规划和政策研究制定，曾参加中国"十一五"规划《纲要》和"十二五"规划《纲要》起草。现主要负责气候变化战略和政策制定工作，曾组织起草《"十二五"控制温室气体排放工作方案》等多项重大文件。

尊敬的陈宗兴主席，各位来宾，女士们、先生们：

下午好！

十月金秋，丰收在望，齐鲁大地，秋色宜人。在这样一个美好季节，海内外贤达齐聚中华文明的繁盛之地，共同研讨生态文明建设的聊城经验，探寻我国新型工业化、现代化道路和人类文明发展的未来，可喜可贺！首先，我代表国家发展改革委员会应对气候变化司对中国（聊城）生态文明建设国际论坛的召开表示热烈祝贺！

生态文明理念是人类对传统工业文明带来的生态环境危机深刻反思的产物。传统工业文明在创造出巨大物质财富、取得辉煌成就的同时，其发展模式也导致无节制地开发自然资源、大规模污染破坏自然生态，造成了前所未有的生态环境危机。解决经济社会发展与生态环境保护的矛盾，走可持续发展道路，实现绿色低碳发展，正逐步成为全球共识和世界潮流。

改革开放30多年来，我国经济社会发展取得了举世瞩目的巨大成就，但由于粗放型的发展方式未能得到根本转变，经济发展中不协调、不平衡、不可持续的问题日益凸显，加之我国生态环境脆弱、资源禀赋较差，资源环境瓶颈制约日益加剧，成为影响经济发展、人民健康和社会稳定的重要因素。从国际看，绿色低碳发展成为全球共识和国际潮流。围绕能源资源、气候变化等问题的国际博弈日趋激烈，全球资源环境问题更加突出。特别是进入新世纪以来，新的科技革命方兴未艾，全球绿色经济、低碳经济发展趋势进一步明显，成为国际经济和科技竞争的新领域。发达国家为应对国际金融危机，抢占新一轮经济科技竞争制高点和"话语权"，一面利用自身技术、资本优势加快推进绿色低碳发展，另一面借应对气候变化等环境问题之名，企图对发展中国家设置碳关税、"环境标准"等贸易壁垒。推进绿色低碳发展不仅成为各国经济社会发展的战略选择，也已成为不可推卸的国际责任。

面对新阶段新国情，我国无法继续以传统的粗放发展方式推进现代化建设，必须加快转变经济发展方式，推进绿色低碳发展，建设生态文明。这是积极应对气候变化等全球环境问题的迫切需要，也是我国推进可持续发展的必然要求。为此，党的十七大将建设生态文明作为全面建设小康社会奋斗目标的五大更高要求之一，纳入中国特色社会主义事业总体布局。前不久，胡锦涛总书记在讲话中明确提出："必须把生态文明建设的理念、原则、目标等深刻融入和全面贯穿到我国经济、政治、文化、社会建设的各方面和全过程，坚持节约资源和保护环境的基本国策，着力推进绿色发展、循环发展、低碳发展。"把生态文明建设作为战略任务提到新的高度，这是我们党继承发扬中华民族传统智慧，吸收借鉴发达国家现代生态理念，从全面建设小康社会全局出发提出的重大战略思想，是我们党在理论创新和实践探索基础上对自然规律及人与自然关系的再认识，是对建设中国特色社会主义认识的进一步深化。

生态文明的核心是人与自然的和谐发展。建设生态文明，必须坚持绿色低碳发展理念和政策导向。为落实生态文明建设理念，国家制定了"十二五"规划《纲要》、《"十二五"节能减排综合性工作方案》、《"十二五"控制温室气体排放工作方案》等一系列重大政策文件，明确了今后一个时期生态文明建设和绿色低碳发展的目标任务和政策导向。新时期推进我国绿色低碳发展，在发展思路上需要加快实现"三个转变"：在经济增长方式上，要从主要依靠要素投入和行政主导向更加注重技术创新和发挥市场基础性作用转变；在发展政策设计上，要从八仙过海、各自为政向更加注重顶层设计和政策协调转变；在环境治理方式上，要从偏重末端治理向更加注重总量控制和结构优化转变。未来一个时期，重点应从以下方面着力推动：

一是加强顶层设计。生态文明建设涉及方方面面，首先应抓好战略和规划。目前，有关部门正抓紧组织编制应对气候变化、节能减排、循环经济、可再生能源、林业等专项规划。组织制订低碳发展宏观战略和适应气候变化总体战略，为我国生态文明建设和绿色低碳发展形成战略支撑。

二是强化目标责任。完善政府政绩考核体系，破除GDP至上的发展理念，强化绿色低碳发展指标考核。目前国家已将"十二五"能耗和碳强度下降目标分解落实到各地方，相应的任务落实到部门和行业。未来将进一步健全统计、监测和考核体系，对地方、部门节能减排、降低碳强度目标和任务完成情况进行评价考核，考核结果纳入政府绩效管理，实行问责制。

三是坚持走新型工业化和低碳城镇化道路，加快产业转型升级，优化产业结构，大力发展战略性新兴产业和现代服务业，抑制高耗能、高排放产业过快增长，把产业集群化、园区化作为产业发展的主体形态，推进产业园区低碳化、循环化发展。加强低碳城市建设，合理规划城市功能布局，推广低碳建筑，大力发展低碳交通，鼓励发展低碳商业和低碳社区。

四是优化能源结构，控制能源消费总量。加强煤炭清洁生产和利用，鼓励发展清洁高效、大容量燃煤机组；加大石油天然气勘探开发力度，推进非常规油气资源开发利用。加快发展非化石能源，在确保安全的基础上发展核电，在保护生态的基础上积极发展水电，因地制宜大力发展风电、太阳能、生物质能、地热能等可再生能源。

五是推动节能降耗。实施节能改造工程、重大节能技术产业化示范工程、节能产品惠民工程、合同能源管理推广工程和节能管理能力建设工程。加快低碳技术研发应用，推进工业、建筑、交通等领域节能减碳。大力发展循环经济，加快构建覆盖全社会的资源循环利用体系。

六是扎实推进低碳试点。深入开展低碳省区和城市试点，编制低碳发展规划，加快建立以低碳为特征的工业、建筑、交通体系。开展低碳产业园区试点，集聚低碳型战略性新兴产业，培育低碳产业集群。开展低碳社区试点，引导社区居民普遍接受绿色低碳的生活方式和消费模式。开展低碳商业、低碳产品试点，加强对顾客消费行为引导，显著减少试点商业机构二氧化碳排放。

七是提高适应气候变化能力。加强应对极端气候事件能力建设，在生产力布局、基础设施、重大项目评估和建设中，充分考虑气候变化因素。加快适应技术研发推广，提高农业、林业、水资源、卫生健康等重点领域和沿海、生态脆弱地区适应气候变化水平。加强对极端天气和气候事件的监测、预警和预防，完善灾害保险机制，减少灾害损失。

八是健全相关体制机制。完善相关法律法规，加快建立温室气体排放统计核算和考核体系。积极发挥市场机制在节能减碳中的基础作用，开发温室气体自愿减排交易市场，扎实推进北京、天津、上海、重庆、湖北、广东及深圳等七省市碳排放权交易试点，研究制定试点实施方案。探索建立低碳产品标识和认证制度，选择典型产品开展低碳产品认证试点，引导并促进低碳消费。

九是完善相关经济政策。理顺资源性产品价格关系，推行居民用电、用水阶梯价格，全面推行供热计量收费。加大差别电价、惩罚性电价实施力度。深化采用财政补贴方式推广高效节能产品等支持机制。推进资源税改革，推动落实和完善资源综合利用税收政策。加大各类金融机构对节能、低碳项目的信贷支持力度，建立银行绿色评级制度。

生态文明建设是一项全新的工作，需要大胆尝试、积极探索。近年来，聊城市以建设生态文明市为抓手，深入贯彻落实科学发展观，推进绿色、低碳、循环、高速发展的工业化模式，取得了可喜成绩，积累了有益经验。这对于全国探索生态文明建设和新型工业化道路，具有积极意义，提供了重要启示。"十二五"是我国推动绿色低碳发展、加快生态文明建设的关键时期，相信本次论坛的召开不仅将加快聊城绿色低碳发展步伐，也会为推动全国生态文明建设凝聚共识、贡献力量。祝论坛取得圆满成功。

谢谢大家！

"以自然为本" 推进生态文明

朱春全

朱春全　世界自然保护联盟（IUCN）驻华代表、博士

1991年毕业于东北林业大学，生态学博士，曾在加拿大、英国、比利时和美国研修和工作，2012年3月起任世界自然保护联盟（IUCN）驻华代表，世界自然基金会北京代表处项目实施总监，中国林科院研究员，中国科学院系统生态重点实验室客座研究员。主要从事生态学、气候变化适应、森林可持续经营、森林认证，林业政策与林产品贸易、湿地保护与恢复，生态区系统保护规划、保护区建设与管理、景观保护、生态系统管理和流域综合管理等生物多样性保护领域大型项目的战略规划、立项、设计、实施、管理和评估工作。

"以自然为本"旨在解决气候变化、食物短缺、发展、人与治理、生物多样性等一系列问题。现阶段，应该积极倡导"以自然为本"的生态文明观。

从畏惧自然、征服自然到"以自然为本"，"以自然为本"正是人类文明发展的必然。人是自然中的一员，而不是自然的主宰。原始文明是人依赖自然而生，畏惧自然，受自然环境承载力的约束，人口在很长的历史阶段数量很少，人基本是自然的一部分。农业文明通过开垦土地，并经历了石器时代、青铜器时代和铁器时代，将自然生态系统改变为农作物人工生态系统，使得食物供应量提高，人口容纳量相应提高，人口也在漫长的历史过程中缓慢增加，而且基本以生物能源为主，人类成为自然界的一个优势物种。工业文明是以机械发明、化石燃料为主导，在整个能源里超过70%。同时，化肥农药和机械化使粮食产量大幅度提高，环境容纳量显著提高。在这里要明确，自然环境容纳量不是固定的一个值，而是动态变化的。它取决于人类如何去利用自然，利用资源的范围、效率和方式，并和科学技术发展水平紧密相关。生态文明是以自然为本，人与自然平等，以可持续能源为主。同时，还应该是资源节约、高效利用、公平合理的。必须保护和恢复生态系统的生产力和服务功能，提高环境的容量和承载力。

要"以自然为本"，原因在于：

一，人类的生存繁衍是以自然为基础的。无论科学技术如何发展，人的衣食住行和居住环境是必不可少的，人类对自然的依赖是永恒的。

二，经济社会的发展受自然容纳量的约束。地球上的自然资源是有限的，过度地利用自然资源，将导致生物多样性丧失、生态系统退化、环境污染、自然环境容纳量降低。如果没有改变，最终将导致资源枯竭、系统崩溃。

三，保护和恢复生态系统能够维护和提高自然环境容纳量。地球上的自然资源是可以恢复和可持续利用的，高效公平地利用自然资源可以防止生态系统退化、维持和提高环境容纳量。

四，"以自然为本"是生态文明新的发展观的要求。要把保护和恢复自然放在优先的位置，遵循自然系统法则的经济社会发展理念。人类应该向自然学习，拜自然为师，并把自然生态系统的生产总值纳入可持续发展的评估核算体系。以GDP衡量经济，以幸福指数衡量社会，以生态系统生产总值来评估生态状况。

应该说，聊城市在生态文明建设和可持续发展方面取得了突出成绩，并走在了全省、全国的前列。泉林纸业充分利用本地资源，以秸秆造纸，走出了一条循环经济发展的新路子，这正是聊城生态文明建设的典型案例。希望聊城在已有的基础上，进一步倡导以自然为本，更加关注自然生态保护，提高自然环境容纳量，提高自然生态系统的生产力和服务功能，坚定不移地走可持续发展道路。同时，在发展生态工业的过程中充分发挥农业优势，持续降低自然灾害风险，不断改善贫困人口的生活状况。

推动生态文明建设是我们共同的愿望和责任。让我们一起就生态文明进行深入探讨，并积极贡献自己的力量，使我们能够呼吸上新鲜的空气，喝上纯净的水，吃上安全的食物，共享人类发展的成果。

（本文由高崇根据录音整理）

法制视角看聊城模式

吴高盛

吴高盛　全国人大常委会法制工作委员会立法规划室主任

北京大学法律系毕业，硕士学位。中国法学会法理学会常务理事，中国立法行为学会会长，北京大学立法研究中心兼职教授，中国政法大学兼职教授。曾任全国人大常委会法制工作委员会研究室主任，办公厅秘书二局局长等职。在法学研究、中国法学等刊物发表论文十多篇，出版法律书籍二十多部。

　　中国目前面临的生态环保任务很重，形势严峻，主要表现有三点：一是生态环保问题局部好转，整体恶化的趋势没有得到根本扭转；二是以牺牲生态环保为代价的外延式发展模式仍然存在，调整经济结构，转变发展方式举步维艰；三是生态环保事故灾难时有发生。

　　党的十七大把"建设生态文明"作为实现全面建设小康社会的奋斗目标提到全党全国面前，各地都在努力贯彻落实，但是生存的压力、发展的压力、过上富裕生活的压力，极大地考验着各地党委政府如何在发展和环保、GDP和生态建设方面取得双赢。转变经济发展方式，调整产业结构，人人都在说，大家都在做，但实际效果却不理想，特别是在应对国际金融危机的大背景下，转方式、调结构就更加困难。聊城的实际，聊城的经验使我们眼前一亮，耳目一新，为之振奋。生态文明建设的聊城模式呼之欲出，对全国来说很有典型意义。

一、生态环保立法现状

聊城在生态文明建设方面取得的成就是显著的、可喜的，体现了聊城市委、市政府深入贯彻落实科学发展观的自觉性和创造性，也是市委、市政府依法行政，把有关生态环保法律的实施融合在工作中的自觉体现。

从国家立法来说，为了加强对环境生态资源的保护，我国先后制定了几十部有关的法律，如环境保护法、大气污染防治法、水污染防治法、海洋环境保护法、固体废物污染环境防治法、放射性污染防治法、矿产资源法、土地管理法、森林法、草原法、渔业法、野生动物保护法、防沙治沙法、水土保持法、防洪法、循环经济促进法、可再生能源法、节约能源法、清洁生产促进法等，国务院还制定了许多有关的行政法规。可以说，生态环境保护方面的法律制度是比较完备的，为贯彻落实科学发展观，为调结构、转方式提供了有力的法律保障。

法律是党和国家政策的法制化。生态环保方面的法律，是党和国家生态环保政策和实践证明的成功经验，经过法定程序变为国家意志，成为全社会都要遵守的行为规则。生态环保法律指引生态文明建设，规范生态文明建设，保障生态文明建设。但在有的地方，这些生态环保法律执行得不好，其原因是多方面的，但有一点，就是与当地党委政府对生态文明建设重要性的认识是不是到位、是不是深刻有直接关系。聊城立足本市传统工业、重化工企业较多的实际，围绕拉长产业链条、资源高效循环利用上项目，大力发展循环经济，形成一批循环式生产的企业、产业和园区，创造了新的经济增长点，这是对循环经济的最好诠释、最好实践，是对生态环保法律最好的执行。

二、生态环保法律执行中存在的主要问题

1.体制问题

现行的生态环保管理体制主要是按部门、按行业分散设置的，这符合

各部门各行业的特点，监督管理有一定的合理性，在某一部门、行业中是有效的，但在整体经济活动中，在转方式、调结构的重大战略任务中，其不足之处就显现出来了。循环经济涉及节能、节水、节地、节材、资源综合利用、技术、工艺、设备、材料等，与多个部门有关。循环经济促进法第五条规定："国务院循环经济发展综合管理部门负责组织协调、监督管理全国循环经济发展工作；国务院环境保护等有关主管部门按照各自的职责负责有关循环经济的监督管理工作"，"县级以上地方人民政府循环经济发展综合管理部门负责组织协调、监督管理本行政区域的循环经济发展工作；县级以上地方人民政府环境保护等有关主管部门按照各自的职责负责有关循环经济的监督管理工作"。

法律规定的管理体制要发挥作用、得到落实，需要做大量的工作，应当理顺管理体制，进行大部制改革，明确中央与地方，部门与部门之间的职责。聊城市委、市政府按照法律"县级以上地方人民政府负责领导本行政区域内"的规定，统一部署，明确部门职责，以企业为主体，通过市场发挥企业的积极性，创新生态环保管理体制，生动地实践了法律规定的"政府推动、市场引导、企业实施、公众参与"的方针，很有借鉴意义。没有政府的推动，生态建设、循环经济是难以进行的，而没有市场引导，企业实施、公众参与、生态建设、循环经济同样难以健康持续发展。

2. 机制问题

循环经济促进法，是个"促进的法"，怎样促进，通过建立沟通协调机制是工作中常用的方法。我们的根本利益是一致的，有党的领导，沟通协调是我们的长项，是解决矛盾、处理问题的有效工作机制，但由于又有不同的利益，不同的角度和实际问题，有时需要建立有效的工作机制，否则法律规定落实起来会比较困难。聊城在生态建设方面建立的机制是行之有效的，主要是市委、市政府统一部署，统一领导，明确部门的职责，将建设生态文明市的任务进行量化分解，纳入对各级各部门的年度目标考核。目标一致，协调配合，再加上激励约束机制，很有成效，很值得总结学习。

3. 技术问题

循环经济必须有新技术、新工艺才能循环起来。比如，上述可再生能源中的风力发电，由于目前还没有解决智能电网的技术问题，导致实践中风电并网的困境。风电发电功率取决于风力，风电发电时间也取决于风力，电网缺电时如果风力不足，风电供电就会不足；电网负荷低时，如果风力正常，发电功率高，则多余的电没有人用，就造成电网的波动，对地区电网调度造成很大的压力，也危害了电网的安全。这个问题在修改可再生能源法时就有不同意见。法律的规定符合低碳要求，有利于生态环保，但技术上难以达到，再加上其他因素，要真正落实法律的规定，还需要依靠科技进步的支撑。

近几年来，聊城共建设市级以上工程技术研究中心116家；共有重点实验室35家。2011年，聊城获得"全国科技进步先进市"称号。"十一五"期间，市财政拨出2亿元设立科技发展基金，鼓励支持企业用新技术、新工艺改造传统产业。有8项涉及节能环保的科研项目通过了省级以上科技成果鉴定，分别达到国际领先水平或国际先进水平。聊城的实践证明，科技创新最具爆发力、最具含金量、最具跨越赶超的现实性。有了科技支撑，才能提高经济发展的质量和效益，才能有效地实现建设生态文明的目标任务。

三、 促进经济发展与生态环保双赢的法律思考

建设生态文明是一个整体，是政府、企业、社会共同的责任。生态环保法律，在调整对象、管理体制、奖惩激励等方面有着密不可分的联系。

1. 只有政府切实履行推动的职责，生态文明建设才能取得成效

法律规定"统筹规划、合理布局、因地制宜、注重实效、政府推动、市场引导、企业实施、公众参与"的方针是十分正确的，但是在市场经济条件下，在我们这样一个发展中的大国，要建设生态文明没有政府的推动是不行的，政府要用政策推动，用法律推动，用经济规律推动，用财政投入推动，搞好规划布局，理顺管理体制。要像聊城市委、市政府那样，统一思想，明确方向，把科学发展观落实在行动上，真抓实干，一抓到底。

2. 只有让企业有利可图，生态文明建设才能持久发展

企业是要追求利益的，环保本身是个产业，要按经济规律办事。发展循环经济，节能减排，清洁生产，势必会给企业增加成本，带来更大的压力，带来更多挑战，但同时也会给企业带来动力、带来机遇。政府要推动企业抓住机遇，变压力为动力，把生态环保做成产业，让企业有利可图，形成新的增长点，看得见的手和看不见的手相结合，运用市场的力量，让企业自觉实施。聊城的例子已经说明了这一点，更何况很多企业已经认识到生态环保的社会责任。

3. 只有群众积极参与，生态文明建设才能有深厚的群众基础

生态环境是造福全人类的活动，仅凭政府力量是远远不够的。要像聊城市委、市政府那样，加强宣传，不断增强全社会的生态意识，从整体上提高公民的生态文明素养，把全民参与融入到生态文明建设中，夯实生态文明建设深厚的群众基础。

聊城生态文明建设初探

严 耕

严耕 国家林业局生态文明研究中心常务副主任，北京林业大学人文学院院长、教授、博导

北京林业大学人文学科技哲学学科和林业史学科带头人，北京市高等教育学会马克思主义原理研究会会长，中国自然辩证法研究会环境哲学专业委员会副理事长。长期从事科技发展对社会影响的研究，撰写和主编《中国省域生态文明建设评价报告绿皮书》、《生态文明的理论与系统建构》、《生态文明丛书》、《中国生态文明建设的理论与实践》、《生态文明理论构建与文化资源》等著作，发表论文百余篇。

一、聊城市生态文明建设总体情况概述

生态文明是人与自然和谐双赢的文明。在生态文明建设中，要通过转变思想观念，调整政策法规，引导人们改变不合理的生产方式、生活方式，发展绿色科技，在增进社会福祉的同时，实现生态健康、环境良好、资源永续，逐步化解文明与自然的冲突，确保人类社会的可持续发展。目前大家对生态文明有一个共识，并通过省域生态文明建设报告，重点评价一个地区的生态环境状况、人的行为情况。同时，把评价体系分为生态活

力、环境质量、社会发展、协调程度等四个领域。

基于这样一个评价体系，我们对聊城作了分析。从生态文明建设的现状来看，在生态活力方面，聊城自然禀赋和发展基础不是非常好，生态活力相对薄弱，但是城市的绿化和美化在全国属于排头兵的位置，建成区的绿化面积排名也比较靠前。同时，聊城环境质量压力较重，农药、化肥的大量使用，导致土地的质量面临较大压力。虽然聊城的社会发展在全国处于中游偏低水平，但我们欣喜地发现，聊城在发展程度较低的情况下，环境得到很好保护，工业固体废弃物的利用率很高。总的来说，其协调程度在全国是领先的，如果把聊城看作一个省，单位GDP能耗在全国能排到第10位，万元GDP的二氧化硫排放量排在第19位，尤其是固体废弃物的利用率比较好。

二、发展与生态环境保护间的关系现状

从经济发展与固体污染物排放控制方面来看，聊城工业固体废弃物产生量是不断攀升的，但工业固体废物综合利用率保持高位运行，能够达到接近100%的利用率；单位耕地面积化肥施用折纯量持续增长，国际公认安全使用上限为225千克/公顷；单位耕地面积农药施用量维持稳定；垃圾无害化处理水平持续提升；工业废水排放总量持续上升，但工业废水排放达标率保持较高水平；化学需氧量排放量在几年前已通过向下的拐点，得到有效控制；氨氮排放量持续削减；工业废气排放总量通过拐点，开始减量化；二氧化硫排放量得到有效控制，呈下降走势；工业烟尘排放量持续走低；工业粉尘排放量不断攀升。

三、对生态文明建设重点的几点建议

（1）继续加强生态、环境建设。近年来，聊城市进行了建设生态文明市的积极探索，但生态、环境基础仍相对薄弱，需继续加强生态、环境建设，提升区域整体生态活力。

（2）警惕工业粉尘排放对大气环境质量的威胁。聊城作为后发地区，工业化进程中避免"先污染，后治理"的老路，取得经济社会发展与生态环境保护双赢的突出成就。在发展水平较低的情况下，走出了一条协调程度非常高的生态文明建设之路。集中体现为：工业固体废物产生量上升，但保持较高的综合利用率；工业废水基本实现全达标排放；工业污染源基本得到有效控制。下一步需警惕工业粉尘排放对大气环境质量的威胁。

（3）防止化肥、农药的过渡施用而导致农业面源污染。聊城作为山东这个农业大省内的传统农业地区，农业面源污染形势依然严峻，这也是全国普遍存在的问题。目前，国家已划定18亿亩耕地保有量的红线，但其质量的逐步退化，尚未引起足够的警觉。希望聊城今后进一步发展好生态农业，防止旧的工业模式运用到农业中，警惕化肥、农药的不合理施用导致农业面源污染加剧，在生态文明建设中作出更大成绩，并在全国范围内作出表率和示范。

（本文由高崇根据录音整理）

WWF对中国城市低碳转型的几点认识

王利民

王利民　世界自然基金会（WWF）保护运营副总监、博士

中国科学院水生生物研究所保护生物学博士。2002年9月加入世界自然基金会，负责由汇丰银行资助的"恢复长江生命网络"项目实施。2007年8月被任命为WWF"汇丰与气候伙伴同行计划"中国项目主任，2008年7月被任命为WWF中国分会副总监，负责世界自然基金会中国分会在长江中下游包括应对气候变化所有项目实施工作，在流域层面推动"气候变化适应"、"有机整合适应与减排"理念及行动等。

　　理解聊城现象我觉得有三个层次。第一，生态是硬指标。今天早上很高兴地听到张厅长说在山东已经很难找到一条没有鱼的河流，非常的可喜。到了聊城我又看到东昌湖，当时有同志跟我说有钓鱼的，并且鱼虾贝藻都很丰富，非常高兴，这是一个硬指标。第二，低碳转型是硬道理。我们今天一起来研讨聊城现象，可以看到生态文明不是不要发展，而是在原来的基础上更好地修正、调整，在更高层次上发展。第三，城市管理是硬功夫。我们要把众多的问题整合在一起，这是一门学问。生态文明不仅是一个理论的探索，更是一个技术活。这是我报告里面三个主要的内容。

接下来我从三个方面简要地阐述下这三个层次的内容。

第一，世界自然基金会对低碳发展的认识。世界自然基金会1961年成立，标志用了中国的熊猫。这个熊猫从最早趴在地上到最后站起来，并且打了领带，经历了三个发展阶段。第一个是从单纯的物种保护，走到了通过物种的保护连同它的区域性一起开展保护工作，因此世界自然基金会也由最早的世界野生动物保护基金会改名为世界自然基金会。经过20年的发展，世界自然基金会又发现保护野生动物及它的区域性还不够，还必须把它的周边的社会关系连同起来，一起来开展工作。到了90年代中期，发现还不够，我们的工作已经从农村移到了城市。这就是我们世界自然基金会50年来的三个重要的转型。从一个自然保护机构的转型可以看到，我们人类的发展特别是城市的发展对自然的强大压力与影响，我们不得不跟着人类的步伐来调整我们的策略。第二，人来到了地球，从人的自然属性来讲他就做了两件事：一个是消耗资源，一个是产生排放。当然我们可以看到这种消耗资源和自然环境是紧密联系在一起的。人的日常生活包括能源的使用、家具、木材、食物、纤维等都依赖于碳、土地、农产和渔业资源等。世界自然基金会从1998年开始，每两年就研究出版一本地球生命力报告，希望通过对人类活动的分解来改善我们地球的活力，接下来可以看到一组数据：从70年代到2008年地球上的生物多样性已经快速下降了28%。实际上从1966年以来人类对地球资源的需求已经翻了一番，现在整个地球都是处在一种生态赤字的运营状态中。全人类实际上消耗了1.5个地球才能支持的资源，如果每个人都像美国人那样生活的话，可能需要五个地球。据预测到2030年，需要两个地球来支撑全人类的生产和生活，但是我们只有一个地球，怎么办？因此世界自然基金会认为生态文明是一个必然的选择，低碳的建设是我们开展生态文明建设的一个有力的抓手。

第二，WWF中国低碳城市行动项目。世界自然基金会目前的工作除了保护熊猫、老虎、江豚等我们熟悉的动物以及它的栖息地之外，我们另外一个很重要的工作，就是建立生态足迹。这是我们世界自然基金会的几点认识。下面我来给大家分享一下世界自然基金会在过去的8年里面在低碳领域的一个案例，这就是低碳城市行动，希望对聊城有所帮助。世界基金会在2006年就酝酿通过工业、建筑、交通等进行节能，也就是提高能效以及加强可再生能源领域的工作。从政策、法规、低碳排放技术推广等各个领域去开展低碳城市的行动框架的构建，并且选择保定和上海两个城市作为示范。我们高兴地看到，通过五年的学习发生了很多很好的故事。做项目是很重要的，更重要的是看这些项目产生的影响，因为国家已经花了大量的资金投入到各种各样的项目里面去。项目的影响是我们最为需要的，保定和上海通过项目的开展产生了一系列重要的影响。企业是城市里面重要的发动机，因此还要想办法设计一些工具帮助企业去减少排放。世界自然基金会在过去的五年里面帮助大型的跨国企业减少排放，帮助中小企业去开展绿色转型，生产了传统型企业低碳制造的项目帮助企业节能减排，还设计了一些项目帮助所有的企业去发展低碳节能。

第三，WWF对聊城低碳转型的几点思考。比较上海、保定两个示范点同聊城，我们发现聊城在低碳发展中做了大量的工作，和上海与保定一样很有特色。它的特色就体现在通过循环经济带动城市的低碳转型，这是特色之一，还有更多的特色有待去总结和提炼。第二在政策制定方面，聊城和其他城市一样都有很多理论的探索，包括循环经济以及宋书记提出来的"加、减、乘、除法"，这些都是非常好的理论探索。当然，聊城和上海、保定和其他城市一样，下一步还有大量的、艰难的、持续的工作要做，去深化和拓展低碳城市的转型。包括评价体系、示范深化、领域指南、城市清单、国际交流以及低碳城市的效益及能力建设等等。结合这样的一个比较，我想聊城还需要研究气候变化背景下的各种风险，实施动态的保护，特别要提高区域的生态承载力。从低碳是发展硬道理这个角度来讲，我们还要深刻理解生态建设，以工业循环经济推动城市的低碳增长，由点带面扩大成绩。最后，城市管理是一门很深的学问，虽然不知道聊城大学有没有城市现代化政策或者城市研究这样的专业，但是我可以看到，在很多大学里面都有这样一门专业，这说明我们治理国家的一些办法已经从农村转到城市，城市管理有城市的规律。城市的健康发展作为生态文明建设重要的抓手，还需要把各行业发展的指标扩展到城市发展的各个领域。

（本文由叶晨雯根据录音整理）

创建生态宜居城市
迎接生态文明新时代

顾文选

顾文选　中国城市科学研究会理事长助理、建设部城市规划司副司长

"文化大革命"后首批研究生，世界城市科学发展联盟专家委员会委员。曾任建设部干部学院副院长、中国城市科学研究会秘书长等。技术职务为研究员、国家注册城市规划师。顾文选长期多角度研究中国城市化发展及经验，承担过多项国家部委课题。

全球于2008年，我国于2011年，城镇人口开始超过农村人口，人类迎来城镇化的新时代。随着科学技术的发展，工农业循环经济不断进步，城镇化的总趋势将是日益生态化、人居环境宜居化。"生态城市"是上世纪70年代联合国教科文组织发起的"人与生物圈计划"研究过程中提出的概念，许多国家进行了探索实践。如巴西的库里蒂巴获得"巴西生态之都"称号，美国伯克利获得"全球生态城"称号，瑞典马尔默以"明日之城"获欧盟可再生能源奖，日本北九州取得"零排放的生态城"美名，新加坡更是以"花园城市"闻名于世。全国600多个城市，目前已有260多个城市提出建设生态城市的目标，几乎所有城市都提出要建设宜居城市。

生态城市是经济高度发达、社会繁荣昌盛、人民安居乐业、生态良性循环四者和谐统一的状态。城市环境及人居环境清洁、优美、舒适、安全，失业率低、社会保障体系完善，高新技术占主导地位，技术与自然达到充分融合，最大限度地发挥人的创造力和生产力，有利于提高城市文明程度，有利于稳定、协调、可持续发展。

生态城市的标准为：广泛应用生态学原理规划建设城市，城市结构合理、功能协调；保护并高效利用一切自然资源与能源，产业结构合理，实现清洁生产；采用可持续的消费发展模式，物质、能量循环利用率高；有完善的社会设施和基础设施，生活质量高；人工环境与自然环境有机结合，环境质量高；保护和继承文化遗产，尊重居民的各种文化和生活特性；居民身心健康，有自觉的生态意识和环境道德观念；有完善的、动态的生态调控管理与决策系统。

用生态学原理规划建设城市，首先要避免中心城市连绵无限扩展，因地制宜采取组团式、多中心布局模式。

聊城市辖东昌府区、临清、冠县、莘县、阳谷、东阿、茌平、高唐、经济技术开发区，下辖126个乡、镇、办事处，6516个村委会，幅员8700多平方公里。从聊城东昌府到各县市均在60公里左右。可以考虑从整体上构建以东昌府区为中心，以另外7个县市为组团的多中心、区域性城市，构建大聊城市（城市群）。同时，为保持城市的活力，多组团城市之间，须以快捷多元现代交通系统连接。

城市生命线系统包括水资源利用系统、能源系统、交通系统、绿地系统和生态水系统。生态水系统：市区要开发各种节水技术节约用水；雨、污水分流，建设储蓄雨水的设施；路面采用不含锌的材料，下水道口采取隔油措施等；通过湿地等进行自然净化。在这方面，聊城近年已建起12块人工湿地，对生产生活污水最终处理净化已显现效果。今后，聊城郊区要保护农田灌溉水；控制农业面源污染、禽畜牧场污染；在饮用水源地退耕还林；乡村集中居民点要普遍建设有效利用的水处理设施。

清洁可再生的能源系统：我国当前能源结构的60%靠煤炭，电力行业到2030年将新增发电能力126兆瓦的发电站，其中70%是燃煤电站。在节约能源方面，建筑物要充分利用阳光，开发密封性能好的材料，使用节能电器等；开发永续能源和再生能源，充分利用太阳能、风能、水能、生物质能，使污染达到最小，山东特别是聊城在这方面有非常有利的条件。另外，还要发展电车和氢气车，使用电力或清洁燃料；市中心和居民区限制燃油汽车通行；发展"风光"互补的道路路灯系统。

生态化交通系统：首先是交通方式和道路系统完善、多元、快捷。根据城市规模、服务半径及资源条件，选择航空、火车、机动车、水运、人力车等多元交通方式并使其保持合理比例；合理选址机场、车站、码头及相应的铁路、公路、分级的城市道路、非机动车路、步行通道等完善的交通系统。其次，注重搞好各交通方式的衔接和无障碍换乘。做好交通枢纽的设计与建设。一般说来，凡枢纽至少要有三种以上交通方式相耦合，并能实现无障碍换乘。

绿地系统：要打破城郊界限，扩大城市生态系统的范围，努力增加绿化量，提高城市绿地率、覆盖率和人均绿地面积，调控好公共绿地均匀度，充分考虑绿地系统规划对城市生态环境和绿地游憩的影响；通过合理布局绿地以减少汽车尾气、烟尘等环境污染；考虑生物多样性的保护，为生物栖境和迁移通道预留空间。这方面聊城也取得了显著的成绩。但东昌湖周边要严格控制建筑物开发，千方百计扩大连片绿色空间。

《商君书·徕民篇》中规定以城市及其周围的用地比例，来保证城乡居民的安居乐业和环境的可持续发展。"地方百里者，山陵处什一，薮泽处什一，溪谷流水处什一，都邑蹊道处什一，恶田处什二，良田处什四。以此食作夫五万，其山陵、薮泽、溪谷可以给其材，都邑、蹊道足以处其民，先王制土分民之律也。"这里提出在一个方圆百里的地方，为使城乡环境协调，资源有保障，市场道路建筑满足需要，须使山林、沼泽、河湖各占地1/10，草地或轮作的土地占2/10，良田占4/10，城镇乡村居民点及道路总共占地1/10。将此作为土地使用的法律规定，生动地体现了古代先民可持续发展与生态环境的理念。

人居环境建设包括生态建筑系统、生态景观系统和废弃物利用处理系统。

生态建筑系统：开发各种节水、节能生态建筑技术，建筑设计中开发利用太阳能，采用自然通风，使用无污染材料，增加居住环境的健康性和舒适性；减少建筑对自然环境的不利影响，广泛利用屋顶、墙面、广场等立体植被，增加城市氧气产生量；区内广场、道路采用生态化的"绿色道路"，如用带孔隙的地砖铺地，孔隙内种植绿草，增加地面透水性，降低地表径流。

生态建筑核心是低碳，减少对石化能源的依赖。发展低碳建筑一方面需要高新技术支持，如太阳能、风能、生物质能等须建立在高新技术支撑的基础上。另一方面低碳发展也要重视常规成熟技术的重新组合。上海世博会英国零碳馆、汉堡馆等多是采用建筑屋顶装风帽、门窗与墙体凹式组合斜拉开关、乡土建筑材质运用等，将传统成熟技术重新组合，达到节能减排的目的。

生态景观系统：根据地形、风向、日照等条件，沿水系、高压走廊、干道系统等建立生态廊道；对城市建筑物群体，结合山水自然条件设计有特色天人合一的城市三维空间形态；尊重历史文化传统，突出多样性的人文景观。充分利用当地的自然、文化潜力，以满足居民的生活需要，建设健康多样化的人类生活环境。

废弃物处理利用系统：城乡生活废弃物成为影响人居环境的重要因素，也是生态城市建设应解决的关键问题之一。要按照循环经济的理念，对城乡生活废弃物实行资源化、减量化、无害化处理。不是简单填埋或焚烧。处理系统应包括从家庭到集中的分检系统、分类回收系统、资源再利用系统，最后才是填埋或焚烧系统。

生态产业是按生态经济原理和知识经济规律组织起来的基于生态系统承载能力，具有高效的经济过程及和谐的生态功能的网络型、进化型产业。它通过2个或2个以上的生产体系之间的系统耦合，使物质、能量能多级利用、高效产出，资源、环境能系统开发、持续利用。

　　就环境教育来说，城市活动的最终主体是人，强调人人参与，普及对各层次、各行业市民的环境教育，是创建生态城市的重要保障，也是生态城市建设的一个重要方面。具体做法应该是：为市场运作创造条件，通过与经济利益相结合，将生态环境事业推向市场；创造合作的机会，通过学校、机关和社区等，扩大社会影响；深入宣传生态思想，转化为每个人日常生活中的切实行动；通过政策、法令强制执行。

（本文由高崇根据录音整理）

生态文明与可持续发展思想
发生发展历程与启示

王　涛

王涛　中国生态道德教育促进会副会长，中国农业大学党委常委、副校长，教授、博导

1962年10月出生，汉族，山东宁阳人，曾任中国农业大学党委委员、研究生院常务副院长，中国农业大学副校级干部，新疆农业大学党委常委、副校长。

各位领导，各位来宾，我给大家报告的题目是《生态文明与可持续发展思想，发生发展历程与启示》。任何一种思想，任何一种观点都不可能是一朝一夕所能形成的，都要经过相当长的历史发展进程。大家都知道，2012年中国和世界发生的具有重要历史意义的两件大事——

第一件大事是，胡锦涛同志7月23日在省部级主要领导干部专题研讨班上发表重要讲话；第二个重要的事件是今年6月20日，联合国可持续发展大会——里约峰会召开。

胡锦涛同志在专题研讨班上的讲话主题是沿着中国特色社会主义伟大道路奋勇前进，对生态文明建设提出了新要求。

胡锦涛指出，推进生态文明建设，是涉及生产方式和生活方式根本性变革的战略任务，必须把生态文明建设的理念、原则、目标等深刻融入和全面贯穿到我国经济、政治、文化、社会建设的各方面和全过程，坚持节约资源和保护环境的基本国策，着力推进绿色发展、循环发展、低碳发展，为人民创造良好生产生活环境。

现在简单地回顾一下我们党和政府对生态文明理念认知和认同的过程。

2002年11月，党的十六大将"可持续发展能力不断增强，生态环境得到改善，资源利用效率显著提高，做到人与自然的和谐，推动整个社会走上生产发展、生活富裕、生态良好的文明发展道路"作为全面建设小康社会的目标之一。

在2005年召开的人口资源环境工作座谈会上，胡锦涛同志提出了"生态文明"。他指出，我国当前环境工作的重点之一是"完善促进生态建设的法律和政策体系，制定全国生态保护规划，在全社会大力进行生态文明教育"。

2007年10月，胡锦涛总书记所作的十七大报告中提到：建设生态文明，基本形成节约能源资源和保护生态环境的产业结构、增长方式、消费模式。循环经济形成较大规模，可再生能源比重显著上升。主要污染物排放得到有效控制，生态环境质量明显改善。生态文明观念在全社会牢固树立。

党的十七大明确指出：建设生态文明为全面建设小康社会的主要目标之一。这是我们党首次把"生态文明"这一理念写进党的行动纲领，是对人类文明发展理论的丰富和完善，是党执政兴国理念的新发展，标志着我们党发展理念的升华和对发展与环境关系认识的飞跃，开启了生态文明建设的新时代。

党的十七届四中全会又把生态文明建设提升到与经济建设、政治建设、社会建设、文化建设并列的战略高度，形成了中国特色社会主义事业"五位一体"的总体布局。

党的十七届五中全会："十二五"规划纲要明确把"绿色发展，建设资源节约型、环境友好型社会"，"提高生态文明水平"作为我国"十二五"时期的重要战略任务。

过去10年来，我们党和政府对生态理念的认识不断深化。

第二件大事：2012年联合国可持续发展大会，即里约峰会。

2012年6月20日，联合国可持续发展大会在巴西里约热内卢市开幕。世界130多个国家的元首和政府首脑参会。温家宝出席会议。

会议主题有两个，第一个是绿色经济在可持续发展和消除贫困方面的作用；第二个是制定可持续发展的体制框架。

这次会议的核心成果是，通过了题为《我们憧憬的未来》的成果文件。体现了国际社会的合作精神，展示了未来可持续发展的前景，对确立全球可持续发展方向具有重要的指导意义，将进一步增强各国推动可持续发展的信心。首次就制定可持续发展目标达成共识，肯定绿色经济是实现可持续发展的重要手段之一，重申了"共同但有区别的责任"原则，鼓励各国根据不同国情和发展阶段实施绿色经济政策；会议将会为促进可持续发展奠定坚实基础，并推动世界的可持续发展进程。

这个会议意义有几个方面：

第一，国际社会对可持续发展有了更为深刻和理性的认识。《我们憧憬的未来》内容全面、基调积极、总体平衡，反映了各方主要关切。说明可持续发展是国际社会的共同愿景，国际合作仍然是主基调和主旋律。

第二，增强了各国发展的可持续导向。各国同意制定"消除贫穷、改变不可持续的消费和生产方式、推广可持续的消费和生产方式、保护和管理经济社会发展的自然资源基础"的可持续发展总目标。明确了可持续发展并不是否定发展，而是与各国国内的发展目标完全一致。通过可持续发展方式，还有可能减少污染、降低成本，实现高效率和高质量的增长。这些目标的设定有利于各国增强走可持续发展道路的驱动力和方向感。

第三，维护和强化了国际社会加强合作的精神。大会重申了"共同但有区别的责任"原则，将绿色经济作为实现可持续发展的重要手段之一，决定强化联合国可持续发展的相关机构，这些都有利于各国在可持续发展中获得公平的权利，推动各国特别是发展中国家可持续发展进程。"共同但有区别的责任"原则敦促发达国家履行官方发展援助承诺，向发展中国家提供财政资源和以优惠条件转让环境友好技术。绿色经济将发展经济和保护环境统筹起来，是实现可持续发展的重要手段。加强联合国环境规划署等相关机构职能，有助于提升可持续发展机制在联合国系统中的地位和重要性。

这里，我们思考一下，党和政府为什么要把建设生态文明作为基本国策？为什么要召开联合国可持续发展大会？可持续发展理念是怎样形成的？

现在，我给大家介绍一下，体现人类生态文明、生态经济思想发展历程的五个里程碑。

第一，1962年有一本非常著名的书叫《寂静的春天》；第二，1972年的一本书叫《增长的极限》；第三，1972年联合国召开世界环境大会；第四，1992年联合国组织和召开了世界环境与发展大会；第五，2002年联合国召开的世界可持续发展大会。

一、《寂静的春天》背景、主要思想、贡献

作者：蕾切尔·路易斯·卡逊（Rachel Louise Carson，1907.5.27 - 1964.4.14），美国女作家、科学家和环境保护运动的先驱，美国艺术和科学学院院士，1932年在约翰霍普金斯大学获得动物学硕士学位，研究鱼类和野生资源的海洋生物学家。

（一）背景

1957年夏，州政府租用的一架飞机为消灭蚊子喷洒了DDT，归来飞过蕾切尔·路易斯·卡逊朋友的私人禽鸟保护区上空。第二天，许多鸟儿都死了。她的朋友写信寻求她的帮助。

作者在"鱼类和野生生物署"工作时，就有关DDT对环境产生的长期危害进行了研究。她的两位同事于40年代就曾经写过有关DDT危害的文章。她自己在1945年也给《读者文摘》寄过一篇关于DDT的危险性的文章，但是遭到了拒绝。从朋友求助开始，卡逊共花去五六年时间，尽可能搜集一切资料，阅读了数千篇研究报告和文章，到1962年完成《寂静的春天》，由霍顿·米夫林出版。书中文献就有54页。

DDT是一种合成的有机杀虫剂，作为多种昆虫的接触性毒剂，有很高的毒效，尤其适用于扑灭传播疟疾的蚊子。DDT及其毒性的发现者、瑞士化学家保罗·赫尔满·米勒因而获1948年诺贝尔医学奖。

第二次世界大战期间，仅仅在美国军队当中，疟疾病人就多达一百万，特效药金鸡纳供不应求，极大地影响了战争的进展。后来，有赖于DDT消灭了蚊子，才使疟疾的流行逐步得到有效控制。

从20世纪40年代起，人们开始大量生产和使用DDT等剧毒杀虫剂以提高粮食产量。到了50年代，这些有机氯化物被广泛使用在生产和生活中。这些剧毒物的确在短期内起到了杀虫的效果，粮食产量得到了空前的提高。但这些用于杀死害虫的毒物会对环境及人类贻害无穷。它们通过空气、水、土壤等潜入农作物，残留在粮食、蔬菜中，或通过饲料、饮用水进入畜体，继而又通过食物链或空气进入人体。这种有机氯化物在人体中积存，可使人的神经系统和肝脏功能遭到损害，可引起皮肤癌，可使胎儿畸形或引起死胎。同时，这些药物的大量使用使许多害虫已产生了抵抗力，并由于生物链结构的改变而使一些原本无害的昆虫变为害虫了。人类制造的杀虫剂，无异于为自己种下了一棵毒果。喷洒DDT只能获得近期的利益，却牺牲了长远的利益。

书中详细阐述了杀虫剂尤其是DDT对野生生物的危害，尤其是造成鸟类灭绝的主要元凶。"过去未工业化的年代，每年的春天都有着许多的鸟儿于天空翱翔，或于树丛间鸣啼着悦耳的歌声。然而现在因为大量使用DDT等杀虫剂，导致鸟儿不再飞翔、鸣唱。……我们还能在春天时听到鸟儿的歌声吗？"

新书出版后引发了大争论。首先是新的生态环保思想与传统思想的冲突。从原始社会，一直持续到20世纪人类思想的结晶之一：人类文明的积累大都来自于"征服大自然""人是自然的主人"的结果，人类发展史即征服和控制大自然的历史。大自然仅仅是人们征服与控制的对象，而非保护并与之和谐相处的对象。人类的这种意识大概起源于没有人怀疑它的正确性，因为人类文明的许多进展是基于此意识而获得的，人类当前的许多经济与社会发展计划也是基于此意识而制定的。

其次还有与化学工业界等的冲突。随着作品的出版和发行，杀虫剂产业、农场主、某些科学家和他们的支持者猛烈攻击作者。

生物化学家，美国化学工业发言人罗伯特·怀特·史帝文斯说："争论的关键主要在于卡逊坚持自然的平衡是人类生存的主要力量。然而，当代化学家、生物学家和科学家坚信人类正稳稳地控制着大自然。"总部设在新泽西州从事除草剂、杀虫剂生产的美国氨基氰公司主管领导叱责说："如果人人都忠实地听从卡逊小姐的教导，我们就会返回到中世纪，昆虫、疾病和害鸟害兽也会再次在地球上永存下来。"

另有一仿作《僻静的夏天》，描写一个男孩子和他祖父吃橡树果子，因为没有杀虫剂，使他们只能像在远古蛮荒时代一样过"自然人的生活"。

埃德温·戴蒙德在《星期六晚邮报》上抱怨说："因为有一本所谓《寂静的春天》的感情冲动、骇人听闻的书，弄得美国人都错误地相信他们的地球已经被毒化。"他还谴责卡逊"担忧死了一只猫，却不关心世界上每天有一万人死于饥饿和营养不良"。

这本书的贡献是什么？这是改变美国、改变世界的一本书，引发了美国，甚至可以说全球范围内的现代环保运动，是一本引发了全世界环境保护事业的书。美国著名刊物《时代》在2000年12期，即20世纪最后一期上将蕾切尔·卡逊评选为本世纪最有影响的100个人物之一。

这本书还推进了环境保护立法。美国1972年禁止使用DDT，中国的环境保护事业也是从停止沙城农药厂的DDT生产开始的，而后全面禁止了DDT的生产和使用。

这本书还引发美国成立环境保护署，世界各国也相继成立环境保护机构；促使联合国于1972年6月12日在斯德哥尔摩召开了"人类环境大会"，并由各国签署了"人类环境宣言"，开启了环境保护事业。

第二部对人类贡献最大的书是《增长的极限》。

罗马俱乐部的主要创始人是意大利的著名实业家、学者A.佩切伊和英国科学家A.金。1967年，佩切伊和金第一次会晤，交流了对全球性问题的看法，并商议召开一次会议，以研究如何着手从世界体系的角度探讨人类社会面临的一些重大问题。

1968年4月，在阿涅尔利基金会的资助下，他们从欧洲10个国家中挑选了大约30名科学家、社会学家、经济学家和计划专家，在罗马林奇科学院召开了会议，探讨什么是全球性问题和如何开展全球性问题研究。会后组建了一个"持续委员会"，以便与观点相同的人保持联系，并以"罗马俱乐部"作为委员会及其联络网的名称。

1972年3月，美国麻省理工学院丹尼斯·米都斯教授领导的一个17人小组向罗马俱乐部提交了一篇研究报告，题为《增长的极限》。他们选择了5个对人类命运具有决定意义的参数：人口、工业发展、粮食、不可再生的自然资源和污染。其主导思想从该书的副书名"罗马俱乐部关于人类困境的报告"上即可一目了然。全书分为"指数增长的本质"、"指数增长的极限"、"世界系统中的增长"、"技术和增长的极限"、"全球均衡状态"五章，从人口、农业生产、自然资源、工业生产和环境污染几个方面阐述了人类发展过程中，尤其是产业革命以来，经济增长模式给地球和人类自身带来的毁灭性灾难。

这本书主要思想是：增长的极限来自于地球的有限性。

增长是存在极限的，这主要是由于地球的有限性造成的。他们发现，全球系统中的五个因子按照不同的方式发展。人口、经济是按照指数方式发展的，属于无限制的系统；而人口、经济所依赖的粮食、资源和环境却是按照算术方式发展的，属于有限制的系统。这样，人口爆炸、经济失控，必然会引发和加剧粮食短缺、资源枯竭和环境污染等问题，这些问题反过来就会进一步限制人口和经济的发展。

这本书的另一个思想是，反馈环路使全球性环发问题成为一个复杂的整体。

全球性环发问题之所以成为一个整体，是由全球系统的五个因子之间存在的反馈环路决定的。在这种环路中，一个因素的增长，将通过刺激和反馈连锁作用，使最初变化的因素增长的更快。全球系统无节制地发展，最终将向其极限增长，并不可避免地陷于恶性循环之中。这本书还指出，全球均衡状态是解决全球性环发问题的最终出路。

在世界人口、工业化、污染、粮食生产和资源消耗方面，如果按现在的趋势继续下去，我们人类所在地球的增长极限会在今后100年中到来。最可能的结果将是人口和工业生产力双方有相当突然的和不可控制的衰退。改变这种增长的趋势和建立稳定的生态经济条件，以支撑遥远未来是可能的。如果世界人民决心追求后一结果，而不是前一结果，那么，他们开始行动愈早，成功的可能性就愈大。"需要使社会改变方向，向均衡的目标前进，而不是以往的增长。"这样，他们就把全球均衡状态作为了解全球性环发问题的综合对策。

这篇报告发表后，立刻引起了爆炸性的反响，给人类社会的传统发展模式敲响了第一声警钟，掀起了世界性的环境保护热潮。这本书可以说是人类对今天的高生产、高消耗、高污染、高消费的经济发展模式的首次认真反思，它的论证为后来的环境保护与可持续发展的理论奠定了基础。

《增长的极限》的作者计划在2012年，即该书第一版出版40周年的时候，再次进行更新。到那时，我们希望有更充足的数据来验证冲突的现实。我们将能够援引一些证据来证明，究竟我们是正确的，还是不得不承认，证据表明技术和市场的确使地球的极限扩大到超出人类社会的需求之外。

第三个里程碑是1972年召开的世界环境大会。

联合国人类环境会议于1972年6月5日至16日在瑞典斯德哥尔摩举行。这是世界各国政府共同讨论当代环境问题，探讨保护全球环境战略的第一次国际会议。会议通过了《联合国人类环境会议宣言》，呼吁各国政府和人民为维护和改善人类环境，造福全体人民，造福后代而共同努力。为引导和鼓励全世界人民保护和改善人类环境，《人类环境宣言》提出和总结了7个共同观点和26项共同原则。

会议的目的是要促使人们和各国政府注意人类的活动正在破坏自然环境，并给人们的生存和发展造成了严重的威胁。

会议通过了全球性保护环境的《人类环境宣言》和《行动计划》，号召各国政府和人民为保护和改善环境而奋斗，它开创了人类社会环境保护事业的新纪元，这是人类环境保护史上的第一座里程碑。

联合国人类环境会议宣言是这次会议的主要成果，阐明了与会国和国际组织所取得的七点共同看法和二十六项原则，以鼓舞和指导世界各国人民保护和改善人类环境。

会议的成果是达成七大共识：

①由于科学技术的迅速发展，人类能在空前规模上改造和利用环境。人类环境的两个方面，即天然和人为的两个方面，对于人类的幸福和对于享受基本人权，甚至生存权利本身，都是必不可少的。

②保护和改善人类环境是关系到全世界各国人民的幸福和经济发展的重要问题；也是全世界各国人民的迫切希望和各国政府的责任。

③在现代，如果人类明智地改造环境，可以给各国人民带来利益和提高生活质量；如果使用不当，就会给人类和人类环境造成无法估量的损害。

④在发展中国家，环境问题大半是由于发展不足造成的，因此，必须致力于发展工作；在工业化的国家里，环境问题一般是同工业化和技术发展有关。

⑤人口的自然增长不断给保护环境带来一些问题，但采用适当的政策和措施，可以解决。

⑥我们在组织世界各地的行动时，必须更审慎地考虑它们对环境产生的后果。为现代人和子孙后代保护和改善人类环境，已成为人类一个紧迫的目标。这个目标将同争取和平和全世界的经济与社会发展两个基本目标共同和协调实现。

⑦为实现这一环境目标，要求人民和团体以及企业和各级机关承担责

任，大家平等地从事共同的努力。各级政府应承担最大的责任。国与国之间应进行广泛合作，国际组织应采取行动，以谋求共同的利益。会议呼吁各国政府和人民为着全体人民和他们的子孙后代的利益而作出共同的努力。

以这些共同的观点为基础的二十六项原则包括：人的环境权利和保护环境的义务，保护和合理利用各种自然资源，防治污染，促进经济和社会发展，使发展同保护和改善环境协调一致，筹集资金，援助发展中国家，对发展和保护环境进行计划和规划，实行适当的人口政策，发展环境科学、技术和教育，销毁核武器和其他一切大规模毁灭手段，加强国家对环境的管理，加强国际合作等。

这次会议的历史贡献是，《宣言》明确宣布："按照联合国宪章和国际法原则，各国具有按照其环境政策开发其资源的主权权利，同时亦负有责任，确保在其管辖或控制范围内的活动，不致对其他国家的环境或其本国管辖范围以外地区的环境引起损害。""有关保护和改善环境的国际问题，应当由所有国家，不论大小在平等的基础上本着合作精神来加以处理。"这项宣言对于促进国际环境法的发展具有重要作用。

第四个里程碑是1992年召开的世界环境与发展大会。

联合国于1992年6月3日至14日在巴西里约热内卢召开的会议。这是继1972年6月瑞典斯德哥尔摩联合国人类环境会议之后，环境与发展领域中规模最大、级别最高的一次国际会议。有183个国家代表团，70个国际组织的代表参加了会议；有102位国家元首或政府首脑到会讲话。时任国家总理李鹏应邀出席了首脑会议，发表了重要讲话，与各国代表进行了广泛的高层次接触。

这次大会是在全球环境持续恶化、发展问题更趋严重的情况下召开的。会议围绕环境与发展这一主题，在维护发展中国家主权和发展权，发达国家提供资金和技术等根本问题上进行了艰苦的谈判。最后通过了《关于环境与发展的里约热内卢宣言》、《21世纪议程》和《关于森林问题的原则声明》3项文件，在人类发展史上具有里程碑意义。

这次会议的基调报告是自1983年起，在世界上进行了长达5年的调研后形成的，这就是《我们共同的未来》这本书——一份旨在为世界寻找"全球变革日程"的报告。这个报告所给出的策略是：走可持续发展之路——在满足当代人的需求时，不对后代人满足其需求构成危害。

这次会议的历史贡献：

一是认识的变化。在斯德哥尔摩会议上，发达国家振臂疾呼环境问题的严峻程度，而发展中国家的认识却极其粗浅，大都未予回应。20年后在里约会议上，发达国家和发展中国家都认识到了解决环境问题的紧迫性。基于共同的利害关系，坐到一起进行合作。

二是找到了解决环境问题的正确道路。在斯德哥尔摩会议上，就环境污染谈环境污染，没能与经济社会发展紧密联系起来。20年后的里约环发大会着眼于协调环境保护与经济社会发展之间的关系，找到了环境问题的根源，是人类认识的一大飞跃。

三是明确了责任，开辟了资金渠道。斯德哥尔摩会议没有提出有效解决全球环境问题的具体措施，而里约环发大会对此提出了明确的责权定义和治理费用。

原国家环境保护局局长曲格平在其回忆录中提到，比起20年前参加斯德哥尔摩会议时的状态，中国代表团及中国的环境保护事业已经有了巨大的飞跃，发生了翻天覆地的变化，取得的成绩有目共睹。

他亲身经历和参与了这两次具有里程碑意义的国际大会，感受颇深。1972年中国对国际上特别是西方国家重视的环境问题知之甚少。出席斯德哥尔摩会议的中国代表团成员共有60余人，却几乎无人了解环境问题。会议之前发放的一尺来厚的文件、资料无人问津。每天晚上会议结束后，代表们都要聚集在一起讨论会上谈到听到的问题，可人人都表示"不懂"。甚至在讨论"酸雨"的问题时，大家根本就不知所云，对这个名词感到十分诧异。只有他能够简单解释说这是一种大气污染，是因大量燃烧煤炭排放SO_2造成的。当时，在会上引发激烈辩论的人口增加对环境的影响、工业化与城市化、环境保护与人权等一些重大问题，中国代表团都懵懵懂懂，不知如何表态。

在斯德哥尔摩会议上，中国代表团虽然对环境保护问题进言不多，但在一些国际重大政治问题上，如揭露美国侵越战争对环境的破坏、解决贫穷是发展中国家的当务之急、国际环境合作必须尊重国家主权、国家不分大小一律平等协商等，阐述了中国的主张，这些主张在会议通过的宣言中也大都被采纳。

第五个里程碑是2002年联合国召开的世界可持续发展大会。

根据2000年12月第五十五届联大第55/199号决议，2002年8月26日至9月4日在南非约翰内斯堡召开第一届可持续发展世界首脑会议。这是继1992年在巴西里约热内卢举行的联合国环境与发展会议和1997年在纽约举行的第十九届特别联大之后，全面审查和评价《21世纪议程》执行情况，重振全球可持续发展伙伴关系的重要会议。120多个国家的领导人出席，时任中国总理朱镕基在大会上发言。

可持续发展世界首脑会议的召开对于人类进入21世纪所面临和解决的环境与发展问题有着重要的意义。在刚刚过去的20世纪，人类在经济、社会、教育、科技等众多领域取得了显著的成就，但在环境与发展的问题上始终面临着严峻的挑战。

大会重点围绕健康、生物多样性和生态系统、农业、水和卫生、能源等进行一般讨论，首脑会议讨论通过《可持续发展世界首脑会议执行计划》、《约翰内斯堡宣言》等文件。

会议的历史贡献是使全世界达成这样的共识：社会进步和经济发展必须与环境保护、生态平衡相互协调，提高全人类的生活水平与质量、促进人类社会的共同繁荣与富强，必须通过全球可持续发展才能实现。

其中可持续发展定义为"既满足当代人的需要，又不对后代人满足其需要的能力构成危害的发展"，可持续发展的核心思想是：经济发展，保护资源和保护生态环境协调一致，让子孙后代能够享受充分的资源和良好的资源环境。同时包括：健康的经济发展应建立在生态可持续能力、社会公正和人民积极参与自身发展决策的基础上。它所追求的目标是：既要使人类的各种需要得到满足，个人得到充分发展；又要保护资源和生态环境，不对后代人的生存和发展构成威胁。它特别关注的是各种经济活动的生态合理性，强调对资源、环境有利的经济活动应给予鼓励，反之则应予以摒弃。

美国世界观察研究所所长莱斯特·R.布朗教授则认为，"持续发展是一种具有经济含义的生态概念……一个持续社会的经济和社会体制的结构，应是自然资源和生命系统能够持续维持的结构。"

1962年至2012年，五十年形成了这样的国际共识：世界文明的宝贵财富是可持续发展思想和生态文明思想。两者的关系可表述为可持续发展的目标是建设生态文明社会，或者说生态文明是人类可持续发展的终极目标。

我就给大家介绍这么多，谢谢各位！

（本文由孙克峰根据录音整理）

产业生态文明与生态产业转型

王如松

王如松，中国工程院院士、中国科学院生态环境研究中心一级研究员

1947年9月生于江苏南京。中国科学院研究生院理学博士，现任国际生态城市建设理事会副理事长、全国人大代表、北京市人民政府参事、农工党中央委员、中央科技委主任、城市生态与生态工程专家，曾任中国生态学会理事长、国际科联环境问题科学委员会第一副主席、国际人类生态学会副主席。长期从事城市及人类密集区"社会—经济—自然复合生态系统"理论、方法及产业生态工程集成技术研究；研制了泛目标生态规划和共轭生态管理方法；开发了产业生态转型和生态工程集成技术；与地方政府合作开发不同尺度生态政区可持续能力的规划、建设与管理案例研究。（论文由中国科学院生态环境研究中心副研究员刘晶茹代为宣读）

各位领导、专家：

大家下午好！我报告的题目是《产业生态文明与生态产业转型》，包括三个方面的内容，即产业生态文明、产业生态转型和生态产业园区与聊城崛起。

首先，我们讲产业生态文明的内涵。生态文明是有生态内涵的一种文明方式，而生态的内涵包括四个方面内容。第一个方面，生态是一种耦合的关系，它指的是，包括人在内的生物和环境，生命个体与整体之间的相互作用关系。生态学是研究生态系统的物质代谢网、能量耗散网、信息积累网、人口聚散网和利益关系网时空整合关系的一门科学。

另外，生态学也是一门整合的学问，它是人类认识环境、改造环境的世界观和方法论或自然哲学，是研究生物与环境之间关系的一门系统科学，是人类塑造环境、模拟自然的一门工程技术，也是人类养心、悦目、怡神、品性的一门自然美学。

生态学也是描述生态系统不断由低的物质流通量到向高的自组织能力，由畅通的信息反馈向功能性有机生长，由发达的共生关系向高的生态多样性不停地进化和发育的过程。

生态也是一种和谐状态，表示人和环境在时空演替过程中形成的一种自然的文脉、系统的肌理和组织的秩序。因此，生态常常作为一个褒义词用，表示人与自然关系和谐的一种状态，比如"生态城市"、"生态旅游"，实际应该是"生态关系和谐的城市"和"生态关系和谐的旅游"的一个简称。

有"生态文明"，对应意义上便有"生态不文明"。生态不文明的根源从生态意义上讲，实际上是一种生态系统的资源代谢在时间、空间尺度上出现的一种滞留和耗竭；是生态系统的耦合关系在结构、功能关系上的破碎和板结；是这个生态系统中人的社会行为在局部和整体关系上的一种短见和反馈机制上的缺损。

生态文明经历了原始文明、农耕文明、工业文明、社会主义文明，不停地进化而来，这种不同的文明形态在调控机理、经济形态，及生产方式、生活方式上所表现的特征是不一样的，在此不展开讲了。

产业生态文明作为生态文明的重要组成部分，与传统工业生态文明是不同的，特征在于：它是从高物耗、高能耗、高环境影响到高效率生态产业，是一种高品位生态环境、高素质生态文明，是融合了农业、工业、服务业的一种复合型的生态产业，这种产业的功能也从单一生产功能发展到生产、生活、还原的复合功能。

基于生态文明建设的一种生态型社会，它是以可持续发展为特征，以知识经济和生态产业为标志，集竞生、共生、再生、自生四大功能为一体的一种循环型经济、和谐型社会和整合型文化。

我介绍的第二部分内容是关于产业的生态转型。首先讲生态产业的内涵。生态产业是指具有开拓、适应、反馈、整合机制，有生物质全生命周期代谢或虽是矿物质代谢但能自我修复，或者缓冲其生态影响的产业。

实现生态产业的技术途径包括污染的综合防治、清洁生产、生命周期设计与管理，生态政区和生态文明的规划与建设。生态产业它是从传统的工业，经过现代工业、清洁生产等几个不同阶段，发展到一种更高级阶段的过程。

生态产业转型的核心包括四个方面的特征。第一个特征，是一种生产关系从链到环的转型。它强调生态系统当中物质流一种纵向的闭合和横向的耦合，从使用矿物能源向可再生能源转移；从产品产销环节的管理走向生命周期过程管理；废弃物从污染的源变为资源的汇；厂区则从单一产品生产的工业基地转向包括周边自然环境在内的，生产、生活及自然保育一体化的，具有独立的全代谢功能（或零排放）的复合生态基地。

第二个特征是一种生产结构从刚到柔的转型。产业生态实现转型过程中，传统工厂的刚性机械结构将转向功能导向的柔性生态结构，其工艺结构、产业结构和产品结构将随环境和市场的变化随时更新；主导的生产过程将从简单的物理、化学、生物过程转向复杂的社会、经济和自然生态发育与进化过程；主导因子也将从劳动力、资金和原材料等硬资源转向生态耦合关系等软资源。

第三个特征就是生产效果从量到序转型。将来衡量一个企业效益的标准不再是传统的产量、产值和利润，而是其所提供的自然、经济和社会服务功能和生态系统的整体性、和谐性、公平性、持续性秩序；企业规划和发展的目标也不再是单项或多项的经济指标，而是寻求一种与社会、经济、自然环境相适应的生态进化过程。

第四个特征是生产目的从物到人的转型。生态产业经营目的对外主要不是生产物品而是为社会提供一条龙的系统服务，研究开发、跟踪服务、咨询培训、还原再生等软件和副件产值，将大大超过硬件和主件产值；对内主要不是物力的开发而是人力的建设，企业不仅是一个车间，还是一个学校，提高劳动生产率和工人的技术创新能力相结合，工作将成为员工的人生需求而不只是一种谋生的手段。

产业的生态转型涉及四个方面的创新。首先是生态效率创新：怎样把产品生产工艺改进得更好，以生态和经济上最合理的方式利用资源，减少废物排放，降低对生态环境的影响；其次，生态效用创新：怎样设计一类生态和经济上更合理的产品，最大限度地满足社会的需求，创造更多的经济效益、社会效益和生态效益；再次，生态服务创新：企业经营目标从产品导向变为服务导向，减少中间环节，为社会和区域自然环境提供一体化的功能性服务；第四，生态文化创新：企业经营目标进一步从物、事转向人，聚焦于员工、用户和周边社区居民的观念、技术、能力、境界的培训，培育一类新型的企业和社区文化。

下面我们讲述第三部分——生态产业园区与聊城崛起。生态工业园的"生态"内涵，包括自然生态、产业生态、社会生态的复合。自然生态是园区的建设中，弱化产业发展的生态影响，强化区域生态服务；产业生态是通过纵向闭合、横向耦合的产业链网和生态设计，发展资源节约、环境友好型产业；社会生态则通过生态文明和能力建设，改善人的认知和行为。

生态工业园的"工业"内涵是从摇篮到坟墓的物质循环、能量转换、信息集成、资金融通、人才培育和环境改造与适应的多功能生产方式和网络型循环产业；从传统农业、传统工业和传统服务业走向基于生态文明的一、二、三产业整合循环过渡的复合生态产业。

再者就是生态工业园的"园区"内涵。生态工业园"园区"包括四色——红色、灰色、绿色和蓝色空间的有机融合。生态工业园的"园区"

的实体空间是指园区实际占用和规划占用土地以及园区外围的生态服务用地；虚拟空间是指园区产业向外部拓展所占用或共生的非连续空间以及物态经济向服务经济、知识经济和总部经济转型的非物质空间。

生态产业园建设宗旨是从观念更新、体制革新、技术创新和行为诱导入手，通过生态规划、生态工程与生态管理、调节系统的结构与功能，促进园区物质、能量、信息的高效利用，技术和自然的充分融合，人的创造力和生产力得到最大限度的发挥，生命支持系统功能和居民的身心健康得到最大限度的保护。

生态产业园的进化历程分三个阶段：初级——集聚型产业园区：招商引资，清洁生产、影响评价、环境审计；中级——共生型产业园区：招才引智，生命周期评价、设计、管理；高级——智能型生态网城：育英培智，复合生态、三产合一、城乡共生。

所以我们总结到，未来的生态产业园的发展趋势，第一是混合功能型园区。未来园区发展的功能定位将突破传统园区以产品生产为主的单一的经济服务功能，而强调其集生产、生活、休闲、居住"等于一体的社会服务功能，和含"绿地—湿地"等生态基础设施于一体的景观生态服务功能。因此，未来的生态产业园将进化为一类特殊的生态城市文化。

第二是区域共生型园区。未来园区产业共生网络将突破传统园区发展所限定的固定范围，在更大区域尺度上寻求产业共生网络构建的机会。通过空间结构的优化降低副产品和废弃物交换的机会成本；通过区域专业化的分工协作来提高产业共生网络的竞争优势。因此虚拟型生态产业园是未来工业园区的发展方向。

第三是服务导向型园区。包含园区行政部门管理体制的服务导向性；园区生产部门发展机制的服务导向性，各共生企业逐步从产品和废物的交换走向服务的交换，并以此寻求产业共生网络构建的新突破口。

一个成功的生态产业园首先要有主导产业链、主导产业集团、主导技术、主导资源、主导市场和主导人才形成的生长核，以确保产业园的经济活力。同时，一个工业园区应具备工艺、产品、市场和技术的多样性和柔性，以确保园区抵御风险的能力和发展的稳度。另外要在资源利用效率，环境影响，生态服务功效，原住地居民利益和区域生态平衡等方面长期磨合进化。

对于聊城生态园园区，我们有一些浅薄的建议。首先是创建国家级静脉生态产业园，包括生物质静脉生态产业园和矿物质静脉生态产业园。同时，未来聊城一个很有发展潜力的地方是工业如何带动农业的发展。聊城的农业比较发达，我们有个比较新的理念——建设农工复合型的生态园区。这个生态园区首先是一个工业园，但是跟农业、农民相关的。它是食品加工、食品物流、农业机械设备制造、农村生物质废弃物利用、农业培训和研究中心及农业示范等类型企业的一个集合体，建设农工复合园区，可以提高农民收入，提高农产品市场价值；同时能带动区域水体、土地的环境管理产业和生态修复产业的发展。

农工复合型生态园区的建设方法首先是动脉补链，即完善产品链生产—加工—物流—销售全过程；然后是静脉补链，即农田废弃物利用、农产品加工过程有机废弃物利用等；还有就是功能补链，就是在提升经济生产功能的同时，完善园区社会服务功能和生态服务功能，为农村人居环境建设和区域生态建设提供服务；再次就是产业补链，重点是服务业，包括农村生活服务业、农村环境管理业、农民教育培训业、农村环境修复和农业生产服务业等。

农工复合型生态园区大概有四种发展模式：即拓工带农型、拓农促工型、强强对接型、脱胎换骨型。一个好的生态园区首先应从一个好的战略策划开始，然后做一个比较好的总体规划，最主要的是要做好生态管理。希望聊城在这方面能做得更好一点。

谢谢！

（本文由孙克峰根据录音整理）

文明的转型：
探索绿色发展的中国方式

董恒宇

董恒宇　现任全国政协常委、内蒙古政协副主席，全国政协常委、内蒙古政协副主席

1956年生，祖籍山西河津。民盟内蒙古区委主委，内蒙古社会主义学院院长。兼任内蒙古哲学学会副会长等职。曾任呼和浩特市副市长等职。十届全国人大代表，十一届全国政协常委。自上世纪80年代起长期从事东西方哲学、文化比较研究，关注文化建设、体制改革、生态文明建设和绿色发展，发表60余篇论文。

尊敬的各位领导、嘉宾，女士们、先生们：

大家好！

金秋时节，我们会聚在美丽而文化底蕴深厚的山东聊城，讨论我们共同关注的话题：生态文明。这不仅仅是我国，也是全人类共同的话题。我们可以从媒体上看到今年全球气候变得越来越古怪，绿色发展与文明转型成为全球热议的主题词。怎么实现绿色发展？如果我们不能及时有效地应对，那么一个更严重的问题就会摆在我们的面前：人类是否有能力继续在地球上生存下去？山东聊城在这个问题上作出了积极的回应，因而使我们备受激励和鼓舞。

万物生长靠太阳。地球上绿色植物在太阳的照射下发生光合作用，吸收空气中的二氧化碳，把碳固化在自身和土壤中并向外释放氧气；包括人类在内的动物摄食植物的绿叶和果实，维系着生命的循环。

绿色代表着太阳的功能，象征着自然的本性与力量，象征着生命生生不息的延续，因而我国学术界最终以"绿色发展"一词涵盖了低碳、循环、生态环保、新能源等一系列应对气候变化维持人类生存的内容。

我国《十二五规划纲要》第六篇"绿色发展"阐明了如下国家战略："面对日趋强化的资源环境约束，必须增强危机意识，树立绿色、低碳发展理念，以节能减排为重点，健全激励与约束机制，加快构建资源节约、环境友好的生产方式和消费模式，增强可持续发展能力，提高生态文明水平"。绿色发展，回归低碳、循环、生态环保之路，是人和自然和谐发展之路，是后工业时代发展的必然趋势，推动着人类迈向生态文明社会。

从农业文明到工业文明是一次伟大的飞跃。生产方式和生活方式发生了根本性的改变，工业化取得了无比辉煌的成就。社会财富成几何级数大幅度增长，养育了大量增加的人口，然而，工业化也给人类带来了新的危机。传统工业经济是"以化石燃料为基础，以汽车为中心，用后即弃的经济"。换言之，即采取线性的、非循环、高耗能的模式，把投入生产和生活的大部分资源作为废物排向环境。这既造成资源浪费，又造成环境污染和生态破坏，结果导致自然资源严重透支。人类对自然资源的消耗已经大大超出地球的再生能力。人类这一行为的发生学来自所谓"新石器时代的幻觉"，即幼稚地认为自然资源是无限可用的，人类思维的另一个幻觉是"人类中心主义"，认为人类是宇宙的主宰，应该充分地、尽情地享用地球上的一切自然资源；人是主体，其他都是被人所支配的客体，把征服自然、人定胜天视为科学的目标和人的奋斗目标。

在处理人与自然关系上，中国哲学很早就认为人类是大自然的一部分，人与自然界的一切生命都是平等的。"人法地，地法天，天法道，道法自然"（老子），人类应该尊重自然、敬畏自然，遵循自然规律，"天人合一"与大自然和谐相处。近代生物科学揭示出"生物链"的存在，而人也是生物链的一个环节，科学证明了中国人对"人与自然"关系的理解是正确的。在人类诞生之前，绿色植物以及恐龙等一些动物就在地球生长繁殖了。在大自然中，各种植物、动物（包括人类）、微生物等相互依从，共同维持着物质、能量和信息的有序传递，使自然系统呈现出稳定、和谐和美丽的状态，自然界的一切存在都具有不可替代的内在价值。因其具有"内在价值"，人类要予以终极性的理解和尊重。

然而，人类文明的幼稚自酿苦酒，人口爆炸、资源枯竭、生态破坏、环境污染、气候异常——后工业时期势必发生一个"文明大转型"。在这样的背景下，人类必须对自己创造的文化全面反思，费孝通先生称之为"文化自觉"。"文化自觉"表达了人类对自我生存的终极性思考。人类的确面临向生态文明社会转型的关口——我以为文明转型主要表现在以下几个方面。

首先是哲学世界观转型，确立全新的世界观和方法论。强调事物的整体性、系统性、复杂性、非线性、相对性、全息性、多元性、动态性、不确定性、定量分析等等。认为事物的动力学来自整体，而不是部分。亚里士多德认为"自然"的本性就是动力的渊源（如前所述"太阳的本性与力量"）。东方哲学也主张"识自本心，见自本性"。自然原本可以自我维持、自我塑造、自我推动，人类只是其中的一个环节。东方哲学追求人与自然、人与人、身与心的和谐，"天人合一"、"民胞物与"、"性天相通"、"众生平等"等东方理念，已经成为世界哲学的主流。

其次是价值观转型，确立有机整体主义价值观。不仅个人（或团体、国家）有价值，而且要确认全人类共同的价值（即地球村概念，我们只有一个地球），承认子孙后代的价值（代际公平）。不仅人类有价值，一切生命和大自然都有价值，而且价值是平等的（众生平等）。道家哲学所谓"互为其根"即是说"对方的存在为我存在的前提"。世界出现了价值取向东方化的趋势。

再次是发展方式和资源形态的转型。经济发展方式转型：由传统经济方式转为绿色发展方式；生活方式的转型：追求低碳生活；资源形态的转型：主要资源由实物转变为可再生、碳汇、文化、景观、信誉、智力等非物质资源，还有价值观、软实力等无形资源。

最后是思维方式的转型，包括由线性思维方式转为复杂性思维方式。我们面对的是一个"复杂性"和转型的世界，当代最新的科学与哲学研究探索表明，对人类未来前景的把握依赖于我们对复杂性的认知程度。应该用一种新的视角、新的思维方式，或称之为复杂性科学、复杂性哲学，来思考、对待、解决我们面对的问题。我们应该有这样高度的文化自觉和科学精神。只有文化自觉才能有行动的自觉，才能有科学的精神，才能有科学的举措。

山东聊城认真贯彻落实科学发展观，在经济建设中避开了传统工业"先污染，后治理"的老路，树立生态文明理念，发展生态经济，加快转方式调结构的步伐，"加减乘除"四项措施并举，探索一条经济发展与环境保护相互促进，美丽与发展双赢的道路。积极探索在生态文明理念指导下的新型工业化道路，创造了绿色发展与文明转型的"聊城模式"，这是难能可贵的，为我们探索"绿色发展的中国方式"提供了很好的案例。

为此，我对聊城市委、市政府在绿色发展方面长期不懈的努力与探求表示深深的敬意，对你们对这次生态论坛所予以的鼎力支持表示衷心的感谢！

‖ 新闻报道 ‖

聊城：树立生态文明理念
创造人民幸福生活

（口播）我市以科学发展观为指导，树立生态文明理念，努力实现绿色发展、循环发展、低碳发展，在为人民提供丰富的物质条件的同时，创造良好的生产生活环境。

（解说）我市是传统的农业地区，是相对欠发达市，地处平原，人口稠密，生态环境自我修复能力较弱，而且是沿海发达地区产业转移的承接地，转方式调结构依靠产业"腾笼换鸟"的路子走不通。新一届市委、市政府成立后，提出建设生态文明市，走经济发展与环境保护互促共赢的路子。

在建设生态文明市的进程中，我市树立"发展经济是政绩，保护环境也是政绩"、"GDP增长不等于财富积累"、"生态是借贷而不是继承"的理念。市委组织力量开展调查研究，进一步认识市情；邀请专家作专题报告，开阔眼界，提升境界，启发思路；编辑出版了《聊城建设生态文明市的探索与实践》一书，通过多种形式，宣传生态文明理念和生态文明知识，使其进机关、进企业、进学校、进社区、进农村、进家庭。同时，市委、市政府将生态文明建设主要任务进行了分解，创造性地构建起一套设置科学、方便量化、适合操作的考核指标体系。市政府每年都与各县（市区）签订目标责任书，严格落实节能减排目标考核问责制和一票否决制。

如今，生态文明的理念已经深入人心，生态意识成为全民意识。2009年，我市获得海河流域水污染防治工作核查第一名的好成绩；2011年，成

功创建国家环境保护模范城市，成为环保部成立以来按照新标准验收通过的全国第一个地级市。中国优秀旅游城市、国家卫生城市、国家园林城市、全国双拥模范城市和省级文明城市、中国十大特色休闲城市、全国十佳宜居城市等一个个"金字招牌"也接踵而至。2007年到2011年的五年间，全市生产总值年均增长13.6%，地方财政收入年均增长23.5%；三次产业比例由2006年的16.5:58.5:25调整为12.8:57.0:30.2。全市建成3个国家级生态示范区、5个省级生态示范区，1/3的乡镇成为省级生态示范乡镇。

（聊城电视台《聊城新闻》，10月8日，记者　张朝锋。
本书所收录的新闻报道如没特别注明，发表时间均为2012年）

向生态型强市名城迈进

鲜花锦簇，绿叶繁茂，今天的聊城擦亮容颜迎接八方来客。天蓝鸟飞，水碧鱼跃，今天的聊城驻足生态高地迈向强市名城。

2008年10月，我市在中国北方城市中率先提出了建设生态文明市的目标任务。伴随着秋粮再获丰收，金秋十月，我们又迎来了生态文明建设收获的季节。

理念指导全市发展

投资6亿元的西安交大聊城科技园、规划面积16平方公里的九州国际高科技园正在加快建设。

1.5平方公里的中华水上古城、9平方公里的聊城物流园区、10平方公里的马颊河"世界运河之窗"生态旅游度假区、徒骇河两岸10公里的世界运河（建筑）博览园等一批龙头项目面貌逐渐显露。

过去四年，我市坚持生态立市，既要小康，又要健康；既要金山银山，又要碧水蓝天，努力建设经济社会全面协调可持续发展，人与自然和谐相处，人民物质文化生活质量普遍提高，环境优美、生活富裕、安定祥和、令人向往的强市名城。同时，我市提出了"生态是借贷而不是继承"、"GDP增长不等于财富积累"、"多做雪中送炭的事情"、"发展低碳经济"、"倡导绿色消费"、"经济发展，环保先行"、"保护环境就是保护和发展生产力"、"经济发展是政绩，保护环境也是政绩"、"建设生态文明从我做起"等理念和口号。

按照这种理念,我市抓紧第一要务,把建设"一五二"产业基地作为转方式、调结构的总抓手和主战场。在一产方面,建设生态农业及农产品深加工基地;在二产方面,建设有色金属及金属加工、运输设备及零部件、基础化工及精细化工、轻纺造纸及食品医药、能源电力及节能设备五个基地;在三产方面,建设商贸流通及现代物流基地和文化旅游及休闲度假基地。坚持每年抓好一批符合国家产业政策、科技含量高、财税贡献大、节能环保的重点项目,由市级领导同志帮包,一个项目一套班子,明确任务、落实责任,举全市之力扎实推进,全市经济社会实现又好又快发展。

循环优化生态环境

2009年,我市代表山东省接受国家对海河流域水污染防治工作核查,在六省市中一举夺得第一名。2010年,我市成为国家环保部成立以来第一个按照新标准验收通过的地级市。强化可持续理念,我市坚持在经济发展中不断优化生态环境,在工业经济高速发展的同时促进了环境保护与优化。

过去四年,我市牢固树立"生态是借贷而不是继承"的理念,深入推

进生态文明市建设。我市淘汰关闭了50余家落后产能企业，对60余家高耗能企业实行节能预警调控，在60余家重点工业污染源建设了污水治理"再提高"或深度处理工程，今年又重点实施了57项大气和水污染减排工程，较好地完成了省下达的节能减排进度任务。全市8个县（市区）全部成为国家或省级生态示范区。城市污水集中处理率达到95%，全市重点河流均实现"有水就有鱼"的水质改善目标。

同时我市从传统工业、重化工企业较多的实际出发，把发展循环经济作为转调的突破口和切入点，依靠科技创新，催生了新的工艺、新的设备、新的项目，发展起一批循环式生产的企业、产业和园区，创造了新的经济增长点。祥光铜业集团年产40万吨阴极铜项目，采用世界最先进的节能环保技术，以资源循环带动经济循环，实现了"三废"零排放，每年还可带来经济效益36亿元，成为十大"国家环境友好工程"之一。祥光铜业生态工业园被国家环保部、商务部、科技部授予国家生态工业示范园的称号。茌平信发集团投资16亿元，自主研发建设了200万吨赤泥综合利用项目，不仅可把氧化铝生产过程中产生的尾矿赤泥"吃干榨净"，而且可实现销售收入22.5亿元、利税5.9亿元，吸引了美国美铝公司主动前来寻求合作。高唐泉林纸业投资106亿元建设150万吨秸秆综合利用项目，不但有效利用农村秸秆、增加农民收入，而且利用废液生产有机肥，既减少了排放，又创造了财富。

共享打造幸福生活

广泛深入地开展生态文明县（市区）、生态文明乡镇、生态文明村、生态文明社区等群众性创建活动。坚持以"水"为魂，改造提升滨湖滨河景区，对全市水系进行严格的生态保护，持续改善水体水质；以"文"为脉，实施古城保护与改造，打造中华水上古城，彰显聊城深厚的历史文化底蕴；以"绿"为韵，建设环城绿带、绿色走廊、农田林网相配套的绿化体系，全市森林覆盖率达到32.03%，城市绿化覆盖率达到46%……

过去四年，我市牢记根本宗旨，坚持在成果共享中优先保障和改善民生。持续加大了民生投入，每年民生财政投入均高于当年经常性财政收入增幅。2011年我市一般预算中各项民生支出达到113亿元，占财政支出的比重达到65%，比上年提高8.1个百分点，新增财力大部分用在民生上面。今年以来民生支出继续保持了这一比例。切实抓好就业这一民生之本，加快完善社会保障体系，实现了城乡基本保障全覆盖，农村新农合人均补助标准比去年又增加40元。优先发展教育事业，将市直11所中等职业学校整合成2所高级职业学校，占地750亩、总投资8.5亿元的新校区21栋建筑完成主体工程，年内可招生入学；市区新增小学教学班122个，班额过大问题得到有效缓解。加快保障性住房建设，开工建设11383套，开工率达到82%；农村新居建设完成2.7万户，农村危房改造完成1.5万户。努力丰富群众文化生活，投资4.5亿元建设了市民文化活动中心，投资6.1亿元建设了市体育公园，基层文化基础设施进一步完善。

今年，我市还投资3亿多元对市区11条主次干道和40条小街巷进行了维修改造，施工过程中坚持科学组织，重要工程夜间施工，尽量减少对群众出行的影响，做到好事办好，受到群众的普遍欢迎。

在生态文明理念的指导下，聊城经济社会正加快步伐，生态环境正日趋改善，越来越幸福的生活正向群众阔步走来。

（《聊城日报》一版头条，10月9日，记者 苑莘）

聊城：发展循环经济建设生态文明

（口播）既要金山银山，又要碧水蓝天；既要工业强市，又要保护生态，在生态文明市建设中，我市大力发展循环经济，经济发展与环境保护实现了互促共赢。

（解说）造纸行业历来是我国工业废水和COD的排放大户，草浆造纸生产过程中的黑液被称为破坏环境的首犯。然而，国家循环经济标准化试点单位——泉林纸业，自主研发的置换蒸煮技术使黑液提取率由传统的80%提高到92%以上，解决了草类制浆高污染、高能耗的世界性难题。泉林纸业年处理150万吨秸秆综合利用项目不仅减少森林资源采伐700万立方，而且使秸秆变废为宝，带动了农民增收。

（同期声）泉林纸业副总经理杨吉慧：按每亩小麦产460公斤秸秆计算，如果焚烧会产生2.5吨的二氧化碳，我们泉林每年可消化60万亩秸秆，年可减少二氧化碳排放150万吨；我们按每吨240元的价格收购秸秆，可带动农民每亩增收110元左右。

（解说）在信发集团，循环经济链条同样让人耳目一新。信发集团通过多次大规模工业化试验，自主研发建设了200万吨赤泥综合利用项目，成为世界第一家能够将赤泥"吃干榨净"的铝冶炼企业。

（同期声）信发华宇公司副厂长邹玉国：赤泥废渣的处理和综合利用一直以来都是一个世界性的大难题。我们信发集团通过自主创新，从赤泥中提取出烧碱循环用于氧化铝生产，同时进一步从赤泥中提取出残留的氧化铝粉，最终的余料用于生产水泥等建筑材料，不仅解决了污染问题，而且为我们带来了很好的经济效益。

（解说）做实企业小循环，只是我市发展循环经济的其中一环。我市把发展循环经济纳入国民经济和社会发展规划和年度计划，组织实施循环经济"2320"工程，即集中力量建成2个循环经济型县、3个循环经济型园区和20家循环经济型企业，努力实现由"资源——产品——污染排放"的物质单向流动模式，向"资源——产品——再生资源"的物质循环流动模式转变。市里重点支持了80余家企业的废水利用、固废集中处理、余热回收等循环经济项目，50余家企业的节能技术改造项目，20余个企业的循环经济关键技术的研发和产业化项目。与此同时，我市积极推动园区中循环，围绕资源的循环利用和高效产出，合理布局企业，优化资源配置，建立各具特色的循环经济产业链。在园区循环的基础上，合理规划县域内的物质流、能量流和信息流，整合各种要素，建立产业耦合、系统复合、县域整合的共生体系，完善废弃物的回收链网及再生利用体系，构建循环经济县域大循环。

循环经济给聊城带来了源源不断的真金白银，也让企业发展的劲头更足了。从单个工厂到工业园区，循环经济在聊城到处开花结果，生态文明市在多层次的循环中逐步浮出水面。

（聊城电视台《聊城新闻》，10月9日，记者　张朝锋　刘春赋　王路军）

现代生态文明的"聊城现象"

10月10日，中国（聊城）生态文明建设国际论坛在山东聊城隆重举行，来自国内外200多位领导和专家学者共同研讨以"绿色低碳循环高速发展的工业与生态文明"为主要特征的聊城现象，以聊城为例，深入研究探讨在相对欠发达地区，如何以生态文明理念为指导，实现经济发展与环境保护的互促共赢。山东聊城台记者邵尚文、布秋艳报道：

中共中央政治局原委员、全国人大原副委员长姜春云同志发来贺信，全国政协副主席、农工党中央常务副主席、中国生态文明研究与促进会会长陈宗兴出席会议并致辞。

姜春云在致辞中说，聊城现象为各级决策者以及专家学者研究和推进生态文明建设提供了不可多得的范例。通过解剖聊城现象这只"麻雀"，可以探索生态文明建设的一般规律。陈宗兴在致辞中说，这次在聊城召开的论坛活动，为大家提供了一个学习交流的好机会，必将为我国生态文明建设贡献智慧和力量。

16位在生态文明研究领域成就卓著的领导和专家学者发表了精彩演

讲，纵论国内外生态文明建设大计，共同探讨生态文明建设的内涵外延、基本规律和实现途径，并实地参观考察了聊城市的生态文明建设情况。

中共聊城市委书记、市人大常委会主任宋远方：（同期）聊城能够承办这一高水平盛会，为推动生态文明建设搭建交流平台，是我们的荣幸，更是我们学习提高的宝贵机遇。我们将认真学习运用论坛成果，更加深入地推进生态文明建设，努力谱写聊城科学发展的新篇章，以优异成绩迎接党的十八大胜利召开！

（中央人民广播电台《新闻晚高峰》，10月10日）

中国（聊城）生态文明建设
国际论坛隆重开幕

人民网10月10日聊城电　今天上午，秋高气爽，蓝天白云下更显的江北水城·运河古都——生态聊城美不胜收，在聊城的阿尔卡迪亚国际温泉酒店，由中国农工党中央环资委，中国生态道德教育促进会等单位主办，中共聊城市委、聊城市人民政府承办的，中国（聊城）生态文明建设国际论坛隆重开幕，论坛吸引了来自国内外环境保护和生态研究学者、专家五百多人。本次论坛围绕绿色、低碳、循环、高速发展的工业与生态文明为主题，进行破题研究与论证。

聊城市位于山东省西部，冀鲁豫三省交界处。现辖8个县市区总面积8715平方公里，人口604万。近年来，聊城市各级深入贯彻落实科学发展观，以全面建设生态型强市名城为奋斗目标，按照建设"一五二"产业基地的总体产业布局和把聊城打造成为山东西部的新兴生态化工业城市、冀鲁豫交界地区的商贸物流中心城市、江北文化旅游和休闲度假目的地城市的城市定位，打响了"江北水城·运河古都——生态聊城"的城市品牌。

聊城在全国较早地开展了生态文明建设，全市8个县市区全部成为国家或省级生态示范区，节能减排指标由2006年双双全省第16位上升至第4位和第6位。聊城市先后被评为国家历史文化名城、中国优秀旅游城市、国家卫生城市、国家环保模范城市、国家园林城市和全国双拥模范城市。

论坛开幕式上来自国内外的专家、学者、政府机构代表宣读了贺词和贺信，中共中央政治局原委员、国务院原副总理、九届全国人大常委会副委员长姜春云向论坛发来了贺信，专家、学者们在开幕式致辞中纷纷表示，全面贯彻落实胡锦涛同志在省部级主要领导干部专题研讨班关于推进生态文明建设的讲话精神："着力推进绿色发展，循环发展，低碳发展"是历史的必然。

高速发展的工业文明使社会生态破坏严重，资源严重紧缺，污染加重，传统的工业发展理念必须由生态文明发展理念所代替，论坛中"聊城现象"的提出是当今城市在发展中保护，在保护中发展的生态发展典范。

聊城市委书记宋远方在开幕式致辞中全面阐述了生态聊城建设的理念，为生态城市发展勾画了一幅美丽的蓝图。

本次论坛为期两天，专家学者们从生态文明建设的深层、顶层、全局、现实、途径各个方面深入探究，将高端战略、前瞻思维、精准对接、科学模式融为一体，实现了成果与效应并举，路径与战略合一，不但为我国工业化进程中如何更好建设生态文明提供鲜活的成功经验，同时也加快了聊城向纵深方向深化发展生态文明的步伐。

（10月10日，张宪国 周兴）

国内外专家学者解读
生态文明的"聊城现象"

　　中国（聊城）生态文明建设国际论坛10月10日在聊城开幕。中共中央政治局原委员、全国人大原副委员长姜春云同志发来贺信，全国政协副主席、农工党中央常务副主席、中国生态文明研究与促进会会长陈宗兴出席会议并致辞。请听聊城台记者邵尚文、布秋艳发来的报道：

　　据了解，中国（聊城）生态文明建设国际论坛以"聊城现象：绿色低碳循环高速发展的工业与生态文明"为主题，通过研讨绿色低碳循环高速发展的生态文明"聊城现象"，共同探索生态文明建设的内涵外延、基本规律和实现途径。

　　16位在生态文明研究领域成就卓著的领导和专家学者发表了精彩演讲，纵论国内外生态文明建设大计。通过对话和交流，为生态文明建设的研究和实践带来更多有益的探索。

　　中国生态道德教育促进会顾问朱坦（同期）：环境影响的评价是我们环境保护的重要红线，也是不

可多得的不可替代环境管理工具和手段。做好这个战略团体是帮助我们在落实生态文明建设当中，可以起到独特作用。

世界自然保护联盟驻华代表 朱春全（同期）：聊城由工业化文明向生态文明转变的过程中，在理论和实践中做出了有益的探讨，在一个农业为主的城市当中，对一些大污染高耗能的企业进行了改造，按照生态文明的理念进行了重新的设计，在管理上在技术上做出了有益的探索，企业取得了很好的经济环境和社会效益。

国家林业局生态文明研究中心副主任 严耕（同期）：聊城的生态文明建设一个特别突出的优势，就是协调程度特别高，经济发展和生态环境之间两者的关系处理的特别好，经济社会的发展所付出的生态环境的代价比较小，而且在全国属于领先位置。

（山东人民广播电台《山东新闻联播》，10月10日）

生态文明的聊城样本

——写在中国（聊城）生态文明建设国际论坛开幕之际

一部历史，往往因恢宏壮观的重大事件写下绚烂篇章。

一座城市，常常因追求幸福的百姓故事留下精神印记。

当聊城发展的历史时针指向2012年10月10日，这样一个注定要被铭记的日子——中国（聊城）生态文明建设国际论坛隆重开幕。

深入贯彻落实科学发展观，在工业经济高速发展的同时着力促进环境保护与优化，积极探索在生态文明理念指导下的新型工业化道路，走绿色低碳循环高速发展的工业与生态文明之路——这是一座城市深谋远虑的历史抉择，更是关乎民生福祉的生动实践。

一

在科学发展的历史征程中，每座城市都有一个自己的坐标。

以时间为坐标轴，我们可以清楚地触摸到聊城这个新兴工业城市建设生态文明市的足迹。在2007年市第十一次党代会、市委全委会等重要会议上，聊城确立了"建设生态型强市名城实现新跨越"的发展目标，在山东省率先作出了建设生态文明市的战略决策。

2008年10月，市委、市政府召开建设生态文明市工作会议，明确提出了生态立市的战略抉择，对建设生态文明市作出了全面动员和部署。

2012年初召开的市第十二次党代会进一步提出，今后五年把聊城建设成为山东西部的新兴生态化工业城市、冀鲁豫交界地区的商贸物流中心城市、江北文化旅游和休闲度假目的地城市，全面建设生态型强市名城，创造聊城人民的幸福生活。

这一系列重大决策，向全市人民传达出一个坚定的信念：我们要按照科学发展观的要求，摒弃"先污染后治理"的发展模式，走绿色低碳循环高速发展的新型工业化之路，把聊城建设成为经济社会全面协调可持续发展，人与自然和谐相处，人民物质文化生活质量普遍提高，环境优美、生活富裕、安定祥和、令人向往的强市名城。

二

建设生态文明市，不仅是发展思路的调整、发展道路的修正、发展方式的转变，而且首先是一场思想观念的革命。

为深入宣传生态文明市的重大意义、丰富内涵和实现途径，市委、市政府明确提出了"生态是借贷而不是继承"、"GDP增长不等于财富积累"、"多做雪中送炭的事情"、"既要金山银山，又要碧水蓝天"、"发展经济是政绩，保护环境也是政绩"的绿色发展理念。

思路决定出路，理念决定道路。通过一系列的理念引领和工作部署，全市上下很快形成共识，在发展中保护生态环境，以良好的生态环境更好地促进科学发展，取得了经济发展、生态优化、民生改善同步推进的明显成效。如今的聊城，生态理念已深入人心。作为生态文明的建设者和受益者，广大干部群众生态文明和环境保护意识显著增强，全市上下形成了关心、支持、参与生态文明市建设的浓厚氛围。

三

经济要发展，环境要保护，民生要改善。从传统的农业大市到工业经济快速崛起再到步入生态文明新时代，聊城摒弃了"先污染、后治理"的老路，在经济社会平稳较快发展的同时，继续保持了良好的生态优势，探索出了一条不以牺牲生态环境为代价的跨越发展道路。

农业经济走在全省前列，2011年粮食产量107.5亿斤，是全省4个过100亿斤的市之一，用不到全国1‰的土地生产了全国1%、全省1/8的粮食；工业经济持续快速发展，从2007年到2011年，全市规模以上工业企业主营业务收入由2099.3亿元增长到5294.08亿元，由全省第12位上升至第7位；服务业实现历史性突破，中华水上古城、马颊河生态旅游度假区等一批重大项目加快推进，2011年服务业占生产总值比重首次突破30%……我市坚持以建设生态文明市为总抓手，每年抓好100个大项目、好项目，加大优质高效投入，以增量优化促进存量调整，经济社会进入可持续发展的轨道，实现了新理念引领下的科学发展和谐发展跨越式发展。

不断刷新的经济指标，见证了聊城绿色低碳循环高速发展的工业与生态文明之路，创造了令人振奋的生态文明聊城现象，树起了欠发达地区跨越式发展工业、进而实现生态文明的生态样本。

四

总有一种坚守，令我们刻骨铭心；

总有一种追求，让我们充满希望；

总有一种使命，催我们砥砺前行。

在新的历史征程中，我市始终坚持用生态文明理念引领工业经济可持续发展，积极推进科技创新，大力发展循环经济，实行清洁生产，生态环境质量持续得到改善。

环境就是生产力，保护环境就是保护生产力。我市坚持狠抓节能减排不放手，在经济快速发展的同时，节能减排工作打了一场漂亮的翻身仗，节能和减排在全省的位次由2007年的双双第16位分别提高到第6位和第4位。成功创建国家环境保护模范城市，成为环保部成立以来按照新标准验收通过的全国第一个地级市。

悠悠万事，民生为大。为切实改善居民生活环境，我市坚持高起点定位、高水平规划、高质量建设、高效能管理，把生态环境整治与优化城市布局相结合，大力实施"两城一河"战略，打造生态宜居城市，城市功能和承载力进一步增强。先后成功创建为中国优秀旅游城市、国家卫生城市、国家园林城市和省级文明城市，蝉联全国双拥模范城市，还被评为中国十大特色休闲城市、全国十佳宜居城市等美称，人民群众的安全感、幸福感和满意度不断提高。

在历史的坐标系中仔细审视，今天的聊城，已经迈进跨越发展的关键节点。

又一次站在历史与未来的交汇点上，市委、市政府高瞻远瞩地提出，继续坚持生态文明建设不动摇，把加快"一五二"产业基地作为建设生态文明的重要抓手，进一步加快结构调整，强化节能减排，推进改革创新，坚持富民优先，促进文化繁荣，维护和谐稳定，努力把聊城建设成为山东西部的新兴生态化工业城市、冀鲁豫交界地区的商贸物流中心城市、江北文化旅游和休闲度假目的地城市。

在科学发展观的引领下，一个绿色低碳循环高速发展的工业与生态文明新聊城，必将再创新的辉煌，续写新的篇章。

（《聊城日报》一版头条，10月10日，记者　张颖）

一加一减换挡提质 一升一降激发活力

聊城绿色工业引领转调

本报讯 信发集团成功攻克了从赤泥中提取烧碱的世界性难题，建成了循环经济链网，真正把各种资源全部"吃干榨尽"……近年来，我市大力发展循环经济，使工业产业链变成了一条生态循环链条，以工业经济的"绿色"转调，实现了经济发展与环境保护的双赢。

一"加"一"减"中，工业结构换挡提质。聊城作为一个相对欠发达地区，经济总量偏小，就存量抓调整既没有空间，也没有出路。因此，我市始终坚持把转方式调结构与"扩总量、塑特色"结合起来，以增量扩张带动结构优化。一方面，坚持加大优质高效投入，立足当地产业优势，着眼未来发展方向，提出了建设"一五二"产业基地的战略目标，将其作为全市转方式、调结构的总抓手和主战场。同时，坚持每年抓好100个符合国家产业政策、科技含量高、财税贡献大、节能环保的重点项目，促进了工业结构的换挡提质。另一方面，下大力抓好节能减排，坚决淘汰落后产能，全面取缔"十五小"和"新五小"企业。此外，强化源头控制，严格

环评能评制度，坚决切断了高能耗、高污染的源头。

一"阻"一"迎"中，工业理念转变升级。近年来，我市提高项目引进的"绿色门槛"，坚决将不符合环保要求的项目阻在门外，即使纳税再高也不为所动；而对高附加值、高技术含量、高投资密度和低污染、低能耗的战略性新兴产业项目则"大开绿灯"。在"绿色理念"的引领下，我市新能源汽车、节能设备、生物医药等战略性新兴产业方兴未艾。同时，积极运用高新技术提升支柱产业和改造传统产业，围绕优化结构、提高质量、节能降耗，加强关键技术攻关，促进支柱行业应用高新技术改造传统的工艺和技术，提升产业核心竞争力。航空航天铝材、车辆船舶铝材、32万吨铜导体及电气化铁路架空导线……随着一批精深加工项目的纷纷"上马"，传统骨干企业实现了由大变强的转变。

一"升"一"降"中，工业转调活力四射。随着转调步伐的不断加快，全市工业经济的"绿色板块"进一步扩容提升，展现出勃勃生机与活力：聊城工业经济实现了跨越发展，全市规模以上工业主营业务收入由2006年的1407.42亿元发展到2011年的5294.08亿元，从全省第12位上升至第7位；而同时期污染物排放量和单位能耗下降，节能和减排的排名由双双全省第16位上升至第4位和第6位，并获得国家环境保护模范城市的称号。

我市工业化虽然才刚刚起步，但是在高举转方式调结构的大旗下，涌现出一批堪称循环经济典范的工业企业：祥光集团开创出了具有自主知识产权、居国际领先水平的"祥光旋浮铜冶炼技术"和"祥光脉动旋浮流型喷嘴"，由技术追随转向技术领跑，填补了世界铜冶炼技术的一项空白，是中国有色金属行业唯一的一个"国家环境友好工程"；泉林集团"十年磨一剑"，研发了国际领先技术水平的"秸秆清洁制浆技术"、"环保型秸秆本色浆制品技术研究"、"制浆废液生产木素有机肥技术研究"三项核心技术，解决了秸秆制浆造纸污染这一世界性难题，被列为国家第一批循环经济试点企业。这些企业在"绿色发展"方面，均已经达到世界领先水平。

（《聊城日报》一版，10月10日，记者　赵宏磊）

绿色旅游助力生态城建设

——聊城奋力打造生态文明样板城

聊城在全省率先创建生态文明市，取得了经济发展和环境保护协调推进的明显成效。"生态借贷观"指引着聊城的科学发展，让聊城真正"以水为魂，以文为脉"，向着生态文明样板城市迈进。

文化影响力转变为城市竞争力

每个城市因位置不同、基础不同、优势不同，选择的路径和目标也就不同。聊城没有山，不靠海，特色就在于水，拥有中国北方最大的城市湖泊东昌湖，与杭州西湖面积相当，湖中环抱着一座面积1平方公里、方方正正、格局完好的宋代古城；历史上著名的京杭大运河、徒骇河穿城而过，水域面积占市区建成区的三分之一，形成了"城中有水、水中有城"的风貌。

如果说"水"是聊城的灵魂，那么"文"便是其脉络。国画大师李苦禅、历史学家傅斯年、著名学者季羡林皆为聊城名士。聊城在明清两代是全国著名的文化城市，史称"江北一都会"、"富庶甲齐郡"。

生态文明城市是个大范畴，其要求发展生态经济、优化生态环境、培育生态文化、建设生态社会等。聊城目前正在努力构建环境友好型的经济增长极。拓展绿色旅游业、发展生态工业、推进现代服务业，这些工作聊城都在推进。目前，聊城已经打响了"江北水城·运河古都"的城市品牌，计划把自身打造成济南乃至山东的西花园，北京、天津等大城市的度假基地。规划和建设了22个重点旅游度假项目，总投资120亿元左右。

在聊城城区，东昌湖旅游风景区、山陕会馆、光岳楼等老牌旅游资源被深度挖掘内涵，在县区开发了马颊河天沐温泉、景阳冈狮子楼、冠洲梨园等旅游景点。聊城潜在的文化影响力正在转变为现实的城市竞争力，丰富的历史文化资源正在转变为现实生产力，真正用绿色旅游业助力生态文明样板城市的建设。

8个县（市）区全为生态示范区

2007年，新一届聊城市委、市政府认真学习领会中央提出的建设生态文明市的要求，树立了生态文明的理念，决定走经济发展与环境保护互促共赢的路子。

2008年，聊城市委、市政府召开建设生态文明市动员大会。随后，开展了广泛深入的宣传教育活动，提出了"生态是借贷而不是继承"、"GDP增长不等于财富积累"、"建设生态文明从我做起"等通俗易懂的理念和口号；大力开展生态文明县（市）区、生态文明乡镇、生态文明社区、生态文明企业等创建活动，使生态文明理念深入人心。

近年来，聊城市着力促进生态保护与经济发展相互融合，牢固树立"既要金山银山、更要碧水蓝天"的理念，通过狠抓生态文明市建设，不仅工业实现了跨越发展，而且生态环境得到有效保护和持续改善，全市8个县（市）区全部成为国家或省级生态示范区，全市污水集中处理率达到95%，城市空气环境质量良好率保持在90%以上；2011年，聊城获得了国家环境保护模范城市的称号。

经济发展与环保互促共赢

发展生态经济，加快转方式调结构的步伐。聊城市委、市政府采取了"加、减、乘、除"4项举措，加快转方式、调结构，努力实现经济发展与环境保护的互促共赢。

在第二产业的定位上，聊城则选择了发展生态工业。新能源、生物医药、节能环保和高端装备制造等，战略性新兴产业风生水起。

除了绿色旅游业和生态工业，现代物流业是聊城第三个环境友好型增长极。为什么要重点发展商贸物流业呢？这也是聊城发展的一个优势。发展物流中心要占很多土地，大城市土地紧缺、地价昂贵，靠近大城市的中小城市、交通枢纽城市，是发展物流最好的地方。聊城正好具备这样的条件，而且历史上就是运河沿岸重要的商品集散中心。

这几年，聊城发展起在国内有较大影响的香江大市场、新东方市场、轴承市场、钢管市场等；培育了千千佳物流等一批骨干物流企业，茌平信发集团带动起3000多辆斯太尔载重汽车。目前，规划建设了9平方公里的聊城物流园区。要知道，现代物流业也属于生态服务业，对环境名副其实地"友好"。

（《齐鲁晚报》一版，10月10日，记者 刘铭）

山东聊城：驻足生态高地
建设强市名城

近年来，聊城市以建设生态型强市名城为奋斗目标，打响了"江北水城 运河古都 生态聊城"的城市品牌。请听聊城台记者张洁的报道：

高速发展的工业文明使生态环境遭到破坏，传统的工业发展理念必须由生态文明发展理念所代替。近日在聊城召开的中国（聊城）生态文明建设国际论坛，就在保护中发展的生态文明"聊城现象"进行了深入探讨。

聊城市在全国较早地开展了生态文明建设，全市8个县市区全部成为国家或省级生态示范区，节能减排指标由2006年双双全省第16位，上升至第4位和第6位。聊城市先后被评为国家历史文化名城、中国优秀旅游城市、国家卫生城市、国家环保模范城市、国家园林城市和全国双拥模范城市。

国内外专家学者从生态文明建设的深层、顶层、全局、现实、途径各个方面深入探究，实现了成果与效应并举，路径与战略的合一，不但为我国工业化进程中如何更好地建设生态文明了提供鲜活的成功经验，同时也加快了聊城向纵深方向发展生态文明的步伐。

聊城市委书记、市人大常委会主任 宋远方（同期）：这次中国（聊城）生态文明建设国际论坛的举办，通过高端对话、智慧碰撞、成果交流，必将推动生态文明理念更加广泛地传播，为生态文明建设的研究和实践带来更多有益启迪。

（山东人民广播电台《新闻大屏幕》，10月11日）

中国（聊城）生态文明建设国际论坛隆重举行

研讨绿色低碳循环高速发展的生态文明聊城现象　通过《生态文明聊城倡议》

九届全国人大常委会副委员长姜春云发来贺信　全国政协副主席陈宗兴致辞

解振华致信 陈寿朋张文台程湘清董恒宇朱坦尹伟伦牛文元徐庆华连承敏王新陆宋远方林峰海出席

　　本报讯　金秋十月，硕果飘香。10月10日，中国（聊城）生态文明建设国际论坛在聊城市隆重举行，来自国内外的200多位领导和专家学者共同研讨绿色低碳循环高速发展的生态文明聊城现象，以聊城市为例深入研究探讨在相对欠发达地区，如何以生态文明理念为指导实现经济发展与环境保护的互促共赢。

　　中共中央政治局原委员、国务院原副总理、九届全国人大常委会副委员长姜春云同志发来贺信，全国政协副主席、农工党中央常务副主席、中国生态文明研究与促进会会长陈宗兴出席会议并致辞，国家发改委副主任解振华发来贺信。中国生态道德教育促进会会长、北京大学生态文明研究中心主任陈寿朋，全国人大环境与资源保护委员会副主任张文台，全国人大常委会研究室原主任程湘清，全国政协

常委、内蒙古政协副主席、中国生态道德教育促进会副会长董恒宇，天津市政协原副主席、中国生态道德教育促进会顾问朱坦，中国工程院院士、北京林业大学原校长尹伟伦，全国政协委员、国务院参事、中国科学院可持续发展战略研究组组长、首席科学家、第三世界科学院院士牛文元，环境保护部核安全总工程师徐庆华，山东省人大常委会副主任连承敏，省政协副主席、农工党山东省主委王新陆，市委书记、市人大常委会主任宋远方，市委副书记、市长林峰海在主席台就座。

　　全国人大常委会研究室原主任程湘清宣读了姜春云同志的贺信。姜春云指出，聊城市在山东省委、省政府领导下，从传统农业到起步不久的工业再到步入生态文明新时代，较早摒弃了"先污染、后治理"的老路，初步破解了工业文明导致的环境危机困局，实现了以生态文明新理念引领的可持续的跨越式发展，创造了令人振奋的生态文明聊城现象。这是科学发展观在聊城的成功实践，是生态文明之花在聊城的生动绽放，也是人类文明在聊城点燃的希望之光。聊城现象为各级决策者以及专家学者研究和推进生态文明建设提供了不可多得的范例。它的可贵和成功并非是一个偶

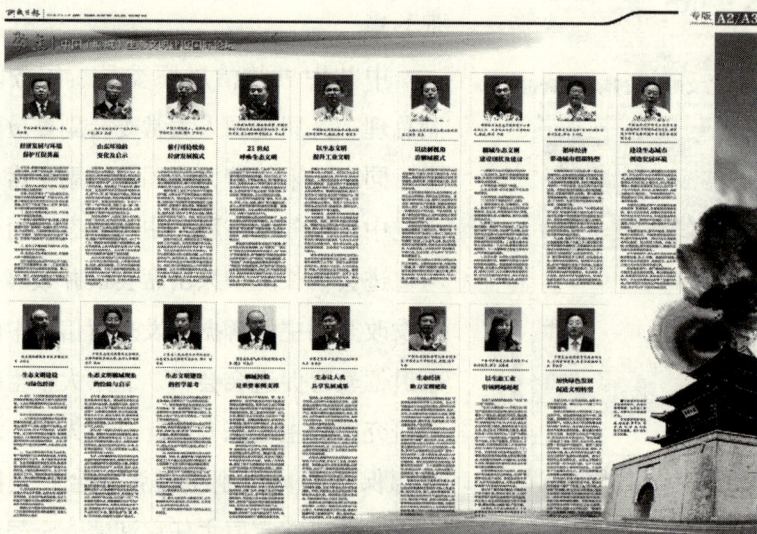

发、孤立事件，而是广大欠发达地区探索可持续发展路径的一个缩影。通过解剖聊城现象这只"麻雀"，可以探索生态文明建设的一般规律。这次论坛汇聚了国内外从事生态文明研究和实践的高层次专家学者、实际工作者，以"绿色低碳循环高速发展的工业与生态文明"为主题，探讨生态文明建设的主旨要义、内涵外延、基本规律和实现途径，非常具有意义。

陈宗兴在致辞中对论坛的召开表示热烈祝贺。他指出，建设生态文明，既是历史的必然，也是现实的需要。人类社会通过加速开发自然资源实现了前所未有的发展，但以牺牲生态环境和过度消耗资源为代价的传统发展方式，也带来了难以承受的资源危机、生态危机、环境危机等一系列问题，甚至威胁到人类的生存和发展。呵护人类共同的地球家园，走可持续发展之路，逐渐成为全球共识。在我国经济社会发展的新阶段，我们必须坚持以科学发展观为指导，深入研究和把握生态文明建设的客观规律，紧紧围绕转方式、调结构、促和谐，大力传播生态文明建设的意识和理念，扎实做好推进生态文明建设的各项工作。多年来，聊城市坚持用生态文明理念引领经济社会的可持续发展，积累了宝贵的经验。这次在聊城召开的论坛活动，为大家提供了一个学习交流的好机会，必将为我国生态文明建设贡献智慧和力量。

国家发改委气候司战略规划处处长田成川宣读了解振华的贺信。解振华在贺信中说，加快生态文明建设，就是要按照胡锦涛总书记的要求，把生态文明建设的理念、原则、目标等深刻融入和全面贯彻到我国经济、政治、文化、社会建设的各方面和全过程，坚持资源节约和环境保护的基本国策，着力推进绿色发展、循环发展、低碳发展，为人民创造良好生产生活环境。近年来，聊城市委、市政府按照中央的战略部署，深入贯彻落实科学发展观，大力建设生态文明市，围绕发展生态经济、优化生态环境、培育生态文化、构筑生态社会进行了广泛而深入的探索，取得了经济发展、民生改善、环境保护等良好成绩。特别是在工业快速增长过程中，较好地完成了节能减排目标任务，成功创建为国家环保模范城市。相信聊城的实践，将为与会专家学者开展研讨提供一个生动的样本。

陈寿朋代表论坛主办方致辞。他说，聊城的实践表明，生态文明建设不是发达国家和地区的专利，只要深入贯彻落实科学发展观，牢固树立生态文明意识，狠抓发展方式转变，坚定走新型工业化道路，欠发达地区一样可以实现跨越式发展。我们举办这个论坛的根本宗旨，就是要把国内外的有识有志之士聚集一堂，全面总结聊城经验，深入探讨聊城现象形成的根源，深度破解聊城现象广泛运用的体制机制障碍，为聊城现象的发扬光大出谋划策。

张文台在致辞中说，保护环境、节约资源，建设生态文明，是深刻而伟大的革命，也是前无古人的伟业，更是造福子孙后代的大事。做好这样一项伟业，必须加强党和政府的领导，坚持"党委领导，政府负责，企业运作，公众参与"的原则。本次国际论坛的举办意义深远，作用重大，概括起来，可以说为大家提供了"四个平台"：促进生态文明建设发展的平台、交流生态文明建设经验的平台、传播生态文明建设文化的平台、搭建生态文明建设从业者相聚的平台。

连承敏在致辞中说，聊城市在全省较早地开展了建设生态文明市的实践，取得了工业高速发展与生态环境保护互促共赢的可喜成绩。这次生态文明建设国际论坛在聊城举办，各位领导和专家学者共同研究分析"聊城现象"，深入探讨欠发达地区在生态文明理念指导下，推进绿色低碳循环高速发展的路子，必将对聊城乃至山东的生态文明建设产生积极而深远的影响。希望聊城以这次论坛为契机，认真吸取各位领导和专家学者的真知灼见，扎实做好生态文明建设的各项工作，促进生态文明建设迈上一个新的台阶，为建设经济文化强省作出新的更大贡献。希望各位领导、各位专家一如既往地关心和支持我省的工作，对我省的生态文明建设多提宝贵意见。

宋远方在致辞中代表聊城市几大班子和全市604万人民对与会嘉宾的到来表示热烈的欢迎，并简要介绍了聊城市近年来的经济社会发展情况。他说，这次中国（聊城）生态文明建设国际论坛的举办，通过高端对话、智慧碰撞、成果交流，必将推动生态文明理念更加广泛地传播，为生态文明建设的研究和实践带来更多有益启迪。聊城能够承办这一高水平盛会，为推动生态文明建设搭建交流平台，是我们的荣幸，更是我们学习提高的宝贵机遇。我们将认真学习运用论坛成果，更加深入地推进生态文明建设，努力谱写聊城科学发展的新篇章，以优异成绩迎接党的十八大胜利召开！

据了解，中国（聊城）生态文明建设国际论坛以"聊城现象：绿色低碳循环高速发展的工业与生态文明"为主题，通过研讨绿色低碳循环高速发展的生态文明聊城现象，共同探索了生态文明建设的内涵外延、基本规律和实现途径。论坛汇聚了富有实践经验的领导和知名专家学者，通过对话和交流，必将推动生态文明理念更加广泛地传播，为生态文明建设的研究和实践带来更多有益探索。各位与会的领导和专家学者不仅深入广泛地进行了学术交流活动，并将实地参观考察聊城的生态文明建设情况。

在开幕式后，林峰海代表聊城作了《积极探索生态文明理念下经济发展与环境保护的互促共赢之路》的主旨演讲；张波、尹伟伦、牛文元、潘家华、左律克、朱坦、刘爱军、田成川、朱春全、吴高盛、严耕、王利民、顾文选、王涛、刘晶茹（代王如松发言）、董恒宇等16位在生态文明研究领域成就卓著的领导和专家学者发表了精彩演讲，纵论国内外生态文明建设大计（演讲摘要见A2-A3版）。会议期间，与会领导和专家学者共同观看了聊城生态文明宣传片，对聊城生态文明建设给予了高度评价；会议还通过了《生态文明聊城倡议》。期间，青岛市与会代表还向聊城市赠送了三棵青岛市市花耐冬。这次论坛主题鲜明、内涵丰富、气氛热烈、讨论坦诚，取得了圆满成功，引起了广泛关注和良好反响。

全国人大、中宣部、国家发改委、环保部、建设部、国家林业局，山东省人大、省政协的领导，省直部门和高校的主要负责同志，中外专家学者以及各大媒体来宾共200多人出席论坛；市政协主席金维民、市委副书记王忠林、市人大常委会第一副主任汪文耀等市几大班子领导出席。

（《聊城日报》一版头条，10月11日，记者 赵宏磊）

以生态文明新理念
引领可持续跨越式发展

  硕果飘香的金秋时节，中国（聊城）生态文明建设国际论坛于昨日在聊城隆重举行。论坛汇聚了国内外有关生态文明建设的高层次专家学者和实际工作者，共同研讨以绿色低碳循环高速发展为主要特征的生态文明"聊城现象"，探讨生态文明建设的内涵外延、基本规律和实现途径，必将为聊城生态文明建设注入新的活力，以生态文明新理念引领聊城实现可持续跨越式发展。

  生态文明是人类社会文明的崭新形态，是当今世界发展的潮流。党的十七大提出建设生态文明重大战略部署之后，党中央、国务院多次要求加快生态文明建设。在今年7月23日召开的省部级主要领导干部专题研讨班开班式上，胡锦涛总书记再次强调，必须把生态文明建设的理念、原则、目标等，深刻融入和全面贯穿到我国经济、政治、文化、社会建设的各方面和全过程，着力推进绿色发展、循环发展、低碳发展，为人民创造良好生产生活环境。中国（聊城）生态文明建设国际论坛的召开，是贯彻中央生态文明建设重要部署的实际行动，通过对聊城现象这只"麻雀"的解剖，探索生态文明建设的一般规律，提炼出更多具有规律性和启示意义的经验，为在更广阔的范围内推进生态文明建设提供指导。

  回眸四年发展历程，聊城市在生态文明建设的道路上留下了一串串闪亮的足迹，走出了一条具有聊城特色的经济发展与环境保护互促双赢的道路。作为一个传统的农业地区，又是一个相对欠发达市，如果用竭泽而渔的办法搞工业化，无异于饮鸩止渴，但是也不能为了环保而环保，躺在落后的生产力上睡大觉。聊城的决策者们在认真学习领会中央提出的建设生态文明要求后，决定在保护自然资源和生态环境的基础上，坚定不移地走生态理念下的新型工业化道路。2008年10月，聊城市在全省较早召开了建设生态文明市动员部署大会，使"生态是借贷而不是继承"、"GDP增长不等于财富积累"、"既要金山银山，又要碧水蓝天"等生态理念深入人心。

摒弃了"先污染、后治理"的老路，走上生态文明建设的康庄大道之后，聊城山河起巨变、旧貌换新颜。近年来，全市工业经济保持了快速增长，由2006年的全省第12位上升至去年的全省第7位，与此同时，生态环境得到有效保护和持续改善：节能减排综合排名不断攀升，不仅取得了海河流域水污染防治核查第一名的好成绩，还被授予国家环境保护模范城市称号，成为环保部成立后按新标准验收通过的全国第一个地级市。聊城市以这些活生生的事例，有力地证明了经济发展和环境保护不是一对天然的矛盾体，在生态理念下是可以和谐共存、相互促进的！

经过近几年的探索、奋斗和实践，聊城人民通过自己的努力奋斗，实现了新理念引领的可持续的跨越式发展，创造了令人振奋的生态文明"聊城现象"。这几年的发展历程，正是广大欠发达地区探索破解社会经济和生态环境可持续发展难题路径的一个缩影，为各级决策者以及专家学者研究和推进生态文明建设提供了不可多得的范例。同时，聊城的实践也充分表明，生态文明建设不是发达国家和地区的专利，只要深入贯彻落实科学发展观，牢固树立生态文明意识，狠抓发展方式转变，坚持走绿色、循环、低碳、高速的发展道路，欠发达地区一样可以实现跨越式发展，进入又好又快可持续发展的生态文明新天地。

本次生态文明建设国际论坛在聊城举办，既是对聊城过去所取得的一系列成绩的肯定和褒奖，更是对聊城未来发展的一次鼓舞和鞭策。聊城市作为一个新兴生态化工业城市，不仅要做跨越发展的典范，更要做绿色发展的典范。相信与会国内外嘉宾的真知灼见、睿智思想，将成为有力的"助推器"，推动聊城在生态文明建设的道路上走得更好更远；推动聊城经济社会各项事业可持续发展；推动聊城向着"生态型强市名城"的奋斗目标大步迈进。

祝贺论坛取得圆满成功！

（《聊城日报》一版，10月11日，社论）

生态之花激情绽放

——生态文明"聊城现象"引发强烈关注

这是一次智慧的碰撞，这是一次思想的交融。

10月10日，中国（聊城）生态文明建设国际论坛在市会议接待中心隆重开幕。中央、省有关领导同志、中外专家学者及各大媒体200多位嘉宾莅临，16位在生态文明研究领域成就卓著的领导和专家学者发表精彩演讲，让"江北水城·运河古都——生态聊城"成为令人瞩目的焦点。

"聊城现象"，无疑是这次论坛的聚焦点。与会人员围绕"绿色低碳循环高速发展的工业与生态文明"这一主题，深度破解用生态化改造传统工业化步入生态文明的聊城经验。正如中共中央政治局原委员、全国人大常委会原副委员长姜春云在致信中所说的："从传统的农业到起步不久的工业再到步入生态文明新时代，聊城摒弃了'先污染、后治理'的老路，破解了工业文明导致的环境危机困局，实现了新理念引领的可持续的跨越式发展，创造了令人振奋的生态文明聊城现象。"

"聊城现象让人眼前一亮"

"聊城市发展生态文明的实践与探索，让人眼前一亮、耳目一新、为之一振，对全国其他城市具有积极的借鉴意义。"全国人大常委会法工委立法规划室主任吴高盛说。

论坛发言中，许多专家认为，"聊城现象"为各级决策者以及专家学者研究和推进生态文明建设提供了不可多得的范例。吴高盛表示，正是有了对生态文明的深刻理解，聊城才舍得在生态环保上投入，而且是大投入。每年拒绝不符合节能减排和环保要求的投资达到几十亿甚至上百亿，几年来舍弃了300多个项目和巨额财政投入，要求新上工业项目的10%到15%的投入用于环保……这种壮士断腕的勇气和决心，是十分难能可贵的。

"聊城市牢固树立生态文明理念，积极探索绿色低碳循环高速发展的新型工业化道路，实现了经济发展与环境保护的互促共赢。"省政府办公厅副主任、山东省生态文明研究会会长刘爱军认为，通过生态文明建设，聊城走出了一条经济社会持续健康协调发展的科学之路。

"人本是生态文明的核心"

人民群众的安全感、幸福感，是衡量生态文明建设成果的最终标杆。几年来，聊城每年用于民生的财政投入增幅均高于当年经常性财政收入增幅，去年全市各项民生支出达到113亿元，占财政总支出的65%。让人民群

众充分享受生态文明建设的成果，聊城的这一做法得到了与会领导和专家的好评。

中国社会科学院城市发展与环境研究所所长潘家华认为，生态文明建设，是绿色、低碳、循环、生态等多重目标的叠加，其最核心的要素是以人为本，最终目标是提升人们的生活品质。多年来，聊城的生态文明建设紧紧围绕提升群众的"幸福指数"来展开。节能减排改善了人们赖以生存的环境；循环经济增强了企业可持续发展能力，提高了企业效益和职工收入；城市建设让市民的生活更加舒适便捷……一个个实践，都体现了生态文明建设的应有之义。

中国生态道德教育促进会副会长、天津市政协原副主席、南开大学教授朱坦也认为，推进生态文明建设，应坚持以改善环境惠及民生为立足点和出发点，着力建设清洁家园；从解决关系人民群众切身利益的现实问题入手，改善环境质量，保障群众健康。

"提升聊城绿色竞争力"

"在深刻理解生态文明的前提下，大力促进绿色经济的创新与提升，是新一轮经济周期突破'增长瓶颈'的整体构想，也是最大程度获取'可持续能力'和实现科学发展的必然选择，是提升聊城绿色竞争力的全新战略目标。"演讲中，全国政协委员、国务院参事、中国科学院可持续发展战略研究组组长、首席科学家、第三世界科学院院士牛文元对未来聊城生态文明的发展充满信心。

论坛期间，许多专

家纷纷就聊城未来的"绿色之路"提出真知灼见。牛文元认为，今后聊城应尽快实现"四大转移"，即由传统式的发展战略向低碳型、循环型的绿色发展战略转移和提升；由传统式的发展理念向智慧型的绿色发展理念转移和提升；由传统式的发展思路向脱钩型的绿色发展思路转移和提升；由传统式的发展技术向数字型的绿色发展技术转移和提升。

国家林业局生态文明研究中心常务副主任、北京林业大学人文学院院长严耕建议，聊城应继续加强生态、环境建设，提升区域整体生态活力。要警惕工业粉尘排放对大气环境质量的威胁，在工业化进程中避免"先污染，后治理"的老路。同时要防止化肥、农药的过渡施用导致的农业面源污染，加快发展生态农业。

（《聊城日报》，10月11日，记者 曹天伟）

提升可操作性和针对性

标准化助力生态文明建设

本报讯　记者日前从市质监局了解到，我市按照建设生态文明市战略部署，从"生态工业、生态农业、生态服务业"找准切入点，大力推进实施标准化战略，提高了生态文明建设的可操作性和针对性。

我市以创建标准化良好行为企业、采用国际标准、参与国家标准制定为重点，加大工作力度，提升标准化工作对经济社会发展的有效性和贡献率。积极鼓励企业参与国家标准、行业标准、地方标准的制定工作，重点推动有色金属、汽车、造纸、化工等行业走"技术专利化、专利标准化、标准国际化"的道路。围绕"江北水城·运河古都"品牌建设，在行政管理、旅游、文化、商贸等服务行业中大力开展服务标准化试点工作，建立健全服务标准体系，发挥服务名牌示范带动作用，促进服务行业发展。围绕生态农业和"十大特色农业基地"建设，以全市粮食、蔬菜、畜禽、林业等主导农产品、特色农产品质量安全标准为重点，不断完善农业标准化体系。实行节地、节水、节能的循环经济利用模式，增强农业综合效益。

同时，以标准化工作推动了企业节能减排。开展循环经济标准化试点建设，围绕全市推动循环经济工作的要求，开展循环经济标准化试点工作，组织试点单位将适合循环经济发展模式的企业标准上升为地方标准、行业标准、国家标准，完善循环经济标准体系。

近期，高唐泉林纸业成为全国首批国家循环经济标准化试点单位。泉林纸业严格按照标准化良好行为要求，科学管理，规范操作，形成了一个以循环经济模式而组成的生态产业链，实现了产业内资源产品再生资源的循环利用，实现了良好的经济效益和环境效益。

（《聊城日报》，10月11日，记者 苑莘 通讯员 肖艳伟）

两个排名背后的聊城嬗变

2006年，聊城节能和减排指标双双列全省第16名。

2011年，聊城节能和减排指标分别上升至全省第4位和第6位，全市8个县（市、区）成为国家或省级生态示范区，城市污水集中处理率达到95%。这一年，聊城获得了国家环保模范城市称号，成为国家环保部成立后按新标准验收通过的全国第一个地级市。

理念：既要金山银山　又要碧水蓝天

聊城在工业化起步阶段，劳动密集型、资源密集型的传统工业为主。

这些产业在作出历史性贡献的同时，也因其高能耗、高污染、粗放式的特征，带来了很大的资源和环境压力，并由此带来了许多社会问题。

如果继续沿用"先污染、后治理"的发展模式，发展将难以持续。

还有，聊城地处平原，人口稠密且分布均匀，生态环境的自我修复能力很差，一旦发生生态灾难，后果不堪设想。

这就是摆在聊城面前的现实问题。

因此，探索代价小、效益好、排放低、可持续的新型工业化路子势在必行。

改变源于2007年，那一年新一届聊城市委、市政府提出了一些通俗易懂的口号——

生态是借贷而不是继承；

GDP增长不等于财富积累；

既要金山银山，又要碧水蓝天；

……

工业：16亿的投资　22亿的收益

理念慢慢深入人心，改变也悄然发生。

信发铝业是一个典型——投资16亿元，自主研发建设了200万吨赤泥综合利用项目。

这不仅可把氧化铝生产中产生的尾矿赤泥"吃干榨净"，而且可实现销售收入22.5亿元，利税5.9亿元。

这项技术吸引了美国美铝公司主动前来寻求合作。

还有祥光铜业年产40万吨阴极铜项目，采用世界最先进的节能环保技术。

最大限度提高资源利用效率的背后是，三废"零排放"，还有每年可带来经济效益36亿元。

另外，泉林纸业投资106亿元建设150万吨秸秆综合利用项目。此举不但有效利用农村秸秆，增加农民收入，而且利用废液生产有机肥。

这一切都是循环经济展现出的魅力。

科技：涌现工业翘楚　还有农业龙头

科技发展也是聊城的一大亮点。

聊城企业与国内外200多家高校院所建立了产学研合作机制。

还与西安交通大学合作，投资6亿元建设了西安交大聊城科技园。

聊城有色金属产业基地被科技部批准为国家火炬计划特色产业基地。

全国仅有的两个主要农作物种子创新国家重点实验室之一落户聊城的冠丰种业公司。

聊城就是坚持一手抓传统产业改造，一手抓战略性新兴产业发展。

中通客车集团投资11亿元，建设了年产2万辆新能源客车项目，承担了三项国家"863"计划节能与新能源汽车重大专项，拥有30多项新能源技术专利。

还有鑫亚集团，投资10亿元，建成了国内最大的欧4标准发动机电喷系统生产项目。

科技创新对聊城经济发展的贡献率不断提高，2011年，聊城获得"全国科技进步先进市"称号。

农业：聊城蔬菜产量　位居全省第一

工业大发展，科技在进步，聊城的农业也取得不错成绩。

聊城粮食产量突破百亿斤、保持全省领先。

全市无公害、绿色、有机农产品品牌和地理标志保护产品达到266个，基地面积达到321万亩。

聊城规模以上农业龙头企业达到416家。全市蔬菜产量达到1390万吨，居全省第1位。

聊城还加快推进1.5平方公里的中华水上古城、10平方公里的马颊河（世界运河之窗）生态旅游度假区、占地4800亩的聊城农产品交易中心等服务业重点项目。

这些举措促进了服务业比重、规模和质量迅速提高，占生产总值的比重突破30%。

（《聊城晚报》，10月11日，记者 孙克峰 许金松 楚诗韬）

聊城获赠三株青岛市花"耐冬花"

本报讯　10月10日下午，中国（聊城）生态文明建设国际论坛现场，聊城市委书记、市人大常委会主任宋远方接过三株青岛市花"耐冬花"，这是中国生态道德教育促进会和青岛送给聊城的一份特殊礼物。

"这是三株培养了两年的青岛市花'耐冬花'，现在我把这花儿嫁接给聊城，希望我们的友谊就像市花一样常青，我们的发展合作开花结果。"青岛高科技工业园东都实业有限公司总经理辛兆才说，这是他是代表中国生态道德教育促进会和青岛人民送给聊城人民的礼物。

辛兆才说，"耐冬花"原生在青岛，已经有2000多年的历史，《聊斋志异》中提到的"绛雪"指的就是"耐冬花"，它冬天开花酷暑孕育果实，花、叶、果都有应用价值，并且具有很高的生态价值——放氧量是一般落叶植物的1.5倍至2倍。

"三株花寓意绿色、人文和科技，希望以花为媒，加深聊城和青岛两座城市之间的友谊，我也会过来看看这些花。"辛兆才说。

聊城市市政公用事业管理局局长岳建国说，他们将会把三株"耐冬花"送到聊城公园的花卉研究所栽培，并安排人员进行培育，使它们适应聊城的土壤和气候，争取让青岛市花在聊城真正落地生根。

（《聊城晚报》，10月11日，记者 孙克峰 许金松 楚诗韬

照片由朱玉东摄，原载《聊城日报》，10月11日）

16位国内外生态文明领域
顶尖专家剖析"聊城现象"

聊城现象：绿色低碳循环高速发展的工业文明和生态文明

10月10日，中国（聊城）生态文明建设国际论坛在市会议接待中心隆重开幕。16位在生态文明研究领域成就卓著的领导和专家学者发表精彩演讲，让生态文明"聊城现象"成为这次论坛的焦点。与会人员围绕"绿色低碳循环高速发展的工业与生态文明"这一主题，深度破解用生态化改造传统工业化，步入生态文明的聊城经验。

论坛发言中，许多专家认为，"聊城现象"为各级决策者以及专家学者研究和推进生态文明建设提供了不可多得的范例。吴高盛表示，正是有了对生态文明的深刻理解，聊城才舍得在生态环保上投入，而且是大投入。每年拒绝不符合节能减排和环保要求的投资达到几十亿甚至上百亿，几年来舍弃了300多个项目和巨额财政投入，要求新上工业项目10%到15%的投入用于环保……这种壮士断腕的勇气和决心，是十分难能可贵的。

"聊城市发展生态文明的实践与探索，让人眼前一亮、耳目一新、为之一振，对全国其他城市具有积极的借鉴意义。"全国人大常委会法工委立法规划室主任吴高盛说。

"我们看到，今年全球气候变得越来越古怪，绿色发展与文明转型成为全球热议的主题词。如果我们不能圆满地回答这个问题，不能及时有效地应对，那么另外一个更严重的问题就会摆在我们的面前：人类是否有能力继续在地球上生存下去？山东聊城在这个问题上作出了积极的回应，因而使我们备受激励和鼓舞。"中国生态道德教育促进会副会长董恒宇在演讲中说。

中国生态道德教育促进会副会长、天津市政协原副主席、南开大学教授朱坦认为，"聊城现象"的产生和发展，创造了我国地区生态文明建设的成功做法和经验。

朱坦还为建设生态聊城提出两点建议——

首先，环评是环境保护的重要防线。聊城要走经济发展与环境保护共赢的生态文明市建设之路，要在聊城生态化顶层设计和总体规划中，突出环评特别是战略环评在生态文明建设中的独特作用，要根据实现节能减排的约束性指标的关键条件，为相关区域和行业提出必要的建设项目环境准入条件，并将这些条件、约束性指标在项目环评中落实。

其次，应依托聊城生态环境优势和区位地理优势，发挥江北水城·运河古都的城市品牌优势，建设文化旅游及休闲度假产业重大项目，做强生态旅游业，将聊城打造成为内涵丰富、特点突出的文化旅游和休闲度假城市。

论坛期间，许多专家纷纷就聊城未来的"绿色之路"提出真知灼见。全国政协委员、国务院参事、中国科学院可持续发展战略研究组组长、首席科学家、第三世界科学院院士牛文元认为，今后聊城应尽快实现"四大转移"，即由传统式的发展战略向低碳型、循环型的绿色发展战略转移和提升；由传统式的发展理念向智慧型的绿色发展理念转移和提升；由传统式的发展思路向脱钩型的绿色发展思路转移和提升；由传统式的发展技术向数字型的绿色发展技术转移和提升。

顾文选介绍，"生态城市"是上世纪70年代联合国教科文组织发起的"人与生物圈计划"研究过程中提出的概念。目前，世界许多国家进行了探索实践。如巴西的库里蒂巴以"城市快速公交系统和废物回收循环利用及节能"而获"巴西生态之都"称号，美国伯克利以"建设生态农业和生态工业园"成功获"全球生态城"称号，新加坡以"花园城市"闻名于世。

顾文选说，随着科学技术的发展，工农业循环经济不断进步，城镇化的总趋势将是日益生态化、人居环境宜居化。全国600多个城市，目前已有260多个提出要以建设生态城市为目标，几乎所有城市都提出要建设宜居城市环境。

◎建议

以东昌府区为中心创建大聊城市

顾文选说，生态城市是经济高度发达、社会繁荣昌盛、人民安居乐业、生态良性循环四者和谐统一的状态。具体说来，则是"城市环境及人居环境清洁、优美、舒适、安全，失业率低、社会保障体系完善，高新技术占主导地位，技术与自然达到充分融合，最大限度地发挥人的创造力和生产力，有利于提高城市文明程度的稳定、协调、持续发展的人工复合生态系统。"

广泛应用生态学原理规划建设城市，可使城市结构合理、功能协调，其中，需要注意的是，用生态学原理规划建设城市，首先要避免中心城市连绵无限扩展，应因地制宜采取组团式、多中心布局模式。

顾文选在演讲时提到，聊城市辖冠县、莘县、阳谷县、东阿县、茌平县、高唐县、东昌府区、经济技术开发区，代管省辖市临清市，下辖126个乡（镇、办事处），6516个村，幅员8700多平方公里。从聊城东昌府到各县市均在60公里左右。

这样，可以考虑从整体上构建以东昌府区为中心，以另外7个县（市）为组团、多中心、区域性城市，大聊城市，也就是城市群。

而为保持城市的活力，顾文选建议，多组团城市之间须以快捷多元现代化交通系统连接。

◎ **提醒**
东昌湖周边要严格控制建筑物开发

建设生态宜居城市，顾文选说，包括城市生命线系统建设和人居环境建设。

顾文选解释说，生态城市的生命线系统则包括生态水系统、清洁可再生的能源系统、生态化交通系统以及绿地系统。

生态水系统要求——市区：开发各种节水技术节约用水；雨、污水分流，建设储蓄雨水的设施，路面采用不含锌的材料，下水道口采取隔油措施等，并通过湿地等进行自然净化（聊城近年建起的人工湿地，对生产生活污水最终处理净化已显现效果）。郊区：保护农田灌溉水，控制农业面源污染，在饮用水源地退耕还林等。

而在清洁可再生能源系统方面，顾文选说，聊城有非常有利的条件。

所谓生态化交通系统，首先是交通方式和道路系统完善、多元、快捷。根据城市规模、服务半径及资源条件，选择航空、火车、机动车、水运、人力车等多元交通方式并使其保持合理比例；相应选址机场、车站、码头，相应的铁路、公路、分级的城市道路、非机动车路、步行通道等完善的交通系统。第二，注重搞好各交通方式的衔接和无障碍换乘，做好交通枢纽的设计与建设。一般说来，凡枢纽至少要有三种以上交通方式相耦合，并能实现无障碍换乘。

绿地系统则要求打破城郊界限，扩大城市生态系统的范围，充分考虑绿地系统规划对城市生态环境和绿地游憩的影响；通过合理布局绿地以减少汽车尾气、烟尘等环境污染；考虑生物多样性的保护，为生物栖境和迁移通道预留空间。顾文选说，这方面聊城也取得了显著的成绩，同时需要提醒的是，东昌湖周边要严格控制建筑物开发，千方百计扩大连片绿色空间。

◎ **强调**

"人人参与"是创建生态城市的保障

"人居环境建设则包括生态建筑系统、生态景观系统、废弃物利用处理系统和生态建筑系统。"顾文选说。

顾文选继而解释说，生态建筑核心是"低碳，减少对石化能源的依赖"。发展低碳建筑一方面需要高新技术支持，如太阳能、风能、生物质能等，须建立在新技术支撑的基础上。另一方面低碳发展也要重视常规成熟技术的重新组合。顾文选举例说，上海世博会英国零碳馆、汉堡馆等多是采用建筑屋顶装风帽、门窗与墙体凹式组合斜拉开关、乡土建筑材质运用等将传统成熟技术重新组合，实现创新达到节能减排的目的。

生态景观系统则是根据地形、风向、日照等条件，沿水系、高压走廊、干道系统等建立生态廊道；对城市建筑物群体，结合山水自然条件，设计有特色、天人合一的城市三维空间形态；尊重历史文化传统，突出多样性的人文景观。充分利用当地的自然、文化潜力，以满足居民的生活需要，建设健康多样化的人类生活环境。

城乡生活废弃物成为影响人居环境的重要因素，也是生态城市建设应解决的关键问题之一。创建生态宜居城市，要按照循环经济的理念，对城乡生活废弃物实行资源化、减量化、无害化的原则处理，而不是简单填埋或焚烧。

最后，顾文选强调，城市活动的最终主体是人，强调"人人参与"、普及对各层次各行业市民的环境教育，是创建生态城市的重要保障，也是生态城市建设的一个重要方面。做法是：为市场运作创造条件，通过与经济利益相结合，将生态环境事业推向市场；创造合作的机会，通过学校、机关和社区等，扩大社会影响；深入宣传生态思想，转化为每个人日常生活中的切实行动；通过政策、法令强制执行。

■专家观点

"聊城现象"为探索"绿色中国"提供了案例

董恒宇：生态文明是全人类共同的话题

"生态文明，不仅仅是我国，也是全人类共同的话题。我们从媒体看到今年全球气候变得越来越古怪，绿色发展与文明转型成为全球热议的主题词。如果我们不能圆满地回答这个问题，不能及时有效地应对，那么另外一个更严重的问题就会摆在我们的面前：人类是否有能力继续在地球上生存下去？"董恒宇表示，聊城在这个问题上作出了积极的回应。

绿色发展回归低碳、循环、生态环保之路，是人与自然和谐发展之路，是后工业时代发展的必然趋势，推动人类迈向生态文明社会。从农业文明到工业文明是一次伟大的飞跃。生产方式和生活方式发生了根本性的改变，不仅养育了大量增长的人口，并且社会财富成几何级数大幅度增长，工业化取得了无比辉煌的成就。然而，工业化也给人类带来了新的危机。

传统工业经济是"以化石燃料为基础，以汽车为中心，用后即弃的经济"，现在人类对自然资源的消耗已经大大超出地球的再生能力。

只有文化自觉才能有行动的自觉，才能有科学的精神，才能有科学的举措。聊城在经济建设中避开了传统工业"先污染，后治理"的老路，树立生态文明理念，发展生态经济，加快转方式调结构的步伐，探索出一条经济发展与环境保护相互促进，美丽与发展双赢的道路。积极探索在生态文明理念指导下的新型工业化道路，创造了绿色发展与文明转型的"聊城现象"，这是难能可贵的，为我们探索"绿色发展的中国方式"提供了很好的案例。

尽快立法将生态指标纳入政府考核

王涛：发展生态经济目前面临两大难点

王涛认为，生态文明的原则包括整体性原则、可持续发展原则（即经济、环境、资源和生态关系、人与自然的关系）和平等公平原则。生态文明建设应将生态文明的理念、原则和目标深刻融入和全面贯穿到我国经

济、政治、文化、社会建设的各方面和全过程，坚持节约资源和保护环境
的基本国策，着力推进绿色发展、循环发展、低碳发展，为人民创造良好
生产生活环境。

王涛说，发展生态经济，首先应该认清生态经济的本质。"本质就
是把经济发展建立在生态环境可承受的基础之上，实现经济发展和生态保
护的'双赢'，建立经济、社会、自然良性循环的复合型生态系统。"王
涛说，企业要走生态之路，就要以科学发展观为指导，坚持"注重经济效
益、社会效益和生态效益"原则的同时，坚持以建立绿色企业经营为根本
目的、实现企业与自然的和谐统一原则，坚持依靠科技进步、推进产品结
构调整、提高资源利用效率原则，坚持发挥市场机制作用的原则，将促进
人与自然的和谐作为关系企业长远发展的根本大计。

最后，王涛分析了发展生态经济面临的主要难点。他认为主要有两个
难点：首先，把地方党委、政府发展的思想统一到生态文明发展理念原则
和目标上来，是长期、艰巨的任务；第二，政府管理体制、机制在发展生
态经济时有不适应的地方。如，GDP、固定资产增量、居民与农民收入增量
等指标是政府考核的核心指标，但政府工作报告中鲜有生态指标与人与自
然和谐的指标等（如GDP质量、环境承载能力指标、水安全指标、能耗消减
指标、居民农民幸福指数等）。王涛建议，尽快立法将生态指标加到政府
考核指标中去。

查清聊城城市生态家底以实施动态保护

王利民：低碳发展领域可以在不同的环节践行理解聊城现象。

王利民觉着有三个层次的内容：第一层次，生态是硬指标；第二层次，
低碳转型是硬道理，"今天一起来研讨聊城现象，发现生态文明不是不要发
展而是在原来的基础上更好地修正、调整，在更高层次上发展"；第三层
次，城市管理是硬工夫，生态文明不仅是理论探索更是相当有技术含量的。

王利民说，人来到地球，从人的自然属性来看，是做两件事：一是消
耗资源，一是产生排放。

世界自然基金会（WWF）从1998年开始每两年就研究出版一本《地球

生命力报告》。根据报告，从20世纪70年代到2008年地球生物多样性已经快速下降了28%，实际上从1966年以来人类对地球资源的需求已经翻了一番。"现在整个地球都处在一种生态赤字的运营状态中。现在全人类实际上消耗着1.5个地球，如果我们都像美国人一样生活，可能需要5个地球。据预测，到2030年，我们将需要两个地球支撑人类的生产、生活，但我们只有一个地球，那么怎么办？"

王利民介绍说，2008年1月，经过近1年的调研及准备工作，WWF协同合作伙伴正式启动"中国低碳城市"项目。他们选择保定和上海启动该项目，这两个城市代表了中国城市化进程中的两类城市的低碳发展方向：保定是传统的制造加工型工业城市，转向低碳发展的路径是通过依托新能源产业（低碳产业）同步建设低碳城市；上海，作为中国的经济中心，面临后工业化的实际挑战。

王利民说，低碳发展领域可以在不同的环节践行，包括输入环节，选择更低碳的能源结构和形式；包括中间环节，推动各相关行业的低碳发展，以提高资源能源效率为主；也可以是输出环节，比方说提高城市碳汇，同时也能够增加城市生态资源和生物多样性；支撑和创新的环节包括规划、金融、法律，还有低碳发展必备的排放清单。而综合分析之后，王利民说，聊城的低碳特点是"循环经济带动城市低碳转型"。紧接着，结合自己的认识，王利民代表WWF对聊城绿色转型提出了建议——

第一层次，生态是硬指标，应该查清聊城城市生态家底，研究气候变化背景下的风险，以实施动态保护，提高区域生态承载力。

第二层次，低碳发展是硬道理。建议聊城深刻理解发展阶段，以工业循环经济推动城市低碳增长，由点到面，扩大成绩。

第三层次，城市管理是硬功夫，有很深的学问，且有其规律。聊城应将城市低碳发展作为生态文明建设的重要抓手，量化各相关行业指标，扩展到城市发展的各个领域。

（《聊城晚报》，10月11日，记者 孙克峰 许金松 楚诗韬）

专家学者热议"聊城现象"

10月10日，在中国（聊城）生态文明建设国际论坛上，以"绿色、低碳、循环、高速发展的工业与生态文明"为特征的"聊城现象"引起了众多专家学者热议。不少专家学者表示，"聊城现象"是当今城市在发展中保护，在保护中发展的生态发展典范。

据了解，聊城提出生态文明建设的思路后，按照这种理念，抓紧第一要务，把建设"一五二"产业基地作为转方式、调结构的总抓手和主战场。在一产方面，建设生态农业及农产品深加工基地；在二产方面，建设有色金属及金属加工、运输设备及零部件、基础化工及精细化工、轻纺造纸及食品医药、能源电力及节能设备五个基地；在三产方面，建设商贸流通及现代物流基地和文化旅游及休闲度假基地。坚持每年抓好一批符合国家产业政策、科技含量高、财税贡献大、节能环保的重点项目。

中国生态道德教育促进会顾问、天津市政协原副主席、南开大学教授朱坦说，几年来，生态文明建设的理论和实践在全国各个区域、各个地区得以有效推进，而"聊城现象"的产生和发展，创造了我国地区生态文明建设的成功做法和经验。"在从上至下提高全民生态意识的过程中，以发展生态经济、优化生态环境、培育生态文化、建设生态社会探索实现生态文明市的建设之路，聊城取得了显著成效。"

世界自然保护联盟驻华代表朱春全说，聊城在工业文明向生态文明转变的过程当中，在理论和实践中做出了有益的探讨，在一个农业为主的城市中，对一些大的污染和高耗能企业，按照生态文明、生态工业的理念进行了重新设计，在管理上、技术上，做出了非常有益的探索，取得了非常好的经济、环境和社会效益，无论是在山东省，还是全国，乃至世界上看也是走在前面的。

"我觉得聊城的生态文明建设特别突出的一个优势，就是协调程度特别高。"国家林业局生态文明研究中心常务副主任、北京林业大学人文学院院长严耕说，聊城社会经济发展和生态环境之间，这两者的关系处理得比较好，经济社会发展所付出的生态环境的代价比较小，而且在全国处于领先的位置。

朱坦：发挥环评重要作用 大力发展生态产业

顾文选：创建多组团大城市 做好交通设计建设

在10日下午的中国（聊城）生态文明建设国际论坛上，朱坦教授就建设生态聊城提出了建议：应发挥环评在生态文明建设中的重要作用，并将大力发展生态产业作为生态文明建设的一项重要内容。

朱坦说，环境影响评价是环境保护的重要防线，聊城要坚持走经济发展与环境保护互促共赢的生态文明市建设之路，发挥环评在"转方式、调结构"、保护自然生态环境、改善民生、加快生态文明市建设中的积极作用。要在聊城生态化顶层设计和总体规划中，突出环评特别是战略环评在生态文明建设中的独特作用，进一步将生态文明理念和要求落实到工业、交通、能源等相关发展规划中。

"大力发展生态产业、循环经济，实行清洁生产，从源头和全过程控制污染物产生和排放，降低资源消耗，提高资源产出率和资源综合利用水平。"朱坦说，生态产业包括生态工业、生态农业、生态旅游业等，聊城作为一个传统的农业地区，应培育壮大生态农业，依托优势产业推动产业转型升级，依托聊城生态环境优势和区位地理优势，做强生态旅游业。

中国城市科学研究会理事长助理、建设部城市规划司原副司长、世界城市科学发展联盟专家委员会委员顾文选就创建生态宜居城市迎接生态文明新时代作了详细阐述，并建议规划创建聊城多组团大城市。

顾文选说，聊城市辖冠县、莘县、阳谷、东阿、茌平、高唐、东昌府区、经济技术开发区，代管省辖市临清市，下辖126个乡、镇、办事处，6516个村，幅员8700多平方公里。从聊城东昌府到各县市均在60公里左右，可以考虑从整体上构建以东昌府为中心，以另外7个县市为组团的多中心、区域性城市，也就是大聊城市的城市群。

为保持城市的活力，多组团城市之间须以快捷多元的现代交通系统连接，而这样的城市群也是生态、宜居城市的一个反映。而生态化交通系统应根据城市规模、服务半径及资源条件，选择多元交通方式并使其保持合理比例，并完善相应的城市道路、非机动车路、步行通道等。做好交通枢纽的设计与建设，一般来说，凡枢纽至少有三种以上交通方式相耦合，并能实现无障碍换乘。

（《齐鲁晚报》，10月11日，记者 刘铭）

科学发展的成功实践

——中国（聊城）生态文明建设国际论坛成功举办的启示之一

编者按　中国（聊城）生态文明建设国际论坛的举办，是聊城发展历程中的一件大事、盛事，在为聊城生态文明建设注入新活力的同时，也必将为国内外生态文明建设的研究和实践带来更多有益启迪。为更好地总结这次论坛举办的成功经验和带来的启示，更好地让生态文明理念成为全市干部群众的自觉行为，更好地将各位领导和专家学者思想碰撞出的新思路、新理念转化成为聊城全面建设生态型强市名城的强大动力，本报特推出一组关于论坛成功举办的启示的稿件，敬请关注。

十月的聊城，秋高气爽，天蓝湖碧。

硕果累累的金秋时节，一场关于生态文明建设的国际性高端论坛在聊城成功举行，来自国内外的200多位领导和知名专家学者通过交流研讨、实地考察，对以绿色低碳循环高速发展为主要特征的"聊城现象"给予了高度评价。

"这是科学发展观在聊城的成功实

践，是生态文明之花在聊城的生动绽放，也是人类文明在聊城点燃的希望之光。"中共中央政治局原委员、国务院原副总理、九届全国人大常委会副委员长姜春云同志在为论坛发来的贺信中对生态文明"聊城现象"不吝赞美之词。"聊城现象"究竟有着怎样的魅力，能够得到这么多领导和国内外专家学者的垂青呢？其中重要的一个原因就是，这是一个欠发达地区全面贯彻落实科学发展观的生动实践，也为全国乃至全世界提供了一个生态文明建设的样本。同时，"聊城现象"还充分证明了：生态文明建设不是发达国家和地区的专利，只要深入贯彻落实科学发展观，坚持走绿色、循环、低碳、高速的发展道路，欠发达地区一样可以实现跨越发展，进入又好又快可持续发展的生态文明新天地。

"聊城现象"的魅力，在于以敢为人先的魄力探索出一条欠发达地区的跨越发展道路

聊城作为一个传统的农业地区，又是一个相对欠发达地市，曾长期面临着难言的尴尬：交通闭塞、经济落后，一度成为山东经济快速发展之船的沉重"船尾"。

在"不进则退、慢进也是退"的沉重压力下，聊城的决策者们认真贯彻落实科学发展观，积极探索符合聊城实际的欠发达地区跨越发展之路。2007年，新一届聊城市委、市政府认真学习领会中央提出的建设生态文明的要求，并对聊城的市情进行深入调查研究。大家一致认为，在科学发展成为时代主题的今天，如果继续沿用"先污染、后治理"的发展模式，发展将难以持续；而且聊城地处平原，人口稠密且分布均匀，生态环境的自我修复能力很差，一旦发生生态灾难，后果不堪设想，必须积极探索代价小、效益好、排放低、可持续的新型工业化路子。2008年，聊城市在全省较早地召开了大规模、高规格的建设生态文明市动员部署大会，研究制定了《关于建设生态文明市的意见》，提出的"生态是借贷而不是继承"、"GDP增长不等于财富积累"、"既要金山银山，又要碧水蓝天"等通俗易

懂的理念早已深入人心。

在生态文明理念的引领下，聊城实现了跨越式的发展：农业持续保持全省领先地位的同时，工业经济由2006年的全省第12位上升至全省第7位，规模以上工业主营业务收入突破了5000亿元大关，服务业占GDP的比重也首次突破了30%。这些成绩也充分表明，作为一个欠发达地区，只要认真贯彻落实科学发展观，欠发达地区的跨越发展之路一样可以精彩纷呈。聊城市立足自身实际，以生态文明新理念引领可持续跨越式发展的做法，正是认真落实科学发展观的一次成功实践。

"聊城现象"的魅力，在于以开拓创新的勇气实现了经济发展与环境保护共赢

碧波荡漾的东昌湖上，三三两两的小船划破了平静的湖面，碧蓝的天空中偶尔飞过几只水鸟，呈现人与自然和谐相处的美丽画面。良好的生态环境，是我市近年来创造性地走经济发展与环境保护互促共赢之路最好的回报。

当初，作为一个相对欠发达地区，我们既不能靠减缓发展速度来保护环境，又不能以牺牲环境为代价换取一时的发展，一时陷入了两难的境地。聊城市的决策者们高瞻远瞩，敏锐地发现二者的结合点就在于加快转方式、调结构，在生态文明理念指导下走开绿色低碳循环高速发展的新型工业化道路。市委、市政府根据我市的现有产业布局，与未来的发展方向相结合，提出了建设"一五二"产业基地的战略部署，做到了贯彻落实科学发展观

与实际市情的完美结合。近年来，我市将建设"一五二"产业基地作为总抓手和主战场，促进整合生产要素、拉长产业链条、引进高端项目、加快科技创新、促进产业升级，推动产业实力发展壮大、质量效益不断提升。

在生态文明理念下的经济发展与环境保护互促共赢的探索创新中，我市取得了显著成绩：在工业经济高速发展的同时，节能减排指标由2006年的双双全省倒数第2位即第16位，分别上升至第4位和第6位，由此获得了"国家环保模范城市"称号，成为国家环保部成立后按新标准验收通过的全国第一个地级市。

"聊城现象"的魅力，在于以矢志不渝的精神开辟出一片豁然开朗的未来

"聊城现象"取得的巨大成功，是认真贯彻落实科学发展观的结果，是省委、省政府坚强领导的结果，也是全市广大干部群众上下一心、扎实苦干的结果。

2007年，在明确了生态文明的方向之后，聊城市就开始踏上了"跋山涉水"之路：坚决淘汰落后产能，对国家明令禁止的"十五小"和"新五小"企业进行了全面取缔；突出抓好重点领域，督促全市75台燃煤发电机组全部建成了脱硫设施，建设了12家污水处理厂；严格环评能评制度，坚决切断了高能耗、高污染的源头。如今，全市8个县（市区）全部成为国家或省级生态示范区，全市重点河流均实现"有水就有鱼"的水质改善目标，生态文明的理念正逐步成为全市广大市民的一致共识。

这次论坛的成功举办，不仅提振了全市广大干部群众的士气，还凝聚起了生态文明建设的强大动力。相信在今后的发展中，一定会让聊城的天更蓝、水更清、空气更新鲜，让聊城的发展更好、更快、更可持续，让人民群众的生活更加和谐、富裕、幸福。

（《聊城日报》一版头条，10月12日，记者 赵宏磊）

生态文明的理念升华

——中国（聊城）生态文明建设国际论坛成功举办的启示之二

"聊城现象之所以弥足珍贵，就在于，她只是我国广大地区特别是欠发达地区的局部而非全部。这就要求我们必须认真探索聊城现象所揭示的生态文明建设内在规律，把聊城的经验升华到理性和理论层面，用以指导我国乃至全球同类地区建设生态文明的伟大实践。"

正如中国生态道德教育促进会会长、北京大学生态文明研究中心主任陈寿朋所说，对"聊城现象"进行总结提升，不仅对聊城大有裨益，更是对生态文明的一次理念升华。

以科学发展观为指导，近年来，聊城开展了建设生态文明市的实践与探索，取得了经济发展、环境保护、民生改善的较好成效，创造了受到各级领导、专家学者和各大媒体关注的"聊城现象"。在这个硕果飘香的时节，以探讨"聊城现象"为主题的中国（聊城）生态文明建设国际论坛成功举办，可以说恰逢其时。

创新活跃的"聊城思维"

把在实践中创造的新鲜经验升华为理论成果，是本次论坛的重要任务。在高端对话、智慧碰撞的背后，我们欣喜地看到，开放、包容的聊城人，已不仅仅满足于"闷头苦干"，而是以更加开放的思维和战略的眼光，不断加深与外部的交流，在交流中学习先进成果，扩大自身影响，促进聊城更好更快发展。

创新，是前进的不竭动力。今年6月，县级海阳市成功举办亚洲沙滩运动会，给了聊城人深深的触动。"正在建设生态文明市的聊城，需要以更加广阔的视野和思维推动自身实践，更应为生态文明理念的广泛传播作出贡献。"带着这样一种学习提高的心态，聊城承办了这一高水平盛会，为推动生态文明建设搭建交流平台，也期望论坛所产生的一系列重要成果，为聊城今后的发展提供重要借鉴。

实践证明，论坛的成功举办，为生态文明建设的研究和实践带来了有益启迪，也为聊城提供了学习提高的宝贵机遇。本次论坛，既有全国政协、国家部委和地方政府领导指导，又有在生态文明研究领域成就卓著的中外专家学者交流发言；既有政策导向上的探索，又有实践经验上的总结；既有国家战略层面的研究，又有企业发展层面的交流，使目前国内外最高层次的研究成果得以分享。与会领导专家纷纷表示，这次论坛，是一次组织层次高、开展活动好、社会影响大的生态文明建设经验交流的好平台。

引人瞩目的"聊城现象"

"聊城市发展生态文明的实践与探索，让人眼前一亮、耳目一新、为之一振，对全国其他城市具有积极的借鉴意义。"全国人大常委会法工委立法规划室主任吴高盛在主旨演讲中说。

多年来，聊城人对生态文明的探索和实践从未停歇。聊城精心谋划特色产业，部署了建设"一五二"产业基地的总体产业布局；大力发展循环经济，发展起一批循环式生产的企业、产业和园区；积极推进科技创新，不断提升对经济发展的贡献率；做大做强现代农业和现代服务业，建立起更加优化的产业结构……与此同时，聊城更加重视先进理念的提炼与推广，提出了"生态是借贷而不是继承"、"GDP增长不等于财富积累"、

"既要金山银山，又要碧水蓝天"等通俗易懂的理念和口号，在潜移默化中提升全民的素质。

用生态化改造传统工业化步入生态文明，"聊城现象"为与会领导和专家研究生态文明提供了一个成功案例。全国政协副主席、农工党中央常务副主席、中国生态文明研究与促进会会长陈宗兴认为，"聊城现象"带来了三大启示：第一，生态文明的大跨越是可行的；第二，生态化与工业化同步共赢是可能的；第三，坚强的体制机制保障是建设生态文明所必需的。他表示，正是聊城的实践成效，让人们看到了欠发达农业地区跨越式发展工业、进而实现生态文明的希望。

焕然一新的"聊城形象"

"水韵聊城"、"古韵聊城"、"鲜活聊城"、"品牌聊城"……论坛举办的第三天，与会人员就聊城生态文明建设情况进行了实地参观考察。当观看了在中国运河文化博物馆举办的聊城城市形象展后，他们纷纷表示，看到了与传统印象中不一样的"聊城形象"。

市十二次党代会向全市发出了塑造"自豪、创业、包容、奋进"的聊城形象的号召，本次论坛就是对"聊城形象"的一次集中展示。论坛期间，不仅举办了深入广泛的学术交流活动，还安排与会人员进行了实地参观。无论是秩序井然、科学合理的会场安排，自信饱满、精神抖擞的聊城参会人员，还是所到之处人与自然和谐相处、经济社会协调发展的生动场景，都给与会的领导和专家留下了深刻的印象。

"一次投入，百年享用。"体现市委、市政府"打基础、利长远"执政理念的古城地下管沟，是与会人员参观考察的重要一站。作为我国目前已知新建最宏大、最完善的地下综合基础设施，该工程目前已完成投资2.2亿元，建设完成综合管沟6200余米。"每到雨季，大家总会提起德国人百年前在青岛建造的城市排水系统。看到聊城古城保护与改造中修建了完全可以媲美国际先进的地下工程，我们感到非常高兴。"大家在参观后纷纷表示。

聊城作为一个新兴生态化工业城市，不仅要做跨越发展的典范，更要做绿色发展的典范。敢于突破的聊城人，正借这次论坛成功举办的东风，在生态型强市名城建设的道路上迈出崭新步伐。

（《聊城日报》一版，10月15日，记者 曹天伟）

争先进位的强劲动力

——中国（聊城）生态文明建设国际论坛成功举办的启示之三

为促进市党代会精神的贯彻落实，实现各项工作的良好开局，市委、市政府将今年确定为"争先进位年"，要求各级各部门学赶先进、提升标杆、自我加压、奋勇争先。在这个金秋的十月，我市成功举办中国（聊城）生态文明建设国际论坛，无疑将在聊城的崛起之路上留下浓重的一笔。

美丽的"江北水城·运河古都"，群贤毕至，精英荟萃。来自国家有关部委、省直有关部门的领导、中外专家学者及各大媒体来宾等200余名精英云集聊城，围绕"绿色低碳循环高速发展的工业与生态文明"这一主题进行深入交流，不仅提升了聊城在国内外的知名度和美誉度，也进一步增添了聊城人争先进位、跨越赶超的信心和勇气。

"聊城道路"收获肯定

在相对欠发达地区，如何以生态文明理念为指导，实现经济发展与环境保护的互促共赢？聊城的答案是，走绿色低碳循环发展的新型工业化道路。

工业化是现代化不可逾越的历史阶段，但并不意味着必须亦步亦趋在实现工业文明后才能建设生态文明，尤其不能理解为必须走传统的"先污染、后治理"的工业文明老路。处于工业化关键阶段的聊城，正是在正确认识自身实际、充分汲取不同地区发展经验和教训的基础上，在全国全省较早地开展了生态文明市建设，全市8个县（市区）全部成为国家或省级生态示范区，在工业高速发展的前提下，节能减排指标由2006年的双双全省倒数第2位上升至第4位和第6位，由此获得了"国家环保模范城市"称号，成为环保部成立后按新标准验收通过的全国第一个地级市。

正如全国政协副主席、农工党中央常务副主席、中国生态文明研究与促进会会长陈宗兴所说："由于用生态文明理念引领工业的可持续发展，大力发展循环经济，实行清洁生产，所以聊城的生产方式是循环的，生产的主导要素是生态的。这就是聊城为何工业高速发展、而生态环境不断优化的秘旨要诀之所在。"

在这样一个高水平的盛会上收获肯定，是对聊城过去所取得的一系列成绩的肯定和褒奖，也是对未来聊城"生态立市"道路的一种鼓舞和鞭策。

"聊城典型"走向世界

当前，聊城既不能靠减缓发展速度来保护环境，又不能以牺牲环境为代价换取一时的发展，二者的结合点就在于加快"转方式、调结构"，在生态文明理念指导下走开绿色低碳循环高速发展的新型工业化道路。而聊城新型工业化的支撑，无疑是信发铝业、祥光铜业、泉林纸业等一批循环经济发展典范。

信发铝业投资16亿元，自主研发建设了200万吨赤泥综合利用项目，不仅可把氧化铝生产过程中产生的尾矿赤泥"吃干榨净"，而且可实现销售收入22.5亿元，利税5.9亿元，这项技术吸引了美国美铝公司主动前来寻求合作。祥光铜业年产40万吨阴极铜项目，采用世界最先进的节能环保技术，最大限度提高资源利用效率，实现了"三废"零排放，仅此一项每年可带来经济效益36亿元。泉林纸业投资106亿元建设150万吨秸秆综合利用项目，不但有效利用农村秸秆，增加了农民收入，而且利用废液生产有机肥，取得了良好的经济、生态和社会效益。

本次论坛，许多与会领导和专家对这批典型企业给予了充分肯定。一些专家学者以相关企业为模本，通过解剖"麻雀"，深入剖析了"聊城现象"的特点，深入探讨如何处理高速发展的工业与生态文明建设之间的关系、实现工业化和生态化和谐共进。中外知名专家的肯定，有利于转变人们对这些传统工业企业的固有认识，更为企业进一步走向世界创造了较好的话语环境。

"聊城软实力"获得提升

城市软实力，是指建立在城市文化、政府服务、居民素质、形象传播等非物质要素之上的城市社会凝聚力、文化感召力、科教支持力、参与协调力等各种力量的总和。随着现代经济社会的发展，软实力对城市发展的影响与作用越来越突出。承办全国乃至国际性的高端论坛，是提升城市软

实力的一种重要途径。

由于过去长期的经济落后、信息闭塞，聊城缺少与外界交流合作的高层次平台，进而影响了先进思想、技术、管理经验的引入。近年来，随着经济社会的持续快速发展，聊城对外开放的广度和深度不断提高，迫切需要一个高层次的平台提升自我、了解世界。此次中国（聊城）生态文明建设国际论坛，通过高端对话、智慧碰撞、成果交流，为我们带来了许多先进理念和科学成果，为我市进一步推进生态文明建设，全面建设生态型强市名城提供了有益借鉴。

通过承办这一高水平盛会，也进一步提升了聊城城市品牌的知名度和美誉度。《人民日报》、新华社、中央电视台、中新社、《光明日报》、《农民日报》、人民网、《大众日报》、山东广播电台等众多中央、省级媒体对论坛进行了采访报道，介绍了聊城在生态文明市建设方面的成功实践，取得了良好的宣传效果。

（《聊城日报》一版，10月16日，记者 曹天伟）

聊城：技术改造升级传统产业
科技创新引领新兴产业

（口播）我市在生态文明市建设中，以技术改造升级传统产业，以自主创新引领新兴产业，科技成为支撑工业经济发展的重要力量。

（解说）祥光铜业是世界上一次建成规模最大、技术最先进的现代化铜冶炼厂，他们开发出具有自主知识产权的旋浮冶炼新工艺，回收炉渣中的铜；采用先进的卡尔多炉，对电解产生的铜泥中的金、银等贵金属进行回收，最大限度地提高资源利用效率。同时，他们将铜冶炼中产生的二氧化硫进行了高效回收。

（同期声）祥光铜业副总裁王长贵：我们回收铜冶炼过程中产生的二氧化硫制造硫酸，硫总回收率达99%以上、固化率达99.9%，二氧化硫排放量比国家标准低36%，资源循环利用每年可给我们祥光铜业带来36亿元的经济效益。

（解说）工业经济的发展需要科技作支撑。我市加大技术改造投入。"十一五"期间，全市累计完成技术改造投资1614亿元，年均增长32.14%。同时，加快建设科技创新平台。到2011年，共建设市级以上工程技术研究中心116家，其中省级以上22家。我市与省内外200多所高校、科研院所建立合作关系。投资6亿元的西安交大聊城科技园、规划面积16平方公里的九州国际高科园正在加快建设。2011年，我市获得"全国科技进步先进市"称号。

　　我市在改造传统产业的同时，大力发展新兴产业。鲁西化工集团实施战略调整，向煤化工、盐化工、硅化工等高端精细化工产业延伸，打造综合性化工产业园；中通客车集团开发的拥有自主知识产权的纯电动环保客车，成为北京奥运会的服务专用车和十一届全运会的新能源公交示范车；全国最大的农用三轮车生产企业——时风集团，研发出节能环保的电动观光车，为企业发展打开了更广阔的空间；东阿阿胶建设了阿胶养生文化苑，实现了二产、三产的融合发展。项目建设高潮迭起，工业经济稳中求进，生态环境持续改善，铜及铜加工、铝及铝加工、新能源汽车、精细化工等四大"千亿产业园"发展框架全面拉开。一个个大企业的昂首发展，组成了我市工业的上升曲线。（图表）从2006年到2011年，全市规模以上工业企业主营业务收入由1407.42亿元增长到5294.08亿元，翻了近两番，由全省第12位上升到第7位。

（聊城电视台《聊城新闻》，10月11日，记者　张朝锋　魏海涛）

做生态文明建设的不懈践行者

10月10日，中国生态文明建设国际论坛在山东省聊城市开幕。论坛以"绿色低碳循环高速发展的工业与生态文明"为主题，讨论并通过了《生态文明聊城倡议》。全国政协副主席、中国生态文明研究与促进会会长陈宗兴出席开幕式并讲话，中共中央政治局原委员、九届全国人大常委会副委员长姜春云向论坛发来贺信，全国人大环境与资源保护委员会副主任委员张文台、中国生态道德教育促进会会长陈寿朋、山东省人大常委会副主任连承敏等在开幕式上致辞，山东省政协副主席王新陆主持开幕式。

《生态文明聊城倡议》提出：做生态文明理念的忠实信奉者。欠发达地区建设生态文明，必须在理念上既先进又科学。要牢记：生态是借贷而不是继承；工业化是现代化不可逾越的历史阶段，但并不意味着必须亦步亦趋在实现工业文明后才能建设生态文明，尤其不能理解为必须走传统的"先污染、后治理"的工业文明老路；生态文明不能脱离工业文明横空出世，两者不是非此即彼而是相互相承的关系。后发达地区只要秉持先进科学的发展观念，也一定能够实现后发先至的跨越式发展：跨过经济高速增长环境持续破坏的工业文明旧时代，进入又好又快可持续发展的生态文明新天地。为此，必须承认和尊重大自然的主体价值，奉行人与自然平等和谐的生态观；重新认识科技对人与自然的价值，奉行具有深切生态关怀的科技观；转变经济发展理念，奉行可持续的经济发展观；重新审视执政理念，奉行生态为政观；反思传统消费理念，奉行科学、健康、低碳、节约的生活观；勇于承担人对自然的道德责任，奉行生态伦理道德观。

做生态文明建设的不懈践行者。做生态文明规范的坚定维护者。建设生态文明不是短期行为，而是千秋万代的宏伟事业，必须打持久战，必须有社会大众的积极参与和牢固的体制机制作保证。我们要从个人做起，依靠全社会的睿智和努力，促成生态文明法制规范、生态文明道德规范、生态文明职业规范的完善。强化自我约束，勇于相互约束，把遵守生态文明规范养成为生产、生活中的一种习惯，上升为我们内心的自觉要求。

《倡议》呼吁，后发达地区建设生态文明，必须敢于并善于实现从农耕文明跨越工业文明步入生态文明的历史跨越，使生态化与工业化互促共进；必须狠抓经济调（结构）转（方式）、科技创新、节能减排、目标考核；必须做到党政强力推进、企业率先引领、社会积极响应；必须实现经济高速发展、环境根本好转、民生持续改善、社会不断进步、示范效应明显。为此，我们必须把生态文明建设的理念、原则、目标等深刻融入和全面贯穿到经济、政治、文化、社会建设的各方面和全过程，着力推进绿色发展、循环发展、低碳发展，为人民创造良好的生产生活环境。

后附《生态文明聊城倡议》（略）

（《中国绿色时报》，10月12日，记者 赵向往）

中国（聊城）生态文明建设
国际论坛解剖"聊城现象"

　　10月10日上午，由中国农工党中央环资委、中国生态道德教育促进会等单位主办，中共聊城市委、聊城市人民政府承办的，中国（聊城）生态文明建设国际论坛在聊城的阿尔卡迪亚国际温泉酒店隆重开幕。论坛吸引了来自国内外环境保护和生态研究学者、专家二百多人。本次论坛深刻阐述了建设生态文明的重大意义及其实现途径，充分肯定了"聊城现象"的现实作用，以绿色、低碳、循环、高速发展的工业与生态文明为主题，进行破题研究与论证。

　　党的十七大提出建设生态文明的战略任务，给聊城创新发展思路指明了道路。2007年，新一届聊城市委、市政府通过调查研究、分析市情，一致认为，在科学发展成为时代主题的今天，如果继续沿用"先污染、后治理"的发展模式，发展将难以持续；而且聊城地处平原，人口稠密且分布均匀，生态环境的自我修复能力很差，一旦发生生态灾难，后果不堪设想，必须积极探索代价小、效益好、排放低、可持续的新型工业化路子。基于这一认识，聊城市委、市政府确立了"加快建设生态型强市名城实现新跨越"的奋斗目标，召开了大规模、高规格的建设生态文明市动员部署大会，研究制定了《关于建设生态文明市的意见》，明确了建设生态文明市的目标任务和主要措施；开展了广泛深入的宣传教育活动，提出了"生态是借贷而不是继承"、"GDP增长不等于财富积累"、"既要金山银山，又要碧水蓝天"等通俗易懂的理念和口号，采取多种形式宣传生态文明建设的重大意义；狠抓各项工作落实，开展了建设生态文明县（市区）、生态文明乡镇、生态文明社区、生态文明单位等群众性创建活动，全市上下形成了关心、支持、参与生态文明市建设的浓厚氛围。

在经济发展方面，聊城在保持农业发展优势和领先水平的同时，工业实现了快速发展。全市规模以上工业主营业务收入由2006年的1407.42亿元发展到2011年的5294.08亿元，翻了近两番，在全省的位次由第12位上升到第7位；服务业也取得了长足发展，占生产总值的比重首次超过30%。在环境保护方面，在工业高速发展的前提下，节能减排指标由2006年的双双全省倒数第2位即第16位，分别上升至第4位和第6位，由此获得了"国家环保模范城市"称号，成为国家环保部成立后按新标准验收通过的全国第一个地级市。

在民生改善方面，全市每年用于民生的财政投入增幅均高于当年经常性财政收入增幅。去年全市各项民生支出达到113亿元，占财政总支出的65%，这个比例在全省也是最高的之一。今年上半年，在宏观经济下行压力较大的情况下，全市生产总值达到972.9亿元，同比增长12.7%；地方财政收入达到56.98亿元，增长21.1%；城镇居民人均可支配收入达到11765元，增长15.8%；农民人均纯收入达到5429元，增长19%，主要经济社会发展指标增幅均位居全省前列。

论坛上，来自国内外的专家、学者、政府机构代表们纷纷表示，全面贯彻落实胡锦涛同志在省部级主要领导干部专题研讨班关于推进生态文明建设的讲话精神："着力推进绿色发展，循环发展，低碳发展"是历史的必然。

"聊城现象——绿色低碳循环高速发展的工业与生态文明"是论坛中专家进行破题讨论的热点，专家学者们从历史、自然、发展等人类必然条件下的生存状态，全面剖析"聊城现象"，一致认为：转变发展理念是建设生态文明的根本，生态文明是工业文明之后人类进入的崭新发展阶段，生态第一、发展第二是人类和谐发展的呼声。

本次论坛为期两天，专家学者们从生态文明建设的深层、顶层、全局、现实、途径各个方面深入探究，将高端战略、前瞻思维、精准对接、科学模式融为一体，实现了成果与效应并举，路径与战略合一，不但为我国工业化进程中如何更好建设生态文明提供鲜活的成功经验，同时也加快了聊城向纵深方向深化发展生态文明的步伐。

（人民网，10月12日，记者 鞠成利 刘斌）

200余学者齐聚聊城
共议生态文明"聊城现象"

新华网山东频道10月12日电　10日，中国（聊城）生态文明建设国际论坛在山东聊城隆重举行。来自国内外的200余名领导和专家学者齐聚一堂，共同研讨以"绿色、低碳、循环、高速发展的工业与生态文明"为特征的"聊城现象"，并以聊城为例探讨在相对欠发达地区，如何以生态文明理念为指导实现经济发展与环境保护的互促共赢，探索可持续发展路径。

此次论坛汇聚了富有实践经验的领导和国内外从事生态文明研究和实践的高层次专家学者、实际工作者，他们全面总结聊城经验，深入探讨聊城现象形成的根源，深度破解聊城现象广泛运用的体制机制障碍，为聊城现象的发扬光大出谋划策。

聊城市委书记、市人大常委会主任宋远方在致辞中说，近年来，聊城市牢固树立生态文明理念，积极探索绿色低碳循环高速发展的新型工业化道路，呈现出生态化工业新城的崭新面貌。聊城市不仅明确提出了建设生态型强市名城的奋斗目标，并在全国全省较早地开展了建设生态文明市的实践，初步实现了经济发展、环境保护和民生改善同步协调推进的良好局面。全市8个县市区全部成为国家或省级生态示范区，节能减排指标由2006年双双全省第16位上升至第4位和第6位。

与会专家对聊城生态文明建设给予了高度评价，他们一致认为，聊城从传统的农业到起步不久的工业，再到步入生态文明新时代，初步破解了工业文明导致的环境危机困局，走出了一条以生态文明新理念引领可持续的跨越式发展道路,创造了令人振奋的生态文明"聊城现象"。聊城的实践为研究和推进生态文明建设提供了一个生动的样本,也为广大欠发达地区探索在生态文明理念指导下,推进绿色低碳循环高速发展之路提供了借鉴。

论坛期间,专家学者们从生态文明建设的深层、顶层、全局、现实、途径各个方面深入探究,将高端战略、前瞻思维、精准对接、科学模式融为一体,实现了成果与效应并举,路径与战略合一,不但为我国工业化进程中如何更好建设生态文明提供鲜活的成功经验,同时也加快了聊城向纵深方向深化发展生态文明的步伐,必将推动生态文明理念更加广泛地传播,为生态文明建设的研究和实践带来更多有益启迪。

(10月12日,记者 罗博 刘蕾)

中国（聊城）生态文明
建设国际论坛圆满落幕

王忠林陪同参观考察

本报讯 10月11日，为期三天的中国（聊城）生态文明建设国际论坛圆满落下帷幕。当天，与会领导和专家学者就聊城生态文明建设情况进行了实地参观考察，对我市经济社会发展和生态文明建设工作给予充分肯定。

市委副书记王忠林，市委常委、高唐县委书记刘春华，市委常委、副市长侯军，市人大常委会副主任孙菁陪同参观考察。

11日当天，与会人员参观了中国运河文化博物馆、中华水上古城地下管沟（人防）工程、明清圣旨博物馆、西安交大聊城科技园、祥光生态工业园、泉林集团、信发集团、茌平金牛湖景区、中通新能源客车产业基地等城市靓点工程、重点项目现场和大型企业，对聊城经济社会发展和生态文明建设取得的成绩给予高度评价。他们一致认为，近几年来，聊城市牢固树立生态文明理念，积极探索绿色低碳循环高速发展的新型工业化道路，呈现出生态化工业新城的崭新面貌。聊城提出的建设生态型强市名城的奋斗目标，和在全国全省较早开展的生态文明市建设实践，使生态文明理念深入人心，经济结构加快转型升级，循环经济模式普遍推广，生态环境保护卓有成效，初步呈现出经济发展、环境保护和民生改善同步协调推进的良好局面。

本次论坛围绕"聊城现象：绿色低碳循环高速发展的工业与生态文明"这一主题，举办了深入广泛的学术交流活动。与会专家学者以聊城为例，深入研究探讨了在相对欠发达地区，如何以生态文明理念为指导，实现经济发展与环境保护的互促共赢。专家们纷纷表示，聊城市的探索和实践，为广大欠发达地区探索破解经济社会和生态环境可持续发展难题提供了一个样本，在全国乃至世界同类国家和地区中都具有学习和借鉴作用。在对聊城生态文明建设给予充分肯定的同时，专家们还结合自身研究方向，深入探讨了"聊城现象"所揭示的生态文明建设内在规律，把聊城经验升华到理性和理论层面，进一步丰富了生态文明理论，明晰了生态文明建设的实现途径，取得了一些重要的理论成果。在形成共识的基础上，论坛通过了《生态文明聊城倡议》，为生态文明建设的研究和实践提供了有益借鉴。

论坛的成功举办，不仅开阔了聊城人的视野，更充分激发了全市上下建设生态文明、实现争先进位的信心和决心。与会人员纷纷表示，如此高规格的论坛在聊城举办，足以说明聊城生态文明建设成果得到了各级领导、专家学者和各大媒体的肯定。相信以此次论坛的成功举办为契机，充分借鉴高端对话所碰撞出的先进理论成果，聊城的生态文明建设之路必将迈出崭新的步伐。

（《聊城日报》一版，10月12日，记者 曹天伟 高崇）

专家学者盛赞聊城古城地下管沟

媲美国际先进 夯实百年基础

本报讯 "每到雨季，大家总会提起德国人百年前在青岛建造的城市排水系统。看到聊城古城保护与改造中修建了完全可以媲美国际先进的地下工程，我们感到非常高兴。"10月11日，中国（聊城）生态文明建设国际论坛与会专家学者在参观了古城地下综合管沟后纷纷表示。

"古城地下综合管沟宽敞、功能齐全，体现了聊城'打基础、利长远'的生态发展理念。聊城市委、市政府注重工作实效，重视做好'里子'，减少了 重复施工产生的浪费，是'GDP增长不等于财富积累'发展理念的生动体现。"一位生态城市建设方面的专家说。他同时表示，按照这种思路发展下去，聊城将不会患上交通拥堵、城市内涝等大城市通病。

据介绍，聊城市在城建重点项目建设过程中，坚持建设精品工程、打造传世之作，始终秉承打基础、谋长远的执政理念，同时更加注重创造潜绩意识。在古城保护与改造工作中，为确保古城功能的完善，仅基础设施投资就超过4亿元，目前，已建设完成"埋在地下"的综合管沟6200余米，投资已达2.2亿元。

一次投入，享用百年。地下综合管沟给专家学者留下了深刻印象。据介绍，古城"地下城"是支撑古城保护与改造工程的"脊梁"，将对古城生命活力的延续起到至关重要的作用，也将彻底提升古城的功能和潜在价值。该工程是我国目前已知新建最宏大、最完善的地下综合基础设施。施工过程中，我市确定了详细的施工工序、需用人员数量、材料种类及数量，制定了详细的奖罚措施。安排人员深入材料生产企业，了解其材料生产情况，确定切实可行的策略，确保不因为材料问题耽误工期。严格明确分工，责任落实到个人，制定了详细的施工细则、内业管理规定，制定了详细的奖罚措施，有力地保障了整个工程建设的顺利进行。

（《聊城日报》一版，10月12日，记者 苑莘）

走发展与环保互促共赢之路

——中国（聊城）生态文明建设国际论坛综述

备受瞩目的中国（聊城）生态文明建设国际论坛于10月10日在聊城举行，论坛围绕"聊城现象：绿色低碳循环高速发展的工业与生态文明"这一主题，展开了深入广泛的学术交流。与会领导和专家学者以聊城为例，研究探讨了在相对欠发达地区，如何以生态文明理念为指导，实现经济发展与环境保护的互促共赢。通过这次论坛，进一步丰富了生态文明理论，明晰了生态文明建设的实现途径，取得了一些重要的理论成果。在形成共识的基础上，论坛通过了《生态文明聊城倡议》，旨在为生态文明建设的研究和实践提供有益借鉴。

传统工业化的危机和反思

董恒宇（全国政协常委、中国生态道德教育促进会副会长）：从农业文明到工业文明是一次伟大的飞跃。生产方式和生活方式发生了根本性的改变，不仅养育了大量增长的人口，并且社会财富成几何级数大幅度增长，工业化取得了无比辉煌的成就。然而，工业化也给人类带来了新的危机。传统工业经济是"以化石燃料为基础，以汽车为中心，用后即弃的经济"。换言之，即采取线性的、非循环、高耗能的模式，把投入生产和生活的大部分资源作为废物排向环境。这既造成资源浪费，又造成环境污染和生态破坏。结果导致自然资源严重透支。人类对自然资源的消耗已经大大超出地球的再生能力。

王利民（世界自然基金会（WWF）保护运营副总监）：从1998年开始，WWF持续发布《地球生命力报告》，用地球生命力指数和生态足迹，评估星球可持续发展状况。据统计，从20世纪70年代开始，提供人类生存的包括生物多样性在内的地球资源在持续减少，地球生命力指数逐渐下降，以1970年为1，到2008年总体下降了28%。

朱春全（世界自然保护联盟（IUCN）驻华代表）：人类的生存繁衍是要以自然为基础的，自然为人类提供食物、水、空气和居所，人类对自然的依赖是永恒的。地球上的自然资源是有限的，经济社会的发展要受到自然容纳量的约束，过度利用自然资源会导致生物多样性丧失、生态系统退化、环境污染、自然环境容纳量降低。如果没有改变，最终的后果将是资源枯竭、系统崩溃。

田成川（国家发改委气候司战略规划处处长）：改革开放30多年来，我国经济社会发展取得了举世瞩目的巨大成就，但由于粗放型的发展方式未能得到根本转变，经济发展中不协调、不平衡、不可持续的问题日益凸显，加之我国生态环境脆弱、资源禀赋较差，资源环境瓶颈制约日益加剧，成为影响经济发展、人民健康和社会稳定的重要因素。

建设生态文明是大势所趋

陈宗兴（全国政协副主席、中国生态文明研究与促进会会长）：生态文明之所以摆上如此重要地位，有其历史的必然性和重大的现实意义。大家知道，人类自从进入工业文明以来，在创造辉煌的物质文明、精神文明、政治文明的同时，也带来了难以承受的资源危机、生态灾难、环境危机，以致发展不能持续，民生不能有效改善，人类的生存遇到了前所未有的挑战。危机警醒了人类，困境催生了希望。针对这种境况，全球有志之士逐步探索发扬了可持续发展的进步思想，一大批理论成果和实践经验涌现出来，以生态文明取代工业文明成为人类历史发展的必然，这是全人类智慧的结晶，也是克服危机的明智之举。

田成川（国家发改委气候司战略规划处处长）：生态文明理念是人类对传统工业文明带来的生态环境危机深刻反思的产物。传统工业文明在创造出巨大物质财富、取得辉煌成就的同时，其发展模式也导致无节制地开发自然资源、大规模污染破坏自然生态，造成了前所未有的生态环境危机。克服经济社会发展与生态环境保护的矛盾，走可持续发展道路，加快绿色低碳发展，正逐步成为全球共识和世界潮流。

刘爱军（山东省政府办公厅副主任）：生态文明是人类在充分认识自然、尊重自然的基础上，在利用自然造福人类社会、实现人与自然和谐统一的进程中，所取得的全部文明成果的总和，是人与自然交流融通的状态。生态文明是人类社会和生产力水平发展到一定历史阶段的必然产物。从纵向来说，生态文明作为人类文明的一种高级形态，是继原始文明、农业文明、工业文明之后一种新的文明。从横向来讲，生态文明是与物质文明、政治文明和精神文明并列的四大文明。

以科学发展观为统领

朱坦（南开大学教授）：生态文明建设以科学发展观为统领。科学发展观作为统领我国经济社会发展全局的重大战略思想和指导方针。人口、资源、环境、人与自然、人与人、人与社会的关系纳入经济社会发展有机的框架之下，通过发展来实现人与自然的和谐和人的全面发展。中国特色生态文明建设要在科学发展观指导下，立足现实，重视生态保护和资源可持续利用，实现人与自然和谐，推动经济社会可持续发展。生态文明的提出为人类走可持续发展之路提供了更全面、更彻底、更深入的思想观念和方法论指导。胡锦涛总书记指出："建设生态文明，实质上就是要建设以资源环境承载力为基础、以自然规律为准则、以可持续发展为目标的资源节约型、环境友好型社会。"生态文明建设摒弃了只注重经济效益而不顾人类自身生存需求和自然界进化的传统工业化发展模式，强调经济、社会、自然之间的和谐发展，最终实现经济社会全面、协调、可持续发展，这正是科学发展观的本质意义。

连承敏（山东省人大常委会副主任）：党的十七大明确提出了建设生态文明的重大战略任务，十七届四中全会将建设生态文明纳入中国特色社会主义事业的总体布局，十七届五中全会对加快建设资源节约型环境友好型社会、提高生态文明水平提出了全面要求。今年7月23日，胡锦涛总书记在省部级主要领导干部专题研讨班开班式上的重要讲话中指出："推进生态文明建设，是涉及生产方式和生活方式根本性变革的战略任务，必须把生态文明建设的理念、原则、目标等深刻融入和全面贯穿到我国经济、政治、文化、社会建设的各方面和全过程，坚持节约资源和保护环境的基本国策，着力推进绿色发展、循环发展、低碳发展，为人民创造良好生产生活环境。"这些重大举措、重要论述充分表明，我们党和国家对建设生态文明的重大意义有着清醒而深刻的认识，并采取了一系列有效措施，推动全国上下加快迈向生态文明的崭新发展阶段。

刘爱军（山东省政府办公厅副主任）：生态文明是科学发展观的重要内容。科学发展观是"全面、协调、可持续的发展观"，要求遵循客观规律，统筹个人利益和集体利益、局部利益和整体利益、当前利益和长远利益，提高发展质量和效益。生态文明要求，要尊重生态规律，按生态规律办事，在保护好生态环境的前提下，适当满足人类合理的物质文化需求，使我们的人口规模与生态容量相适应，使我们的经济发展与生态容量相适应，使我们的生活消费与生态容量相适应，真正实现良性循环、可持续发展。生态文明是生态规律、经济规律和社会规律相融合的文明形态，集中体现了科学发展观的基本方向和原则，是科学发展观的进一步阐释和升华，代表了科学发展观的核心价值。因此，牢固树立生态文明理念，积极推进生态文明建设，是深入贯彻落实科学发展观、构建社会主义和谐社会必不可少的重要内容。

人与自然和谐发展

朱坦（南开大学教授）：生态文明以人与自然和谐为价值观基础和本质特征，强调以自然规律为准则，避免传统工业文明发展方式造成的资源环境危机，是一种高效、可持续的新型文明。工业文明时期是一种高投入、高消耗、高污染的粗放型增长方式，带来"生产——消费——污染"的恶性循环，生态文明的发展模式则强调的是一种"资源——产品——消费——再生资源"的循环经济发展模式。

林峰海（聊城市市长）：经过近年来建设生态文明市的工作实践，我们获得了四点重要体会:第一，工业发展与环境保护完全可以实现互促共赢。只要坚持生态文明的理念，按照建设生态文明的要求抓工作，经济发展与环境保护的关系就不是对立的，而是相互促进的。第二，发展循环经济是转方式、调结构的最佳切入口。通过发展循环经济，可以实现资源充分利用，促进节能减排，保护生态环境，赢得良好的经济效益和社会效益。第三，环保约束是生态文明理念下的发展动力。在传统工业文明的理念下，环保指标无疑是经济发展的约束。而在生态文明理念下，可以使这一压力得到积极释放，有力促进科技创新，倒逼转方式、调结构，创造出更大的经济效益。第四，过硬的措施是落实生态文明建设任务的有力保证。一方面，决策者认识要清醒，意志要坚定，促使各级干部步调一致、持之以恒、百折不挠地向前推进；另一方面，要让广大人民群众理解和接受，使新理念被群众所掌握，转变成巨大的物质创造力和自觉的社会监督力。

陈宗兴（全国政协副主席、中国生态文明研究与促进会会长）：从我国当前的实践情况看，生态文明建设应当沿着转方式、调结构、促和谐方向推进。

转方式，不仅仅是转变经济发展方式、消费方式，更为重要的是要转变人们的思维方式、行为方式，比如转变发展理念，理念不变，死路一条；理念一变，天阔地宽；早变早主动，快变快受益。实际上，衡量发展的观念变了，GDP挂帅就会让位于科学发展，新的考核标准就出来了；衡量幸福的观念变了，就不会胡吃海塞、骄奢淫逸，理性消费就能回归，发展的果实就能惠及大众，而不会为少数人所吞噬。

调结构，不仅仅是调整产业结构、企业结构，还要按照主体功能区规划调整空间结构，除此之外，更重要的是调整与工业文明相伴相生的社会结构。系统科学告诉我们，系统的结构决定功能，没有结构的整体优化，只在局部修修补补，无济于事。

促和谐，就是在人与人、人与社会、人与自然的关系方面，达到人际和谐、代际和谐、国际和谐。生态文明是科学发展、和谐发展、公平正义发展之路，它不会为了人类现实的享乐而去摧毁子孙后代生存的环境，不会过度伤害人类的伙伴，自然中心主义和人类中心主义就不会有市场，人与自然和谐的局面就能呈现出来，人人生而平等、世上万物苍生就能各得其所。生态文明是又好又快发展之路，既能尽享工业文明的成果，又不至于遍尝工业文明的恶果。

（《大众日报》，10月12日，记者 马清伟）

"聊城现象"大家谈

近年来，聊城各级深入贯彻落实科学发展观，牢固树立生态文明理念，积极探索绿色低碳循环高速发展的新型工业化道路，呈现出生态化工业新城的崭新面貌。聊城明确提出建设生态型强市名城的奋斗目标，在全国全省较早地开展了建设生态文明市的实践，促进生态文明理念深入人心，经济结构加快转调升级，循环经济模式普遍推广，生态环境保护卓有成效，实现了经济发展、环境保护和民生改善的协调推进，创造了受到各级领导、专家学者和各大媒体关注的"聊城现象"。

姜春云（中共中央政治局原委员、国务院原副总理、九届全国人大常委会副委员长）：在山东省委、省政府领导下，聊城市从传统农业到起步不久的工业再到步入生态文明新时代，较早摒弃了"先污染、后治理"的老路，初步破解了工业文明导致的环境危机困局，实现了以生态文明新理念引领的可持续的跨越式发展，创造了令人振奋的生态文明聊城现象。这是科学发展观在聊城的成功实践，是生态文明之花在聊城的生动绽放，也是人类文明在聊城点燃的希望之光。

聊城现象为各级决策者以及专家学者研究和推进生态文明建设提供了不可多得的范例。它的可贵和成功并非是一个偶发、孤立事件，而是广大欠发达地区探索可持续发展路径的一个缩影。通过解剖聊城现象这只"麻雀"，可以探索生态文明建设的一般规律。

陈宗兴（全国政协副主席、中国生态文明研究与促进会会长）：地处鲁西欠发达地区的聊城市，在生态文明建设中展示了不俗的业绩，创造了独具特色的生态文明聊城模式，这给我们带来三点启示：

第一，生态文明的大跨越是可行的。工业化是现代化不可逾越的历史阶段，但并不意味着必须亦步亦趋在实现工业文明后才能建设生态文明，尤其不能理解为必须走传统的"先污染、后治理"的工业文明老路。考察聊城模式，可以清楚地看到，由于用生态文明理念引领工业的可持续发展，大力发展循环经济，实行清洁生产，所以聊城的生产方式是循环的，生产的主导要素是生态的，这就是聊城为何工业高速发展、而生态环境不断优化的秘旨要诀之所在。正是聊城的实践成效，让我们看到了欠发达农业地区跨越式发展工业、进而实现生态文明的希望。

第二，生态化与工业化同步共赢是可能的。生态文明是源于工业文明又高于工业文明的文明形态，就是要揭示一个规律，即生态文明不能脱离工业文明横空出世。也就是说，工业化与生态化不是对立的，不能说搞生态文明建设就不能发展工业了。聊城的实践显示，在工业化的初期，由于因循了工业文明的传统，结果工业化还没有"化"起来，环境恶化就不期而遇了。尝到苦头之后，聊城人变得聪明了，他们摒弃了工业文明的理念和做法，义无反顾地走上了生态文明的康庄大道，实现了生态化与工业化的和谐统一。

第三，坚强的体制机制保障是建设生态文明所必需的。生态文明的理论和实践告诉我们，建设生态文明不是短期行为，而是千秋万代的宏伟事业，急功近利、投机取巧要不得，必须打持久战，必须有牢固的体制机制作保证。首先，决策层要有科学的发展理念，保证把生态文明的意识贯穿到经济社会政治文化生活的方方面面，落实到社会各阶层人们的思想和行为之中。聊城提出的"生态是借贷而不是继承"、"GDP增长不等于财富积累"、"既要金山银山，又要碧水蓝天"等理念就非常先进。先进的理念一旦为广大群众所掌握，就迸发出生态文明建设的巨大力量和勃勃生机。其次，要找准生态文明建设的切入点和突破口。聊城市就是把转方式、调结构、促和谐、惠民生作为建设生态文明重要内容，把实现绿色低碳循环高速发展的工业化作为主要抓手，一举破解了工业发展与环境保护的困局，取得了从工业文明向生态文明的历史性跨越。再次，要建立生态文明建设的长效机制。激励和约束机制是事关生态文明建设的根本大计和长远之计，聊城市从决计建设生态文明市伊始，就把干部目标管理与生态文明建设融为一体，从而保证生态文明建设在聊城得到强力推进、持久推进。

解振华（国家发展和改革委员会副主任）：近年来，聊城市委、市政府按照中央的战略部署，深入贯彻落实科学发展观，大力建设生态文明市，围绕发展生态经济、优化生态环境、培育生态文化、构筑生态社会进行了广泛而深入的探索，取得了经济发展、民生改善、环境保护等良好成绩。特别是在工业快速增长过程中，较好地完成了节能减排目标任务，成功创建为国家环保模范城市。相信聊城的实践，将为我国开展生态文明建设提供一个生动的样本。

陈寿朋（北京大学生态文明研究中心主任）：聊城模式的核心要义是科学发展，突出特色是"又好又快"：它有效破解了与快速工业化城镇化相伴而生的生态环境恶化困局，实现了工业的绿色低碳循环高速发展，促进了区域生态文明建设，闯出了一条欠发达地区工业化和生态化和谐共进的新路子。

聊城模式之所以弥足珍贵，就在于，她只是我国广大地区特别是欠发达地区的局部而非全部。这就要求我们必须认真探索聊城模式所揭示的生态文明建设内在规律，把聊城的经验升华到理性和理论层面，用以指导我国乃至全球同类地区建设生态文明的伟大实践。

（《大众日报》，10月12日，记者 马清伟）

山东聊城举办生态文明建设国际论坛

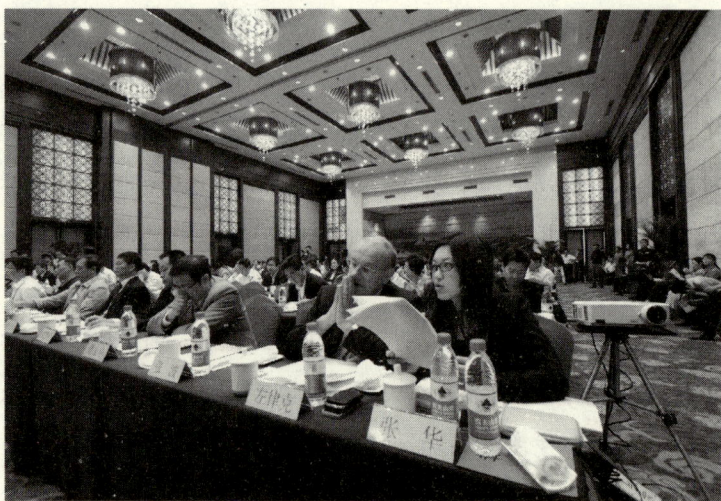

中国（聊城）生态文明建设国际论坛日前在山东聊城市举行，来自国内外的200多位专家学者参加论坛。与会专家学者以聊城为例，深入探讨了在相对欠发达地区如何以生态文明理念为指导，实现经济发展与环境保护的互存共赢。在对聊城生态文明建设给予充分肯定的同时，专家们还进一步丰富了生态文明理论，明晰了生态文明建设的实践途径，必须把生态文明建设的理念、原则、目标等深刻融入并贯穿到经济、政治、文化、社会建设的各方面和全过程。

（央视四套《中国新闻》，10月22日，宋 军　冯俊峰　张宪国　周 兴）

其他报道目录

中国经济网，5月15日，徐　婷

聊城建生态型强市 要金山银山更要碧水蓝天

齐鲁网，5月15日，记者　高太明

聊城：建设生态名城 提高幸福指数

齐鲁网，6月7日

聊城：打造江北水城品牌 塑造运河古都形象

山东电视台，6月23日

聊城转调并举打造生态型工业强市

山东人民广播电台，8月12日

聊城打造绿色竞争力

齐鲁网，8月15日

聊城生态文明建设国际论坛开幕 聊城获赠青岛三株市花

聊城新闻网，10月11日，记者　朱玉东

中国（聊城）生态文明建设国际论坛落幕

聊城新闻网，10月12日，记者　曹天伟　高　崇

聊城开发区生态建设助推“绿色”发展

中国经济网，10月17日

山东聊城环保优先 建生态强市名城

国际在线网，10月18日

聊城建设生态型强市名城

《大众日报》，10月23日，高庆忠

中国（聊城）生态文明建设国际论坛隆重举行

《新闻战线》，第11期

‖ 论坛筹备 ‖

中共聊城市委　聊城市人民政府

关于成立中国（聊城）生态文明
建设国际论坛筹备委员会的通知

各县（市区）党委、政府，市经济开发区党工委、管委，市委各部门：

为做好中国（聊城）生态文明建设国际论坛筹备工作，市委、市政府决定，成立该论坛筹备委员会，在市委、市政府领导下，具体负责论坛筹办工作。现将组成人员名单公布如下：

主　任：李秀波　中国生态道德教育促进会副秘书长

　　　　王忠林　市委副书记

副主任：侯　军　市委常委、副市长

　　　　蔡同民　市委常委、市直机关工委书记、聊城"水文化"节

　　　　　　　　组委会主任

　　　　孙　菁　市人大常委会副主任、农工党聊城市工委主委

成　员：赵光灵　市委副秘书长、政研室主任

　　　　李志华　市委副秘书长、办公室主任

　　　　程继峰　市委副秘书长、市机关事务管理局局长、市接待

　　　　　　　　处处长

　　　　许晓东　市政府副秘书长、办公室主任

　　　　胡廷金　市政府副秘书长、节庆办主任

刘子庆　市政协副秘书长、办公室主任

李金龙　市人大常委会办公室副主任

杜泽华　市委宣传部常务副部长

路士佼　市委宣传部副部长、市广电总台台长

许世水　市经信委主任

张连臣　市住建委主任

马　骏　市财政局局长

葛敬方　市交通局局长

栾居军　市水利局局长

杨　达　市文广新局局长

刘德勇　市卫生局局长

马荣锁　市环保局局长

王越军　市政府外侨办主任

袁炳臣　市城市管理行政执法局局长

岳建国　市市政公用事业管理局局长

刘光辉　市旅游局局长

白文儒　市林业局局长

李学军　市公安局副局长

刘建喜　农工党聊城市工委副主任、秘书长

孙旭日　市供电公司经理

刘玉英　市水务集团董事长

何宪卓　阳谷县委副书记、县长

张　颖　高唐县委副书记、县长

雷　霞　茌平县委副书记、县长

许泽英　市经济开发区党工委委副书记、管委会主任

筹备委员会下设办公室，办公室设在市环保局，蔡同民同志兼任办公室主任，胡廷金、马荣锁同志兼任办公室副主任；刘立新、杜永、霍

明纪、陈长华、鲁亚真、李继荣、黄福朝、任广忠、王安泰同志为办公室成员。

本次论坛结束及宣传工作到位、善后工作完成后，筹备委员会及其办公室自行撤销。

中共聊城市委

聊城市人民政府

2012年9月3日

王忠林在中国（聊城）生态文明
建设国际论坛工作部署会议上的讲话

（2012年9月4日）

同志们：

今天召开这次会议，主要是对即将举办的中国（聊城）生态文明建设国际论坛进行安排部署。经过前期环保局、节庆办等部门和蔡同民书记等有关领导，与上级有关部门紧锣密鼓地对接，现在这次论坛活动的筹备已进入实施阶段。对举办这次论坛，市委、市政府高度重视，我和蔡书记、旋宇副市长也是受市委宋书记、市政府林市长两位主要领导的委托，给大家开这个筹备会。刚才蔡书记传达了《中国（聊城）生态文明建设国际论坛筹备方案》和《关于对"生态文明建设国际论坛"筹备工作进行部门分工的通知》，明确了工作流程和任务分工。在蔡书记传达的基础上，我再给大家提以下几点要求：

一、举办这次论坛很值，必须高度重视

对聊城的市情和发展现状，大家都很清楚。大家在这个地方战斗生活了这么多年，见证了聊城整个发展的历程。这些年来，聊城在经济社会事业发展的过程中，一直把生态聊城建设摆在重要位置，市委、市政府在生态建设、环境保护上下了很大的功夫。一方面在全市上下狠抓了生态文明教育，牢固树立生态文明发展的理念；另一方面在经济发展推进的过程中，特别是在加快工业发展的过程中，一直是把工业发展与生态文明建设协同推进。到去年年底，聊城的经济总量达到了1905亿元，聊城工业主营业务收入达到了5294亿元，在山东省排在了第七位，聊城由农业大市迈向了工业较强的市；在工业高速发展的同时，节能、减排工作由2007年的全省17市双双倒数第二位，跃居为节能第4位、减排第6位。所以聊城在工业加快发展的过程中，生态环境也得到了很好的保护。在接待上级领导的时候，我们经常很自豪地讲，聊城是个很美丽的地方，"是一个让男人更豪迈的地方，让女人更漂亮的地方，让鸟儿更欢快的地方，让心灵更纯净的地方"。"让男人更豪迈"，是因为聊城是武松打虎的地方，而且聊城平畴沃野，林茂粮丰，任尔飞翔，任尔驰骋，在这片土地上，男同志可以施展才华，干事创业。"让女人更漂亮"，是因为聊城的生态很好，有温泉可沐浴，有阿胶可内服，是养生美颜的好地方。"让鸟儿更欢快"，是因为聊城的环境保护得很好，是"中国喜鹊之乡"，非常适宜鸟儿生存。"让心灵更纯净"，是因为聊城是曹植创造梵呗音乐的地方，聊城的环境让人的心灵更美。这四句广告语都说明了聊城的生态很好，在生态建设方面取得了很大的成绩。我们举办这次生态论坛，就是让专家学者们总结聊城、提升聊城。同时，也是为了宣传聊城、推介聊城。在召开"塑造聊城形象十佳人物"评选活动启动会的时候，我就讲，我们聊城很美。除了四句广告语之外，聊城还是国家历史文化名城、中国优秀旅游城市、国家卫生城市、国家环保模范城市、国家园林城市和全国双拥模范城市，全省17个市能同时拥有这六项荣誉的，恐怕还不多，这也是我们推进生态文明建设的重要成绩。所以举办这次论坛，既是总结，也是推介，更是宣传。并且这次论坛由全国生态文明道德教育促进会主办，该促进会的宗旨就是开展生态道德教育，促进生态法制建设，倡导生态社会责任，造就生态精神家园，引领绿色生态中华，建设中国生态文明。通过这次论坛活动，将为聊城带来先进的生态环保理念，这本身就是对广大市民的再教育，对提高聊城人民的生态文明素质也将会发挥更大的作用。

再一点，举办这次论坛很值。一是论坛的主题很好。论坛的名称是中国（聊城）生态文明建设国际论坛，主题是聊城模式：绿色低碳循环高速的工业与生态文明。"绿色低碳循环"这几个字是很有分量，紧扣了胡锦涛总书记"7.23"的重要讲话，"7.23"讲话是十八大框架性的理论架构，主要内容就是生态文明建设。"高速工业"，则是结合聊城的实际，探讨在工业高速发展的情况下，如何促进生态文明建设。二是论坛的层次很高。来聊的专家分为三大块，即大官、大师、大作。"大官"是指参会专家来自知名组织或机构，并担任主要负责人。"大师"是指要有很深的学术造诣，具备学术大家的条件，如联合国粮农组织、世界自然基金会、世界自然保护联盟、联合国开发计划署四大国际机构，知名度都很高，参会的人员既是机构主要负责人，也是机构的首席专家。"大作"是指要有很强的学术创作能力，要紧密的结合聊城的实际，探讨会议主题。如朱坦，是南开大学环境学院的院长，也是天津市政协副主席，是生态文明建设方面的一个专家，他看了参会的人员名单后，就感觉需要认真准备稿件，自己亲自写，所以学术层次很高。三是论坛的外向度很高。这次论坛既邀请了全国各地的知名专家，也有联合国四大机构的首席专家，他们都将在会上作主题发言，所以论坛具有国际性质，开放性、外向度很高。四是论坛的内容很好。本次论坛紧扣聊城实际，紧扣胡锦涛总书记"7.23"讲话精神，以解剖聊城模式为主题，宣传胡总书记的讲话精神，所以内容很好。五是论坛的结果将会很好。本次论坛将会通过一个《聊城宣言》，目的是让"聊城模式"在世界同类的发展地区能够作为一个典型来推广、借鉴。通过这个论坛活动，也就让聊城走向了世界。专家们在分析聊城后，认为聊城虽然仍处在一个发展阶段，但在发展的同时，也保护了生态，是和苏州和江阴不一样的新模式，这个模式很值得推广、很值得借鉴。所以只要我们把这次论坛办好了，一方面能够展现聊城多年来的生态文明建设成果，另一方面也能得到宣传和提升。

二、接待工作要周密，彰显聊城的热情形象

这次接待的来宾，既有全国人大、全国政协、中国科学院、中国社科院、中央党校、国务院等单位的领导，也有法律、制度、经济、文化、生态建设等层面的16位专家学者，而且还包括联合国粮农组织、世界自然基金会等四大国际机构的首席专家。所以对这次接待工作的要求就很高，一定要认真对待，周密安排，彰显聊城热情好客的良好形象。由于这次接待活动实行对口接待，各接待单位按照任务分工搞好对接。在聊活动期间，对口接待单位一定要做到服务到位、陪同到位。如果在接待过程中出现了闪失，对口接待单位的领导要承担责任。接待工作无小事，如果我们这次把专家们服务好了，他们在以后的活动中，往往就会把聊城做为先进案例来讲；如果服务不好，就很可能会把聊城当做反面典型讲。所以负责接待的各个部门要认真对待，搞好对接。另外，外事办要在外事层面上对联合国的专家做好服务工作，确保不出任何纰漏；接待处要认真做好会议的筹备工作，和阿尔卡迪亚宾馆搞好对接。

三、市容市貌要整洁，体现聊城城市化推进的成果

市建委、市执法局、市政管理局、市公安局等部门，一定要加大工作力度，确保城市市容市貌有较大改观。最近城建部门管理力度在加大，已取得了很大成效。但这次来的专家都见多识广，参观过国内国外的很多城市，我们既然办的是生态文明建设论坛，就应该展示聊城的生态文明形象。茌平、高唐等相关县（市区）及开发区，是参观的必经辖区，大家一定要高度重视，认真抓好沿线村镇和参观点的卫生整治。城市管理一定要整齐划一，城市环境一定要干净、一定要卫生，一定要展示聊城的生态文明形象。住建委和水城集团要对行道树和两侧的绿化带加强整治，对残缺不全的绿化地段，该补齐要抓紧补齐。聊城是国家级的园林城市，届时，我们还要对聊城进行宣传推介，如果让专家们一看，根本名不副实，就会带来很大的负面影响。所以园林、绿化等相关城建部门要按照各自的职责认真梳理，认真安排部署，扎扎实实干好工作。这项工作落实，由胡廷金秘书长负责督办。相关县（市区）也要认真抓好本辖区的工作，保质保量完成任务。

四、介绍情况要全面，体现生态文明建设的成果

前期，我们已经给专家们提供了基本的文字素材，广电局也专门制作了聊城生态文明建设的专题片，他们对专题片和文字资料都做了认真的研究。他们的发言都将紧扣聊城，如陈宗兴主席将受中央委托在人民日报上发表一篇宣传"7.23"讲话的文章，这篇文章就以聊城为实例进行阐述。专家们除了参加论坛，也将参观聊城的几个点。参观路线是筹委会和两个主要领导商定的，很有代表性。相关县（市区）要指导观摩企业做好文字起草和讲解工作，内容一定要紧扣生态文明建设，要讲清信发集团、祥光铜业、泉林纸业、中通客车等这些大型企业集团，都是在生态理念的指导下，推动企业做大做强的。市政研室要专门安排一名主任，审查每个企业每个点的解说词，认真把关。每个点的介绍都是对整个聊城生态文明建设的一个展现，如果点的情况介绍不清，就会影响会议成果，影响专家对聊城的看法。观摩的企业负责人，今天也都来开会了，回去后一定要认真准备稿子，把要求给解说的同志安排好，并一定要提前试听。另外，要安排熟悉业务的同志来讲，要抓住关键点。如泉林纸业，要重点讲，国家在大量淘汰落后造纸产能的同时，泉林纸业为什么仍能够生存？在重化工占比大、各地都在砍造纸项目的情况下，泉林为什么又批了一个150万吨的草浆造纸项目？一定要把这些讲到。要让专家们明白，正是企业通过自主研发，解决了企业秸秆造纸的难题，走循环经济之路，实现了企业发展。一是减少了秸秆焚烧造成的二次污染；二是减少了木浆造纸，减少了对森林的砍伐，保护了生态资源；三是增加了农民收入，变废为宝；四是生态环保。造出的纸是原色纸，没有污染。一定要把这些环保理念讲清，让他们感觉我们生产工艺一定是真正生态环保的。

五、宣传氛围要热烈，形成良好的生态文明建设的舆论环境

要营造浓厚的舆论氛围，让专家们感觉到我们这个地方对生态文明建设很重视。由于参会的多数专家都会直接从北京坐火车到聊城，宣传部做好聊城火车站的氛围营造工作，站内的大屏幕和显示板，都要显示聊城生态文明建设的相关内容，LED显示屏要全部播放生态文明建设专题片。入住的阿尔卡迪亚酒店内的显示屏和市驻地所有的LED屏都要播放生态文明建设专题片。要制作一些标语，在城区主干道和会场周围悬挂，标语的悬挂要美观、规范。另外，接待部门要把聊城出版的关于聊城的宣传画册、旅游局出版的《旅游世界》聊城专刊及聊城生态文明建设的书，每个房间放一本。让专家们看后，就会感觉到聊城是个很美的地方、很生态的地方，聊城人民的生态文明素质很高。聊城人民在发展的过程中很期望经济的快速发展，但发展的同时，也保持了良好的生产生活环境。

六、安保工作要抓实，确保万无一失

自水文化节举办以来，整个的安保工作做得还是很好的。在这个过程中，市公安局不讲条件、不讲价钱，从水文化节开幕到现在，已经办了三次全省全国的大型比赛活动了，安保工作都做得很好。本次活动是第四次，而且来的都是专家，安保工作一定要注意，要加强，要有具体的安保方案，确保万无一失。食品药品监督管理局和卫生局要做好食品检测和食品安全，做好论坛期间的卫生医疗保健，确保专家和领导在聊的活动一切顺利，不能有任何的问题。此外，市经信委也要加强对观摩企业的指导，其他涉及到的部门，也都要围绕着高标准、高水平、高质量要求，把工作安排好。

同志们，为了宣传聊城的良好形象，希望大家竭心尽力把这次会议办得圆满、办得成功，我就给大家提这几点要求。

谢谢大家。

王忠林在中国（聊城）生态文明建设国际论坛筹备工作第二次调度会上的讲话

（2012年10月7日）

同志们：

现在开会。9月4日，我们召开了第一次筹备会议，会上下发了《关于成立中国（聊城）生态文明建设国际论坛筹委会的通知》、《中国（聊城）生态文明建设国际论坛方案》和《关于对"生态文明建设国际论坛"筹备工作进行部门分工的通知》三个文件，全面部署了论坛有关工作，成立了综合协调、材料、宣传、环境卫生、安全保卫、医疗保障、资金保障七个工作小组，明确了各组的具体责任人及工作任务。经过一个月紧锣密鼓的准备，各项筹备工作都有了实质性的进展。本次论坛工作方案已经确定：10月9日报到，10日、11日开会，12日返程，论坛分为两个阶段：10日开幕式和主旨演讲；11日全天观摩指导。论坛地点定为聊城市会议接待中心（阿尔卡迪亚酒店）。

今天召开这次会议，主要任务是通报中国（聊城）生态文明建设国际论坛筹备工作进展情况，并对下步工作进行再安排、再部署。下面我讲几点意见：

一、论坛筹备工作进展情况

（一）参会领导及专家学者的联络邀请工作。市委共寄发邀请函182份（包含省内高校），目前，已确定北京参会人员93人，省直部门及高校45

个单位123人。

（二）农工党中央、促进会来聊进行了深入调研。9月19日—21日，农工党中央、促进会一行12人来聊作深入调研，经过两天多的实地考察和座谈，调研组对我市生态文明建设取得的成效给予充分肯定和高度评价，并提出了一些指导意见。他们希望聊城市进一步解放思想，提升境界，开拓思路，在积极探索生态文明理念指导下的新型工业化道路和实现工业文明与生态文明互促共赢方面总结出更多有益经验，并就如何开好下一步的论坛会议进行了安排。

（三）演讲领导和专家都做了充分的准备。生态文明聊城倡议（征求意见稿），姜春云同志贺信，陈宗兴副主席讲话，陈寿朋会长讲话等稿件，我市领导提出了修改意见并作了反馈。

（四）我市相关部门（单位）认真进行了筹备。各有关县（区）和市直有关部门都开展了大量卓有成效的工作，有些部门放弃了节假日的休息，日夜加班积极筹备，为论坛的顺利举办奠定了坚实的基础。

二、市委、市政府对论坛的举办高度重视

对于举办这次论坛，市委、市政府高度重视，9月29日，市委召开了常委会，听取了该项工作筹备情况的汇报，在会上，宋书记、林市长就如何办好这项活动提出了明确要求。受两位主要领导同志的安排和委托，我们召开这个调度会，对这项工作再进行全面的安排、全面的部署、全面的启动。

这次论坛的特点是：小规模、高规格、单主题、多效益。论坛邀请了很多高层领导和专家学者，除了全国政协副主席以外，还有很多省部级领导和知名度很高的法律界、经济界、教育界等生态环保方面的专家学者，还邀请了世界环境保护联盟、联合国开发计划署等四家国际机构的代表。

经过与中国生态道德教育促进会、农工党环资委等单位多次汇报交流和专家学者两次来聊实地考察，他们对聊城探索出的"生态文明理念指导下的新型工业化道路"，对聊城提出的"生态是借贷而不是继承"的环保工作理念给予了充分肯定和高度赞扬；他们认为，聊城的经验做法完全符合十七大精神和胡总书记7.23讲话要求，在全国乃至世界同类国家和地区中具有学习和借鉴作用，可以在全国乃至世界同类国家和地区中加以推广。姜春云委员长在贺信中指出："聊城摒弃了'先污染、后治理'的老路，破解了工业文明导致的环境危机困局，实现了新理念引领的可持续的跨越式发展，创造了令人振奋的生态文明聊城模式。这是科学发展观在聊城的成功实践，是生态文明之花在聊城的生动绽放，是人类文明在聊城的希望曙光。"所以这次论坛不但能够展现聊城多年来的生态文明建设成果，还能进一步宣传和提升我市的形象。

三、对下步工作的要求

（一）接待工作要彰显水平

这次接待的来宾，既有国家和有关部委的领导，也有法律、制度、经济、文化、生态建设等层面的专家学者，而且还包括国外专家学者，所以对这次接待工作要做到高标准、严要求，一定要认真对待，精心组织、周密安排，真正彰显聊城热情好客的良好形象。参会来宾要实行一对一对口接待，各接待单位按照任务分工，明确一名副县级干部作为联系人，会后报送到市环保局。从与会来宾踏上我们聊城这片土地，直到离开，要做到全程周密服务，在接待过程中要搞人性化接待，注重细节，让人感到温暖、热情、周到。要让人感觉到我们每个聊城人都是热情的，都是好客的。外事办要在外事层面上对联合国的专家做好服务工作，确保万无一失，不出任何纰漏；对于没有对口单位的与会来宾，市委办公室和接待处要统一进行安排，要确保做到无缝对接，不要使任何一位与会来宾感到受冷落。阿尔卡迪亚酒店要全力以赴做好各项保障工作，10月9日中午12点以前清场，论坛期间不接待任何无关的宾客，不举办任何无关的活动。

（二）组织工作要协调有序

这次论坛的议程已经确定，大家要认真对照各自的职责，做好各项组织工作。一是要尽职尽责。今天的会上下发了《关于对"生态文明建设国际论坛"筹备工作进行进一步分工的通知》，各部门的责任已经明确，大家一定要严格按照分工和时限要求，把相关工作落到实处；二是要提高效率。10月9日论坛开始报到，有些领导和专家可能今明两天就要到达聊城，时间非常紧迫，从今天开始，各部门要从节假日的氛围中把心收回来，立即投入到紧张的工作中，抓紧做好筹备工作。会后，有关的县（区）也要召开会议，对相关工作进行安排部署；三是要形成合力。部门之间要互相支持，市县之间要互相配合。要围绕一个目标，努力把论坛办好，为聊城争光；四是要高标准严要求。这次论坛要按照最高标准来办，要将每一项工作细化并且责任到人。

（三）市容市貌要整洁干净

这次来我市的专家都见多识广，阅历丰富，参观走访过国内国外的很多城市，我们既然办的是生态文明建设论坛，就应该展示聊城的生态文明形象。市住建委、市政管理局、市行政执法局、市公安局等部门，一定要加大工作力度，确保城市市容市貌有较大改观。东昌府区、阳谷、茌平、高唐及开发区，是观摩指导的必经之地，大家一定要高度重视，认真抓好沿线村镇和参观点的环境整治。一是环境卫生要整洁。要加大清洁和洒水频次；二是城市管理要规范。不能乱摆摊乱设点，影响市容；三是环境整治要到位。论坛会场及观摩沿线都要进行彻底整治，消除垃圾污染，特别是当前正值秋收季节，要切实做好秸秆禁烧工作。

（四）情况介绍要紧扣主题

特别是各相关企业的讲解工作，内容要紧扣生态文明建设，要讲清信发集团、祥光铜业、泉林纸业、中通客车等这些大型企业集团，都是在生态理念的指导下，推动企业做大做强的。每个点的介绍都是对整个聊城生态文明建设的一个现场展示。观摩时，企业的主要负责人必须全程陪同并且准备好专业技术人员回答专家们提的问题，情况介绍要经过市委政研室的审查把关。

（五）宣传氛围要形成声势

要营造浓厚的舆论氛围，让领导和专家学者们感觉到我们这个地方对生态文明建设非常重视。火车站、阿尔卡迪亚酒店以及观摩沿线的生态文明建设标语口号和宣传片要尽快到位。要让领导和专家学者们看后，就会感觉到聊城是个很美的地方、很生态的地方，聊城人民的生态文明素质很高。聊城人民在发展的过程中，始终坚持以生态理念为指导，不但实现了经济的快速发展，但发展的同时，也保持了良好的生产生活环境。

（六）安保工作要万无一失

本次论坛规格高、人员多，安保工作一定要加强，要有具体的安保方案，做好酒店和观摩沿线的安全保卫工作，确保万无一失。食品药品监督管理局和卫生局要做好食品检测和食品安全，做好论坛期间的卫生医疗保健，特别是要针对这次论坛老领导、老专家比较多的实际，制定切实可行的工作方案，菜品要保鲜保质，甚至要亲验亲尝，确保专家和领导在聊的活动一切顺利，不能有任何的问题。如有任何疏忽，出了问题，一定要严肃追究责任。此外，市经信委也要加强观摩企业的指导，其他涉及到的部门，也都要围绕着高标准、高水平、高质量要求，把工作安排好。为保障现场秩序，会议期间所有人员和车辆需凭证出入阿尔卡迪亚酒店，会后各单位联系环保局工作人员领取出席证、车辆出入证等证件。

同志们，我还是那句话，要么不干，干就要干得最好。留给我们的筹备时间已经很有限了，大家一定要争分夺秒，全力以赴，确保各项筹备工作有备无患，相信只要我们齐心协力，这次论坛一定会取得圆满成功。

谢谢大家！

中国（聊城）生态文明建设国际论坛

聊城现象：绿色低碳循环高速发展的工业与生态文明

（工作方案）

为深入贯彻落实科学发展观，总结推广在工业经济高速发展的同时促进环境保护与优化，积极探索在生态文明理念指导下的新型工业化道路，经多方协商，定于2012年10月10日—11日在山东省聊城市举办"中国（聊城）生态文明建设国际论坛"，实施方案如下：

一、名称　中国（聊城）生态文明建设国际论坛（以下称论坛）。

二、时间　2012年10月10日—11日，会期两天，9日全天报到。

三、地点　山东省聊城市阿尔卡迪亚国际温泉酒店。

四、主办单位　农工党中央环资委、中国生态道德教育促进会、北京大学生态文明研究中心、农工党山东省委、山东省生态文明研究会、山东大众报业集团。

承办单位　中共聊城市委、聊城市人民政府。

五、议程

10月9日（星期二）

全天报到

地点：阿尔卡迪亚国际温泉酒店接待中心大厅18:00欢迎宴会

地点：阿尔卡迪亚国际温泉酒店餐饮中心二楼宴会厅（驾驶员及工作人员在一楼零点厅）

10月10日（星期三）

早餐

08:00 在餐饮中心一楼爱琴海西餐厅早餐（驾驶员及工作人员在一楼零点厅）

开幕式 （08:30–09:30）

地 点：阿尔卡迪亚国际温泉酒店餐饮中心二楼宴会厅

主持人：王新陆 山东省政协副主席、农工党山东省主委

1、08:30–08:35 主持人介绍情况

2、08:35–08:40 全国人大常委会研究室原主任程湘清宣读姜春云贺信

3、08:40–08:55 全国政协副主席、农工党中央常务副主席、中国生态文明研究与促进会会长陈宗兴致辞

4、08:55–09:00 山东省人大常委会副主任、党组成员连承敏致辞

5、09:00–09:10 全国人大环境与资源保护委员会副主任张文台致辞

6、09:10–09:15 国家发改委气候司战略规划处处长田成川宣读解振华贺信

7、09:15–09:20 环境保护部核安全总工程师徐庆华致辞

8、09:20–09:25 中国生态道德教育促进会会长、北京大学生态文明研究中心主任陈寿朋代表主办方致辞

9、09:25–09:30 中共聊城市委书记、市人大常委会主任宋远方博士致辞

合影及观看宣传片（09:30–10:10）

1、09:30–09:45集体合影

地点：餐饮中心一楼门前

2、09:45–10:10观看聊城生态文明宣传片

地点：餐饮中心二楼宴会厅

主持人：朱坦　中国生态道德教育促进会顾问、天津市政协原副主席、南开大学教授、博导

上午主旨演讲（10:10–11:40）

地　点：餐饮中心二楼宴会厅

主持人：朱　坦　中国生态道德教育促进会顾问、天津市政协原副主席、南开大学教授、博导

1、10:10–10:25　林峰海　中共聊城市委副书记、市长

2、10:25–10:40　张　波　山东省环境保护厅党组书记、厅长，博士

3、10:40–10:55　尹伟伦　中国工程院院士、北京林业大学原校长、教授、博导

4、10:55–11:10　牛文元　全国政协委员、国务院参事、中国科学院可持续发展战略研究组组长、首席科学家、第三世界科学院院士

5、11:10–11:25　潘家华　中国社会科学院城市发展与环境研究所所长、教授、博导

6、11:25–11:40　左律克　威立雅环境服务亚洲首席执行官

午　餐

12:00　在餐饮中心一楼爱琴海西餐厅午餐，餐后午休

下午主旨演讲（14:30—15:30）

地　点：餐饮中心二楼宴会厅

主持人：杨立新　中国生态道德教育促进会副会长、天津市政府研究室副主任、研究员、博士

1、14:30—14:45　朱　坦　中国生态道德教育促进会顾问、天津市政协原副主席、南开大学教授、博导

2、14:45–15:00　刘爱军　山东省人民政府办公厅副主任、山东省生态文明研究会会长、博士

3、15:00–15:15　田成川　国家发改委气候司战略规划处处长、博士

4、15:15–15:30　朱春全　世界自然保护联盟（IUCN）驻华代表

茶　歇　15:30—15:45

下午主旨演讲（15:45-17:30）

地　点：餐饮中心二楼宴会厅

主持人：周　庆　中国生态道德教育促进会副会长、原香港大公报总编

1、15:45-16:00　吴高盛　全国人大常委会法工委立法规划室主任

2、16:00-16:15　严　耕　国家林业局生态文明研究中心常务副主任、北京林业大学人文学院院长、教授、博导

3、16:15-16:30　王利民　世界自然基金会（WWF）保护运营副总监、博士

4、16:30-16:45　顾文选　中国城市科学研究会理事长助理、建设部城市规划司原副司长、世界城市科学发展联盟专家委员会委员

5、16:45-17:00　王　涛　中国生态道德教育促进会副会长、中国农业大学副校长、教授、博导

6、17:00-17:15　王如松　中国工程院院士、中国科学院生态环境研究中心研究员

7、17:15-17:30　董恒宇　中国生态道德教育促进会副会长、全国政协常委、内蒙古政协副主席

闭幕式（17:30-18:00）

地　点：餐饮中心二楼宴会厅

主持人：王忠林　中共聊城市委副书记

1、17:30-17:40　董恒宇　主持通过《生态文明聊城倡议》

2、17:40-17:55　中共聊城市委书记宋远方博士致闭幕辞

3、18:00　论坛闭幕

晚餐

18:30　餐饮中心一楼爱琴海西餐厅

10月11日（星期四）

早餐

08:00　在餐饮中心一楼爱琴海西餐厅早餐

观摩指导（08:30-18:00）

A组

08:30　在接待中心二楼门厅统一乘车，经湖滨路、东昌西路前往中国运河文化博物馆（5分钟）

08:35　参观中国运河文化博物馆（30分钟）

09:05　经北关街前往楼北大街参观地下管沟（人防）工程（25分钟）

09:30　从楼东大街地下管沟出口上，步行前往明清圣旨博物馆（5分钟）

09:35　参观明清圣旨博物馆（30分钟）

10:05　经楼南大街、南关岛前往西安交大聊城科技园（5分钟）

10:10　参观西安交大聊城科技园（20分钟）

10:30　经聊阳路前往阳谷县参观祥光生态工业园

B组

08:30　在餐饮中心门厅统一乘车，经湖南路前往西安交大聊城科技园（5分钟）

08:35　参观西安交大聊城科技园（15分钟）

08:50　经南关岛、楼南大街前往明清圣旨博物馆（5分钟）

08:55　参观明清圣旨博物馆（30分钟）

09:25　前往楼北大街参观地下管沟（人防）工程（25分钟）

09:50　从楼东大街地下管沟出口上，前往中国运河文化博物馆（5分钟）

09:55　参观中国运河文化博物馆（30分钟）

10:25　经东昌西路、湖滨路、聊阳路前往阳谷县参观祥光生态工业园

区（参观前A、B组合二为一）

    11:30   经聊阳路前往阿尔卡迪亚国际温泉酒店

    12:00   在接待中心一楼爱琴海西餐厅午餐、餐后午休

    14:30   经湖南路、光岳路、聊高路前往高唐县参观泉林集团

    15:50   经105国道前往茌平县参观信发集团

    16:50   经济聊高速、东外环路前往市经济开发区参观中通新能源客车产业基地

    17:45   经中华路、长江路、光岳路、湖南路前往阿尔卡迪亚国际温泉酒店

晚餐

18:00   在餐饮中心一楼爱琴海西餐厅晚餐

10月12日（星期五）

早餐

08:00   在餐饮中心一楼爱琴海西餐厅早餐

早餐后，与会人员返程

六、论坛筹备委员会

主   任：

李秀波   中国生态道德教育促进会副秘书长

王忠林   中共聊城市委副书记

副主任：

侯   军   中共聊城市委常委、副市长

蔡同民   中共聊城市委常委、市直机关工委书记

孙   菁   市人大常委会副主任、农工党聊城市工委主委

办公室主任：

蔡同民（兼）

办公室副主任：

胡廷金　聊城市政府副秘书长

马荣锁　聊城市环保局局长

郭建军　中国生态道德教育促进会办公室主任

办公室成员：

聊城市委办公室、市委政研室、市委宣传部、市政府办公室、市外事办、市环保局、市旅游局、市住建委、市财政局、市公安局、市市政管理局、市接待处、农工党委员会办公室等单位和各县（市、区）负责人等。

七、联络方式

论坛组委会联系人：

刘立新：市委办公室副主任 13906350335 swmsyk@163.com

黄福朝：聊城市环保局副局长 13906357176 lchbj@sina.com

周　岩：蔡同民书记秘书 13606354075 65522723@qq.com

韩　婷：传真 0635-8216930 15998703399 lchbj@sina.com

地　址：山东聊城汇金街17号 邮编：252000

中国生态道德教育促进会联系人：

李秀波：13511013390 lxbkkk@163.com

电话/传真：010-85510659

郭建军：13501256196gjj6787@126.com

电话/传真：010-85510659

邮　箱：zgstdd@163.com

网　址：www.zgstdd.org

地　址：北京朝阳北路19号世丰国际大厦1601

邮　编：100123

二〇一二年十月六日

电视专题片：

走向生态文明

（字幕逐字推出）聊城——城中有水、水中有城、城水一体、交相辉映，通过建设生态文明市，这个闻名遐迩的"江北水城·运河古都"，向世人展现出一幅工业经济高歌猛进、人与自然和谐共处、生态文明蓬勃发展的壮美画卷。

（出片头）：走向生态文明

（美国电影《后天》片断）这部美国大片叫《后天》，描述的是生态环境恶化后给人类带来的巨大灾难。2008年10月23日，聊城市、县、乡党政干部一千余人集中观看了这部电影。如此高规格、大范围观看一部电影在聊城历史上并不多见，这到底是为什么呢？

聊城市是一个传统的农业地区，又是一个相对欠发达市，同许多发达地区走过的道路一样，在工业化的起步阶段，发展起一批劳动密集型、资源密集型企业，带来了很大的资源和环境压力；聊城地处平原，人口稠密且分布均匀，生态环境的自我修复能力很差，抗击生态风险的能力很弱；而且聊城位于冀鲁豫三省交界处，处于承东启西的桥头堡位置，是沿海发达地区产业转移的承接地，产业调整靠"腾笼换鸟"的方式也行不通。走"先污染、后治理"的传统工业化路子，聊城的发展不可能持续，人民群众也绝不答应。山东省委、省政府对聊城的发展高度重视，强调要在发展经济的同时，保护环境、改善民生。聊城新一届市委、市政府按照省委、省政府的总体要求，认真贯彻科学发展观，把工业化进程与生态文明建设紧紧地融合在一起。大家认为，聊城要可持续发展，就必须树立生态文明的理念，推进新型工业化，走经济发展与环境保护互促共赢的路子，实现绿色发展、循环发展、低碳发展。

2008年10月，聊城在全国、全省较早召开了高规格、大范围的建设生态文明市动员部署大会。大会明确提出：（全屏标版字幕）建设生态文明市，一是发展生态经济，二是优化生态环境，三是培育生态文化，四是建设生态社会，努力把聊城建设成为经济社会全面协调可持续发展，人与自然和谐相处，人民物质文化生活质量普遍提高，环境优美、生活富裕、安定祥和、令人向往的生态型强市名城。

（小题目：树立生态文明理念　打造科学发展引擎）

思想是行动的先导。在建设生态文明市的进程中，聊城市特别强调，要树立"生态是借贷而不是继承"、"既要金山银山，也要碧水蓝天"、"GDP增长不等于财富积累"的理念。为使生态文明理念深入人心，聊城市委邀请专家作专题报告，启发思路，在高起点上统一思想认识；开展了多种形式的生态文明创建活动，编辑出版了《聊城建设生态文明市的探索与实践》一书，通过多措并举，使生态文明理念逐步成为广大干部群众的共识，并转化为生态文明市建设的巨大力量。同时，市委、市政府加大了对生态文明建设各项工作的考核力度，构建起专门的考核体系，连续实施五年，起到了较好的引导作用，收到了较大成效。

（华能聊城热电冷却塔爆破现场，"三、二、一，点火"）2009年6月6日17时，华能聊城热电有限公司2×5万千瓦机组1、2号冷却塔轰然倒地。不破不立，一座曾经立下汗马功劳的"庞然大物"倒下了，一个先进的发展理念却树起来了。

节能减排对于聊城来说，是一场"硬仗"，更是一场"生存仗"。聊城市首先从源头入手，提高工业项目准入门槛，无论投资再大、效益再高，只要不符合环保和节能减排要求的，坚决说"不"。同时要求，新上工业项目10%到15%的投入用于环保。有舍才有得，聊城市每年拒绝不符合节能减排和环保要求的投资达到几十亿甚至上百亿，几年来虽然舍弃了300多个项目和巨额财政收入，得到的却是生态聊城的持续健康发展。

（动态柱状图）这是一组可喜的数字，这是一组惊人的数字：从2006年到2011年，聊城规模以上工业企业主营业务收入由1407.42亿元增长到5294.08亿元，翻了近两番，由全省第12位上升到第7位；与此同时，节能和减排两项指标综合考核排名由双双全省第16位上升至第4位和第6位。数字是心血和汗水的结晶，数字是决策和实干的验证。这组振奋人心的数字，折射出经济社会又好又快发展的丰硕成果，为聊城生态文明建设作了最好的注脚。

（小题目：发展循环经济　延伸产业链条）

既要工业强市，又要保护生态，就必须找准突破口，聊城找的这个突破口就是依靠科技创新，发展循环经济。

造纸行业历来是我国工业废水和COD的排放大户，多年来，国家一直拒绝审批任何麦草纸浆项目。然而，2011年7月，国家发改委、环保部等相关部门却批复了泉林纸业年处理150万吨秸秆综合利用项目。这一纸批复书得来实属不易。泉林目前拥有国家专利161项，依靠自主创新，构建起四条完全闭合的循环经济产业链，被业界称为"泉林模式"。他们自主研发的置换蒸煮技术，使黑液提取率由传统的80%提高到92%以上，解决了草类制浆高污染、高能耗的世界性难题。（图表）150万吨秸秆综合利用项目不仅使秸秆变废为宝，带动农民增收；而且减少了污染排放。（字幕）按每亩小麦产460公斤秸秆计算，如果焚烧会产生2.5吨的二氧化碳，泉林每年可消化60万亩秸秆，年可减少二氧化碳排放150万吨；按每吨240元的价格收购秸秆，可带动农民每亩增收110元左右。

不仅是泉林，以生产氧化铝、电解铝为主的大型铝电企业——信发集团，不断延伸产业链条，自主研发建设了200万吨赤泥综合利用项目，成为世界第一家能够将赤泥"吃干榨净"的铝冶炼企业。信发集团从赤泥中提取出烧碱循环用于氧化铝生产，同时进一步从赤泥中提取出残留的氧化铝粉，最终的余料用于生产水泥等建筑材料。信发集团还上马了聚氯乙烯项目，将生产过程中产生的氯气直接输送到聚氯乙烯生产车间，和氢气进行反应生成氯化氢，既减少了废气排放，又创造了45亿元新的工业产值。

在祥光铜业，循环经济链条同样让人耳目一新。祥光铜业是世界上一次建成规模最大、技术最先进的现代化铜冶炼厂，他们开发出具有自主知识产权的旋浮冶炼新工艺，回收炉渣中的铜；采用先进的卡尔多炉，对电解产生的铜泥中的金、银等贵金属进行回收，最大限度地提高了资源利用效率。同时，他们将铜冶炼中产生的二氧化硫高效回收制造硫酸，硫总回收率达98%以上、固化率达99.9%，二氧化硫排放量比国家标准低36%。据测算，资源循环利用每年可给祥光铜业带来36亿元的经济效益。2008年7月，祥光铜业成为全国有色冶金行业首家获得"国家环境友好工程"的企业。温家宝总理在山东考察时，对祥光铜业的发展经验给予高度评价。

（温总理现场同期：你们确实是个先进、节能、环保、高效的铜冶炼企业）

这些企业在减少排放的同时，工业产值大大增加，"一减一增"让企业尝到了发展循环经济的甜头。更为重要的是，聊城把发展循环经济纳入国民经济和社会发展规划和年度计划，组织实施循环经济"2320"工程，即集中力量建成2个循环经济型县、3个循环经济型园区和20家循环经济型企业，努力实现由"资源——产品——污染排放"的物质单向流动模式，向"资源——产品——再生资源"的物质循环流动模式转变。与此同时，聊城市积极发展循环经济园区，围绕资源的循环利用和高效产出，合理布局企业，优化资源配置，建立各具特色的循环经济产业链。在园区循环的基础上，合理规划县域内的物质流、能量流和信息流，整合各种要素，建立产业耦合、系统复合、县域整合的共生体系，完善废弃物的回收链网及再生利用体系，构建循环经济县域大循环。

（小题目：技术改造升级传统产业　科技创新引领新兴产业）

循环经济的发展需要科技作支撑。聊城市加大技术改造投入，（半透字幕）"十一五"期间，全市累计完成技术改造投资1614亿元，年均增长32.14%。同时，加快建设科技创新平台。到2011年，共建设市级以上工程技术研究中心116家，其中省级以上22家。聊城与省内外200多所高校、科研院所建立合作关系。投资6亿元的西安交大聊城科技园、规划面积16平方公里的九州国际高科技园正在加快建设。2011年，聊城获得"全国科技进步先进市"称号。

循环经济改造了传统产业，新兴产业也在蓬勃崛起。鲁西化工集团实施战略调整，逐步控制和压缩传统化工生产，向煤化工、盐化工、硅化工等高端精细化工产业延伸；中通客车集团开发的拥有自主知识产权的纯电动环保客车，成为北京奥运会的服务专用车和十一届全运会的新能源公交示范车；全国最大的农用三轮车生产企业——时风集团，研发出了节能环保的电动观光车；东阿阿胶建设了阿胶养生文化苑，实现了二产、三产的融合发展。铜及铜加工、铝及铝加工、新能源汽车、精细化工等四大"千亿产业园区"发展框架全面拉开。聊城工业在春天般发展环境中实现了凤凰涅槃，走出了一条不以牺牲生态环境为代价的跨越发展之路。

项目建设高潮迭起，工业经济稳中求进，生态环境持续改善，一个个大企业的昂首发展，组成了聊城工业的上升曲线。与此同时，聊城市坚持以工促农，以城带乡，大力发展生态高效安全农业，打造现代农业和农产品深加工基地，这片古老的黄河冲积平原实现了农业产业的振兴。聊城粮食产量突破百亿斤，用不到全国1‰的土地，生产了全国1%、全省1/8的粮食，蔬菜产量居全省第一位；全市有3个国家级生态示范区、5个省级生态示范区，1/3的乡镇成为省级生态示范乡镇。

人民群众的安全感、幸福感，是衡量生态文明建设成果的最终标杆。聊城市在民生方面的投入逐年增加，到2011年，财政用于民生的支出达到113亿元，占财政支出的65%，这个比例在全省也是最高的之一。2011年度全市城镇居民人均可支配收入首次突破2万元，全市农民人均纯收入达7735元。

生态文明建设，让聊城人的"幸福指数"节节攀高。作为"江北水城·运河古都"的聊城市，以水为魂，突出城市特色，大力实施湖河改造，贯通大水系。各县（市区）也围绕"水"字做文章。高唐鱼丘湖、东阿洛神湖、莘县徒骇河、临清古运河、冠县马颊河、茌平茌中河等项目与聊城城区遥相辉映，进一步凸显了水城特色。2009年，聊城代表山东省接受国家对海河流域水污染防治工作核查，一举夺得了第一名的优异成绩；2011年，聊城成功创建国家环境保护模范城市，成为环保部成立以来按照新标准验收通过的全国第一个地级市。国家历史文化名城、中国优秀旅游城市、国家卫生城市、国家园林城市和全国双拥模范城市等一个个"金字招牌"接踵而至。2007年到2011年的五年间，（图表）全市生产总值年均增长13.6%，地方财政收入年均增长23.5%；三次产业比例由2006年的16.5:58.5:25调整为12.8:57.0:30.2。

山东省第十次党代会明确提出，支持鲁西北地区发展，建设新的经济隆起带。2012年7月31日，国家发改委下发通知，明确了中原经济区的规划范围，聊城位列其中，这为聊城提供了新的重大的发展机遇。

聊城借势而为，在市第十二次党代会上，规划了"十二五"的发展蓝图。大会提出，（全屏字幕）以建设生态文明市为统领，着力打造"一五二"产业基地，把聊城建设成为山东西部的新兴生态化工业城市、冀鲁豫交界地区的商贸物流中心城市、江北文化旅游和休闲度假目的地城市，全面建设生态型强市名城，创造聊城人民的幸福生活。

实践证明，发展生态文明促进了工业提升、农业振兴、环境改善，提高了人民生活水平，是贯彻落实科学发展观的战略举措，也是聊城加快建设生态型强市名城实现新跨越的正确抉择。发展循环经济是加快转方式、调结构的最佳切入口，经济发展与环境保护完全可以实现互促共赢。

蓝天白云，倒映着生态文明的和谐画卷；绿树丛林，蕴含着生态文明的无限生机；长河碧水，见证着生态文明的美好前景。"自豪、创业、包容、奋进"的聊城人，将坚定不移地秉承生态文明理念，立足当前，着眼长远，统筹规划，争先进位。不久的将来，一个经济繁荣、环境优美、社会和谐、人民幸福的生态聊城将在鲁西大地奋勇崛起、展翅翱翔。

（撰稿：聊城电视台 朱国方 张朝锋）

| 附 录 |

一、生态文明建设文件报告

中共聊城市委　聊城市人民政府

关于建设生态文明市的意见

（2008年10月24日）

为贯彻落实党的十七大关于"建设生态文明"和省委工作会议关于"加快推进经济文化强省建设"的重大战略部署，现就我市建设生态文明市提出如下意见。

一、建设生态文明市的重大意义

党的十七大提出把建设生态文明作为全面建设小康社会目标的新的更高要求。建设生态文明市，是贯彻落实党的十七大精神和科学发展观的战略举措，是促进人与自然和谐相处，推动经济社会全面协调可持续发展和人的全面发展的必然要求，是加快建设强市名城实现新跨越的现实选择，也是顺应人类社会从工业文明向生态文明迈进的迫切需要。

21世纪是生态世纪，城市间的竞争将更多地表现为生态环境的竞争。哪个城市生态环境好，那个城市发展环境就好，就能够更有力地吸引人才、资金和技术，占居竞争的有利地位，就具有广阔的发展前景。

建设生态文明市是解决经济社会发展与生态环境建设之间矛盾的必由之路。建设生态文明市，其目的在于既要小康，又要健康，既要金山银山，又要碧水蓝天，走出一条生产发展、生活富裕、生态良好的科学发展道路。

建设生态文明市是构建社会主义和谐社会的强力支撑。人与自然和谐与否，直接影响人与人、人与社会的和谐。只有物质文明、政治文明、精神文明、生态文明一起抓，才能全面有力地推进社会主义和谐社会建设，才能真正满足人民群众提高生活质量和生命质量的共同愿望。

二、建设生态文明市的总体要求、主要目标和基本原则

1. 总体要求

我市建设生态文明市的总体要求是：全面贯彻党的十七大和十七大以来各届中央全会精神，按照省委工作会议的要求，高举中国特色社会主义伟大旗帜，深入贯彻落实科学发展观，以加快建设强市名城实现新跨越为目标，以提高全民生态意识和整体素质为基础，以转变发展方式为主线，以构建资源节约型、环境友好型社会为着力点，以体制机制创新和科技创新为保障，以投融资体系为支撑，坚持生态立市，立足当前，着眼长远，统筹规划，逐步推进，发展生态经济，优化生态环境，培育生态文化，构筑生态社会，努力把聊城建设成为经济社会全面协调可持续发展，人与自然和谐相处，人民物质文化生活质量普遍提高，环境优美、生活富裕、安定祥和、令人向往的强市名城。

2. 主要目标

建设生态文明市是一项长期任务，必须分阶段、有步骤，扎扎实实地推进。到2012年，实现以下目标：

全市三次产业结构调整优化为10：58：32，三产比重比2007年提高6.3个百分点；地区生产总值年均增长15%；地方财政收入年均增长16%以上；城镇居民人均可支配收入年均增长8%左右，农民人均纯收入年均增长10%左右。

全市有效使用无公害、绿色和有机农产品标志产品达到180个，农产品标准化生产基地达到200万亩。

全市有林地面积达到320万亩、农田林网面积830万亩，林木覆盖率提高到32%。建成区绿化覆盖率达到38%，在此基础上逐年增长。

全市高新技术产业产值占规模以上工业总产值的比重力争达到34%以上。

全市万元GDP能耗降到1.25吨标准煤，万元GDP取水量降到160立方米。

全市主要湖泊、水库水功能区水质达标率达到85%，主要河流水质达标率达到70%以上，城市水域功能水质达标率为100%。

城市空气环境质量优良天数达到339天。

年人口自然增长率控制在6.5‰以内。

建立休闲场所，完善休闲设施，发展休闲文化，构建休闲度假基地。

3. 基本原则

经济建设、社会发展、资源节约、生态保护相协调原则。贯彻全面协调可持续发展的要求，调整优化经济结构，坚持节约发展、清洁发展、循环发展，实现经济投入和环境投入同步加大、集约开发和资源保护同步推进、发展水平和环境质量同步提高、生态效益和经济社会效益同步扩大。

体制创新、科技创新、管理创新、制度创新相结合原则。以体制机制创新为先、科技创新为基、管理创新为要、制度创新贯穿其中，提高生态文明市建设和管理水平。

统筹城乡、统筹区域、因地制宜、协调发展原则。实行以城带乡、以乡促城，突出地域特点，塑造地域特色，对区域性生态文明市规划和建设实行分类指导，保持生态文明市建设的统一性和协调性。

科学规划、整体推进、重点突破、分步实施原则。搞好近中远期规划和可行性分析评估，优先建设对全市有广泛影响的重点领域和重点工程，以点带面，逐步推进。

政府主导、社会参与、市场运作、多元投入原则。充分发挥政府、企业、社会组织和公众等各个方面的积极性和创造性。政府发挥主导作用，提供良好的政策环境和公共服务；引导企业、社会组织和公众参与，建立生态项目市场运作机制和多元化投融资机制。

三、建设生态文明市的主要任务

1. 发展生态经济。坚持"抓二带一促三"与"抓三带一促二"相结合，构建资源节约型、环境友好型、生态亲和型的产业发展模式，摒弃传统工业文明的旧观念、老路子，积极探索和走出以生态文明理念指导发展的新路子，促进经济增长由主要依靠第二产业带动向第一、第二、第三产业协调带动转变，由主要依靠增加物质资源消耗向主要依靠科技进步、劳动者素质提高、管理创新转变。

生态农业方面。一是发展优质、高产、高效、生态、安全农业。壮大优质粮食、棉花、果品、油料、瓜菜菌、花卉等产业，走基地化、规模化、特色化的发展路子；优化养殖结构，加强品种改良和疫病防控；抓好速生丰产林基地、农田林网、高标准环城（镇）和围村林建设。二是推进农业标准化生产。建立和完善农产品生产、加工及农产品质量标准体系，规范农产品管理和市场准入体系。积极培育无公害、绿色和有机农产品品牌。三是发展农业循环经济。逐步探索和走出种植—养殖—加工循环、农业—工业—服务业循环的发展路子。当前，主要是大力推行生态种养方式，加快实施以沼气为主的生态工程，将农作物秸秆和家畜排泄物等废弃物，转化为清洁的能源和高效的有机肥料，实现农业循环式发展。积极发展风能、太阳能等可再生能源，形成清洁、经济的农村能源体系。

生态工业方面。一是调整优化工业结构和布局。坚定不移地走新型工业化道路，发展科技含量高、经济效益好、资源消耗低、环境污染少、有利于生态建设和环境保护的现代制造业和高新技术产业及产品，重点培植运输设备、新型材料、新型能源、生物制药、光机电一体化、精细化工等新兴产业。同时大力推动用高新技术改造和提升传统产业特别是发电、冶金、化工、机械、造纸等产业。加大对重点工业污染源的治理力度，突出抓好造纸、化肥、酿造、印染行业的污水治理和冶金、水泥工业的粉尘治理，对污染严重、效益低下、治理无望、低水平重复建设的企业进行关停和转产。加强企业之间的上下游协作、搞好产品配套开发，延伸产业链条。对上下游产品有关联的企业相对集中布局，便于有效预防和治理污染，实现资源、能源、信息的集成与共享。二是建设循环经济型企业。坚持开发节约并重，按照减量化、再利用、资源化的原则，努力构建集约型、节约型、生态型的发展模式，培育企业间产业生态链，通过产品生态设计、污染零排放、清洁生产等措施，促进企业内部原料、能源、水资源等的循环利用。三是发展生态工业园区。根据工业生态学原理，对现有工业园区进行有效整合，突出产业定位和特色，着力打造环境优美、结构优化、布局合理的循环经济型生态工业园区，实现资源最有效利用，废物最少排放。四是推行清洁生产。积极开展清洁生产审核，引导企业建立清洁生产运行机制，提高规模化企业通过ISO14000认证的比例，到2012年完成30家以上重点省控企业的清洁生产审核工作。

生态服务业方面。（1）把生态型城市建设与生态型旅游发展结合起来，形成良性互动，打造国内外知名的旅游胜地。抓好重点旅游项目建设，加快生态型旅游产品的开发，加强旅游景区环境治理，完善生态型服务设施，形成生态旅游体系。一是东昌古城保护性开发。以现有古城区为基础，以原明清东昌古城为蓝本进行恢复性创意开发，文化格调以明清时期运河商业文化为主线，吸收上至北宋、下至明清及当代的文化，体现现代元素、未来元素和古城风貌的融合，建设成为集影视拍摄、休闲度假、特色餐饮和购物为一体的综合性旅游古城。二是徒骇河世界运河文化博览园建设。利用徒骇河生态优势，规划设计沿岸城市景观特色，力求风格多样、特色鲜明，展现世界运河文化。三是江北水城·马颊河生态文化旅游度假区开发。尽快建成集商务会议、休闲度假、健身娱乐等功能为一体的国家级度假区。四是水浒文化旅游区开发。加快景阳冈景区龙山文化城和狮子楼旅游城建设，完善服务功能，增加文化内涵，活化、物化名著文化。五是水上梦幻世界建设。依托聊城水多、质好的优势，开发建设水上娱乐项目，建成我省和周边地区最大的水体娱乐体验中心。六是江北水城休闲度假酒店建设。选择滨水位置，突出休闲度假功能，建设符合国际标准的水城度假型酒店，满足高端客源和大型会议需求。七是生态农业和水利休闲旅游线建设。利用我市河湖、林带、特色农业等资源，发展生态休闲旅游业。重点抓好黄河、徒骇河绿色文化景观长廊建设，把黄河森林公园、鱼山风景区、引黄沉沙池区、南水北调位山水利工程、太平湖和金刚山、金水湖、四河头景区与徒骇河景区贯通起来，形成生态、观光、休闲旅游一条线。八是加强湿地保护，保持湿地规模，注重周边环境建设的协调性，发挥湿地在保护水源、净化水质、有利于鸟类栖息繁衍、维护生物多样性等方面的功能。（2）围绕打造山东西部商贸物流基地，着力抓好市中心商业区、铁塔商圈、香江市场、运河商贸带、城市综合服务中心及经济开发区物流中心的培育和发展。发展绿色商贸、绿色物流，构筑商品物流的绿色、安全通道。（3）大力发展金融保险、交通通信、科技咨询、职业培训、节庆会展、商务服务、信用担保、社区服务等现代服务业，为生态文明市建设提供支持。

2. 优化生态环境。坚持生态建设、资源保护和污染防治并重的方针，摒弃对自然资源的掠夺式开发行为，突出抓好重点区域和重点领域的生态环境建设，形成自然资源可持续利用和环境保护体系，提升城市生态服务功能和经济社会发展的环境支撑能力。建立健全资源有偿使用制度和生态补偿机制，提高能源资源利用效率，强化生态环境保护和治理。

统筹城乡规划建设。坚持高起点定位，高水平规划，高质量建设，高效能管理，建设现代化、生态型城市。突出江北水城·运河古都特色，保护历史文化和自然生态，延续文脉水脉，发展多层次绿化，注重研究色彩文化，适时确立市树、市花，形成历史文化与现代文明交相辉映、古城区与新城区各展风采、人文资源与生态资源互为依托的城市格局。扎实推进新农村建设，完善农村基础设施，搞好农村净化、绿化、美化、道路硬化，改善农村人居环境，加快城乡发展一体化进程。

统筹城乡环境治理。加强源头防范，逐步提高各类项目节能环保准入门槛，严格执行建设项目环境影响评价，严禁上马工艺设备落后、污染严重的低水平项目。搞好全市灌溉水网建设，合理调配水资源，提高防洪排涝标准，搞好水土保持，严禁恶性开发地下水。推行工业节水技术，实施中水回用示范工程，不断提高工业用水效率和重复利用率。改善大气环境，推进集中供热和能源改造工程，严格控制二氧化硫排放总量，所有火电机组必须安装脱硫装置，关停污染严重的小火电机组。大力实施公交优先战略，逐步降低机动车尾气污染物排放。控制城市噪声污染。扩大城区机动车禁鸣范围，开展创建"绿色工地"活动，治理建筑施工噪声。提倡绿色消费、绿色生活方式，从源头上减少垃圾产生量，推进废弃物综合治理，加强医疗、化学等有毒有害危险固体废弃物的专业收集、专线清运和集中处置，保障生态安全。加强农村工业、生活污染和农业面源污染防治，推广节能减排技术，减少化肥、农药、农膜等的使用，推广测土配方施肥和保护性耕作，增加使用有机肥，逐步淘汰高毒、高残留农药，规范和减少各类添加剂的使用，全面推进农业农村清洁化、卫生化。

坚持保护耕地与保障发展并重。逐步建立闲置和低效利用土地退出机制，实现土地利用方式由粗放型向集约型的根本转变。做好水质达标、水污染物总量控制和水污染防治工程建设工作。继续实施"四河一湖"（徒骇河、马颊河、古运河、卫运河、东昌湖）碧水行动计划，着力抓好东昌湖水体富营养化综合防治和景观构建关键技术与示范项目建设。

3. 培育生态文化。树立科学的自然观，使生态文明理念深入人心。把中国文化中"天人合一"的传统精神与聊城人热爱自然、崇尚自然、亲近自然的纯朴情怀结合起来，把运河文化传承的"履中、韬和"思想与"自强不息、务实创新、包容开放、诚实守信"的聊城人文精神结合起来，引导人们敬畏自然，保护环境，形成和谐的现代生态文化。

开展社区、企业、机关、学校生态文化建设活动，广泛深入地传播生态文化，大力倡导绿色生产、绿色消费，实现传统的人统治自然向人与自然和谐相处理念的转变，使生态文化成为主流文化，生态意识成为全民意识，渗透到城市建设、社会风气、居民行为、生活习惯等各个方面。

把生态建设与文化建设结合起来，把生态文明的丰富内涵寓于各种文化形式之中。打造以黄河文化、运河文化、水浒文化、红色文化资源为主要特色的山东西部文化产业集聚区；弘扬地方传统文化，保护和挖掘具有地方特色的戏剧、工艺品、民间文学、生活习俗等，在充分展示历史文化名城风采的过程中发展生态文化。

4. 构筑生态社会。把建设生态文明市与实现人民群众的根本利益结合起来，把实现当前利益和长远利益结合起来，促进人与人的和谐、人与社会的和谐，实现人的全面发展。按照学有所教、劳有所得、病有所医、老有所养、住有所居的要求，把保障和改善民生作为重要任务来抓。关注弱势群体，多做雪中送炭的事情，促进社会公平。均衡发展各类教育，合理配置教育资源。建立城乡义务教育经费保障机制，确保每个困难家庭的子女都有接受义务教育的机会，确保每个考上大学的学生不因家庭贫困而失学。大力推进素质教育，努力改善办学条件，实施学校绿色工程，绿化、美化校园。改革收入分配制度，缩小城乡居民收入差距和贫富差距。巩固和发展新型农村合作医疗制度，提高筹资标准和财政补助水平。加强医疗卫生体系建设，优化各级医疗卫生机构和网点布局，改善医疗卫生条件，提高疾病预防和控制能力，提高人民健康素质。扩大城乡就业，健全社会保障体系，完善基本养老保险、基本医疗保险、失业保险、最低生活保障和受灾群众救助制度。实施物价上涨与适当提高困难群众补贴标准的联动制度。坚持以低收入住房困难家庭为对象，重点建设经济适用住房，建立健全廉租住房制度，今后五年新增住房建筑面积97.5万平方米，基本解决人均住房建筑面积10平方米以下的低收入家庭住房困难。坚持计划生育基本国策，完善利益导向体系、人口和计划生育公共管理服务体系，稳定低生育水平，出生人口性别比趋于正常。促进优生优育，提高人口素质，引导人口合理有序流动。深入推进"平安聊城"建设，强化社会治安综合治理，保持社会稳定，不断提高人民群众的安全感、幸福感和满意度。

四、建设生态文明市的保障措施

1. 加强组织领导。各级党委、政府要把生态文明市建设摆上重要战略位置，主要领导亲自抓、负总责，实行领导负责制、目标责任制和责任追究制。要定期听取建设生态文明市工作汇报，加强协调调度，建立健全情况反馈和督促检查制度。各级各部门要明确在生态文明建设中的职责，齐抓共管，形成合力，使生态文明市建设的任务落到实处、收到实效。要把生态文明市建设指标纳入地方经济社会发展评价体系、领导干部政绩考核体系和奖惩体系。

2. 制定生态规划。要按照高起点的要求，研究制定生态文明建设规划。全面分析我市生态文明市建设的潜力与制约因素，评估人与自然的和谐度，运用生态设计手段对生态功能区进行合理划分，制定近期、中期、远期规划和目标体系，确定重点项目并分解任务，落实责任及完成时限。

3. 落实法规政策。按照"谁受益、谁补偿，谁破坏、谁恢复"的原则，建立生态环境、效益补偿机制；借鉴发达国家和我国先进地区的经验，建立排污权交易制度。实行环保部门统一监管、有关部门分工负责的机制，强化环保监督管理，加大执法力度，严肃查处各种环境违法和生态破坏行为，做到有法必依、执法必严、违法必究，推动生态文明市建设走上法制化轨道。鼓励发展资源综合利用企业，落实好有关扶持政策。

4. 拓宽融资渠道。坚持"谁投资，谁受益"的原则，鼓励不同经济成分和各类投资主体，以独资、合资、承包、租赁、股份制、股份合作制等不同形式参与生态文明市建设。积极利用外资，争取上级部门资金支持。各级财政加大对生态文明市建设的资金支持力度，发挥公共财政的引导作用。

5. 注重科技创新。把科技创新贯穿于生态文明市建设的全过程。围绕循环生产、污染防治、资源节约与高效利用、生态农业等重点研究领域，开发一批有重大推广意义的关键技术，推进能源结构多元化，推进清洁生产、节能环保，推进农产品标准化、食品安全化。加强与国内外生态科技与环境建设领域的技术交流与合作，逐步实现由引进为主向集成创新、引进消化吸收再创新为主的转变，不断提高原始创新和自主创新能力。

6. 强化宣传教育。运用广播、报纸、电视、网络等多种渠道和形式，大张旗鼓地开展生态文明宣传教育活动。各级党校要把生态文明教育作为干部培训的重要内容。各级领导干部要带头树立生态文明理念，树立正确的政绩观，增强前瞻性和历史责任感，积极发挥引领作用。企业经营者要增强环保意识和法制观念，承担应有的社会责任和生态建设责任。要面向广大群众，深入宣传生态科普知识，进行广泛发动和组织动员，建立公众参与生态文明市建设的多种有效形式和渠道，使建设生态文明市成为全民共识、全民响应和全民行动。

各县（市区）、经济开发区要结合各自实际研究制定落实本《意见》的具体措施。

宋远方在建设生态
文明市工作会议上的讲话

（2008年10月24日）

同志们：

这次会议是根据十一届四次全委会的决定，经市委常委会研究决定召开的。主要任务是贯彻落实党的十七大精神和科学发展观，贯彻落实省委提出的建设经济文化强省的要求，充分认识建设生态文明市的重大意义，明确建设生态文明市的工作任务，以建设生态文明市的实际行动推进科学发展、和谐发展、跨越发展。为了开好这次会议，昨天晚上，与会同志集体观看了美国环境灾难电影《后天》；上午，又扩大会议规模听了两个报告，一个是我们的老领导、中共中央政治局原委员、九届全国人大常委会副委员长姜春云同志委托原全国人大常委会研究室程湘清主任作的报告，另一个是国家环保部环境规划院王金南副院长的报告，很受教育，很受启发。省委宣传部、省委政研室、省发改委、建设厅、水利厅、林业局、农业厅、环保局等部门的领导亲临大会，是对我们这个会议最大的关心和支持。刚才，我们大家分组讨论了中共聊城市委、聊城市人民政府《关于建设生态文明市的意见（讨论稿）》，提了很好的意见和建议。这个《意见》经进一步修改后下发。下面，我根据市委常委会研究的意见，讲以下三个问题：

一、充分认识建设生态文明市的重大意义

市委、市政府之所以作出建设生态文明市的决定，主要基于三个背景。第一，党的十七大全面阐述了科学发展观的科学内涵、精神实质和基本要求，标志着这一科学理论体系的正式形成。同时，在十七大文件中，第一次将生态文明建设与经济建设、文化建设、政治建设和社会建设，一并作为五大建设任务加以阐述。但是，如何把科学发展观贯彻落实到实际工作中去，如何像抓其他文明一样抓好生态文明建设，还需要各地解放思想、积极探索。回顾改革开放三十年来的历程，我们可以清楚地看到，改革开放的道路，就是在中央精神的指引下，从基层闯出来的。许多好的经验，都是由基层创造，然后中央再进行总结、肯定和推广。结合聊城实际，如何贯彻落实科学发展观，如何抓好生态文明建设，我们要作出自己的探索，走出自己的实践之路。第二，我们的老领导、原中央政治局委员、全国人大常委会副委员长姜春云同志非常关心我市的发展。他要求我们在工业化加速推进时期，千万不要走欧洲"先污染、后治理"的路子，那样代价太大，建议我们学习借鉴贵阳等地的做法，在全省率先抓好生态文明市建设。今年7月，我市召开市委十一届四次全会，确定将建设生态文明市作为全市当前和今后一个时期的重要战略任务，以此推进我市的科学发展、和谐发展、跨越发展。为做好这项工作，我们成立了专题调研组，认真学习了先进市的经验，开展了广泛深入的调查研究，组织30多个市直部门主要负责同志召开座谈会，形成了《关于我市建设生态文明市的调研报告》和市委、市政府《关于建设生态文明市的意见（征求意见稿）》，印发到市几大班子、各县（市区）及市直各部门征求意见。在此基础上，将这两个文件向姜春云副委员长和国家环境保护部的潘岳副部长做了汇报，得到了他们的充分肯定和支持。最后，常委会又经过认真讨论和研究，决定召开这次工作会议，并在会上印发《意见》讨论稿。第三，从9月份开始，中央决定在全党开展深入学习实践科学发展观活动。省委要求各地在严格按照中央和省委部署开展好各个环节工作的同时，切实抓好富于创新精神、特色鲜明的主题实践活动。按照省委的要求，我们考虑将建设

生态文明市作为明年3月我市开展学习实践活动的重要内容，切实抓出成效、抓出特色。

这里，我首先讲一下什么是生态文明。人类社会经历了原始文明、农业文明、工业文明（后工业文明）三种文明形态。进入工业文明以来，人类在创造巨大财富的同时，遇到了前所未有的社会危机和生态危机。生态文明，就是在工业文明的基础上，深刻反思传统工业化的教训而产生的一种新型文明形态。它以尊重自然和维护自然为前提，着眼于人与人、人与自然、人与社会的和谐共生，走可持续的和谐发展道路。那么，生态文明与物质文明、精神文明、政治文明是什么关系呢？是相辅相成，互为因果的关系，并且生态文明对其它文明有引导的作用。生态文明理念下的物质文明，致力于消除人类经济活动对自然界稳定与和谐构成的威胁，逐步形成与生态协调的生产方式和消费方式；生态文明理念下的精神文明，提倡尊重自然规律，建立人自身全面发展的文化氛围，抑制人们对物欲的过分追求；生态文明理念下的政治文明，尊重利益和需求多元化，协调平衡各种社会关系，进行避免生态破坏的制度安排。

建设生态文明市，与我们过去提出的建设生态市有所不同。生态市主要涉及经济发展与环境保护的关系，主要是控制污染、节约能源、改善环境；主要是一些物质的东西，是数量与指标的控制。而生态文明是个大范畴，这种文明形态表现在物质、精神、政治等各个领域，体现人类取得的物质、精神、制度成果的总和。它不仅涉及观念，而且涉及行为；不仅是物质的，而且是文化的；不仅涉及经济社会的方方面面，而且涉及到以生态文明的理念指导人们的生活、生产方式；不仅涉及人与自然的关系，而且涉及人与人的关系。总之，生态文明市建设统筹生态市建设，生态市建设是生态文明市建设的重要组成部分，同时也是生态文明市建设的基础和前提。我市生态市建设自2003年开始，经过各级的共同努力，逐步形成了完善的工作规划、领导机构、目标考核体系，取得了明显成效。到目前，全市160多万亩沙荒地得到治理，森林覆盖率达到28.13%，城市绿化覆盖率达到37.2%，城区空气质量良好率达到91.8%，2007年我市成功创建为国家卫生城市，创建国家环境保护模范城市已通过国家环保总局的技术核查，今年初还荣获了"山东省适宜人居环境奖"。这为建设生态文明市打下了良好基础。那么我们为什么在建设生态市的基础上再提出建设生态文明市呢？

第一，这是生态市建设实践的升华和理念化，是党的十七大和省委工作会议的要求。通过近年来建设生态市的实践，使我们越来越认识到仅仅提生态市建设还不能完全解决经济社会发展中的问题，必须进一步树立生态文明的理念。那就是必须从传统的"向自然宣战"、"征服自然"等理念，向树立"人与自然和谐相处"的理念转变；必须从粗放型的以过度消耗资源破坏环境为代价的增长模式，向增强可持续发展能力、实现经济社会又好又快发展的模式转变；必须从把增长简单地等同于发展的理念、重物轻人的发展理念，向以人的全面发展为核心的发展理念转变。党的十七大在我党历史上第一次将建设生态文明作为全面建设小康社会的新要求写进政治报告，明确提出要在全社会基本形成节约能源资源和保护生态环境的产业结构、增长方式、消费模式，生态文明观念。今年7月召开的省委工作会议，提出了建设经济文化强省的战略目标，第一次将文化建设与经济建设并列，提出了转变发展方式、强化农业基础、繁荣发展文化、注重改善民生、培养造就人才、实施科学领导的重点工作。这些工作，与建设生态文明的要求是一致的。我们提出建设生态文明市，是贯彻落实科学发展观的实际举措，是贯彻中央和省委指示精神的具体行动。

第二，这是当今人类历史进程的要求，是世界城市发展的潮流。人类社会继原始文明、农业文明、工业文明后进入生态文明时代。它以人与自然协调发展作为行为准则，是一场涉及生产方式、生活方式和价值观念的世界性革命，是人类社会对传统工业文明进行反思后进行的一次新选择，是不可逆转的世界潮流。近年来，随着城市化进程的加快，环境、资源问题日益突出，人类对自己的生存空间、生活方式和价值观念进行了反思，建设生态城市也逐步成为城市发展的潮流。20世纪70年代，联合国教科文组织在实施"人与生物圈"计划中，首次提出了生态城市的理念，许多国家积极进行了生态城市的实践。上世纪90年代以来，先后在美国的加利福尼亚、澳大利亚的阿德雷德、西非的塞内加尔、巴西的库里蒂巴、中国的深圳召开了五届国际生态城市会议。美国的克里夫兰、德国的埃尔兰根、印度的班加罗尔、丹麦的哥本哈根、日本的九州等城市，都按照生态城市的理念来规划和建设，取得了巨大成功。从国内来看，我国的生态城市建设起步较晚，但发展较快，许多城市相继作出建设生态城市的意见和决定，大力推动生态文明建设。可以说，21世纪是生态世纪，人类社会将从工业化社会逐步迈向生态化社会。从某种意义上讲，下一轮的国际竞争实际上是生态环境的竞争。从一个城市来说，哪个城市生态环境好，就能更好地吸引人才、资金、技术等要素，处于竞争的有利地位。适应这种生态化发展趋势，迫切需要我们审时度势、把握机遇，跟上国内外生态文明建设的步伐，把建设生态文明市作为奋斗目标和发展模式，是明智之举，也是现实的选择。

第三，这完全符合比较优势的发展战略。这些年来，历届市领导班子带领全市干部群众奋力拼搏，经济发展很快，在全省的位次不断前移。这得益我们新上了许多大企业、大项目，但是，重化工业偏多，节能减排任务很大。在当前形势下，这条道路越来越难走，做实际工作的同志感受更深。因此，后发的城市要实现赶超必须走新型工业化的路子，必须发挥比较优势。那么，我们的比较优势有哪些呢？一是自然生态优势。聊城沃野平畴、气候宜人。水资源丰富，特别是"城中有水、水中有城、城水一体、交相辉映"的水城风貌，在长江以北独一无二。林业资源丰富，聊城大地，到处郁郁葱葱，林场、林带、林网遍布。还有丰富的地热资源，有待于进一步开发。二是区位交通优势。多年来，山东经济的重心在沿海，以外向型经济为主。在当前世界经济下滑，出口受阻，国家大力启动内需的形势下，山东的发展必然要更加倚重开发中西部市场。无论是山东市场西进，还是中西部地区能源东出，聊城都是桥头堡。除了现有的铁路和高速公路外，我们正在积极推动青银、德商高速公路、邯济铁路复线的建设，聊城正在成为冀鲁豫三省交界处重要的交通枢纽城市。把握得当，我们就会成为商贸物流、能源集散、人流聚集、旅游度假的理想城市。三是历史文化资源优势。聊城文化底蕴深厚，文物古迹众多，而且层次很高、影响很大。但是开发利用不够，没有发挥出应有的效益。差距就是潜力，按照省委建设文化强省的要求，把文化资源开发利用好，就是生态文明市建设的强大动力。四是产业优势。我市农业基础很好，受益于十七届三中全会精神，必将获得巨大发展；我市发展起一批名列全国同行业前茅的大企业、大项目，这是打造先进制造业基地的坚强依托；我市中小企业蓬勃发展，第三产业方兴未艾，就像一个十七八岁少年，充满朝气与活力。五是城市品牌优势。这几年，我们大手笔搞好城市规划、建设和管理，大力度打造"江北水城·运河古都"的城市品牌，聊城的知名度、吸引力越来越大。运用生态文明的理念，把这些优势充分利用好、发掘好，进一步提高层次和质量，把聊城打造成适宜居住、适宜创业、适宜旅游的城市，吸引世界上高知识、高技能、高财富的人，来聊城居住、投资、旅游，聊城的发展前途将是不可限量的。

第四，这完全符合人民群众的共同愿望。一个城市好不好，不能只看城市的GDP，还要看群众生活是否幸福。生活幸福，当然要建立在一定经济实力的基础上，但幸福与金钱的多少并不成正比。国际上幸福指数高的城市，往往不是大城市。大城市人们收入虽然多，但生活在钢筋水泥的丛林里，交通拥挤、空气污染、噪音污染、竞争激烈，生活的舒适程度未必比聊城高。我们建设生态文明市，在推进科学发展，提高经济实力，增加群众收入的同时，用更多的精力创造公正公平的发展环境、和谐文明的社会环境、开放包容的人文环境、宜居宜游的生态环境，使老百姓生活得更加幸福。

认识了建设生态文明市的意义，那么，我们要建设的生态文明市究竟是什么样子呢？可以概括为六条，一是生态环境良好。始终保持天蓝水碧、空气清新的宜人环境。二是生态产业发达。转变发展方式，调整经济结构，形成以先进制造业、发达服务业、现代农业为主导的现代产业体系。三是文化特色鲜明。突出城市个性，彰显城市精神，社会风气良好。

四是生态观念浓厚。普及生态伦理意识，形成生态化的消费观念和生活方式。五是群众和谐幸福。社会公平正义，生活舒适稳定，公共服务质量良好。六是政府廉洁高效。党政责任体系完善，执行力明显加强，群众的政治参与程度明显提高。这是定性的描述，我们还将把生态文明市的指标进行量化，包括基础设施指标、生态产业指标、环境质量指标、民生改善指标、文化指标、政府责任指标等，用这些指标来衡量生态文明市建设的成效。总之，建设生态文明市，是一个理念，是一个目标，是一个长期的艰苦过程。我们要立足当前，着眼长远，打好基础。

二、当前建设生态文明市的重点任务

在市十一次党代会上我们提出坚持科学发展，构建和谐社会，加快建设强市名城实现新跨越的战略目标；在十一届二次全会上，我们提出了当前和今后一个时期总体工作把握，即坚持三农稳市、工业强市、三产兴市、城建靓市的方针，加快结构调整、强化节能减排、推进改革创新、坚持富民优先、维护和谐稳定、加强党的建设。这个战略目标和工作把握，完全符合科学发展观，符合聊城实际，体现了生态文明建设的内在要求。我们提出建设生态文明市，不是对原有工作思路的否定，不是另起炉灶，而是通过树立生态文明理念，建设生态文明市，促进工作创新，使我们的工作更富有时代特征、实践特色，更有成效地推动科学发展、和谐发展、跨越发展。要重点抓好以下几个方面：

（一）发展生态经济。经济发展是一个物质交换与能量循环的过程，在这个过程中，没有消耗和污染是不可能的，特别是聊城正处在由工业化初期向中期的加速过渡阶段，发展经济必然要以工业为主导。既要促进发展，又要保护生态，二者的结合点就是转变发展方式，调整经济结构，发展生态经济。

要大力发展生态工业。就是走科技含量高、经济效益好、资源消耗低、环境污染少、人力资源优势得到充分发挥的新型工业化道路。当前，聊城的工业发展面临着扩张总量与提升层次、投资驱动与创新驱动、经济增长与节能减排的双重任务，既要做大，又要做强、做稳、做到可持续发展。一方面，要优化增量。突出抓好招商引资、银企合作、企业上市等，加大优质高效投入。新上项目必须符合国家产业政策、科技含量高、能耗污染少、带动能力强，特别是重点发展高新技术项目。要着力抓好100个重点项目，分包的市、县领导干部要切实负起责任，认真研究分析项目进程中的突出问题，扎实推进重点项目建设。另一方面，要提升存量。关键是通过提高科技水平，发展循环经济，提升、改造传统产业。要积极延伸产业链条，上游走出去到国内外开采资源，获得稳定的资源渠道；下游发展精深加工项目，发展中小企业，打造产业集群，壮大产业实力。发展循环经济可以实现节能减排和促进发展的双赢。这一点，泉林集团创造了很好经验，他们的原料林和芦竹，用制浆过程中产生的木质素生产的绿色有机肥作底肥，用环保处理过的水灌溉，使每吨纸的生产成本降低2000多元。他们生产的不使用增白剂的本色纸，很受市场欢迎。下一步，全市各级党政机关、企事业单位要带头使用这种产品。

要繁荣发展服务业。建设生态文明市的一个重要标志，就是第三产业达到较高比例，而我们目前三次产业的比例是15∶59∶26，服务业明显偏低，需要加快发展。中央和省委、省政府出台了一系列鼓励、扶持服务业发展的政策，为加快发展服务业带来了千载难逢的历史机遇。我市服务业发展的重点是旅游度假业和商贸物流业。推进服务业的繁荣发展，必须以重点项目为载体。要像重视工业项目那样重视服务业项目建设。旅游度假业，当前最为紧迫的任务是抓好水中古城的保护性开发，运河四期、五期改造工程，徒骇河城区段开发、马颊河生态文化旅游风景区等项目的规划建设。商贸物流业，要着力培育一批现代化物流企业，建设一批煤炭、化肥、有色金属、农副产品等大型物流基地和专业市场。同时，大力发展金融保险、交通通讯、科技咨询、职业培训、节庆会展、商务服务、信用担保等现代服务业，为生态文明市建设提供全方位的支持。

要积极发展生态农业。党的十七届三中全会专题研究新形势下推进农村改革发展的问题，在认识上有许多新突破，在理论上有许多新发展，在政策上有许多新举措。我们要认真学习贯彻落实三中全会精神，以此为新的动力和机遇，开创"三农"工作新局面。前段时间发生的"三鹿奶粉"事件，给人们敲响了食品安全的警钟，也给我们发展生态农业带来机遇。我们要积极调整农业结构，提高农业产业化水平，推进农业科技进步，在确保粮食安全的前提下，以市场为导向，大力培育优势产业、特色产业，大力发展无公害、绿色、有机农产品。比如，现在城市居民都知道单一制大棚蔬菜公害比较多，我们是否可以率先实行蔬菜大棚轮作制，冬季把大棚冻一冻，把大棚里的病菌冻死，打响聊城无公害蔬菜的牌子，创造"人无我有、人有我优"的优势，占领市场，取得效益。

（二）优化生态环境。我们一定要牢固树立"生态是借贷而不是继承"的理念，切实保护好生态环境。要严格执行好中央、省、市出台的有关文件精神，下大力抓好工业企业的节能减排工作，主要是从源头上控制高污染、高能耗的项目，推进现有企业抓紧上马节能减排的设备和技术，下决心淘汰一批污染重、能耗高、效益低的企业。要综合运用法律、经济、行政等多种手段，加大执法监管力度，确保完成我市"十一五"节能减排的目标任务。要高度重视水污染的治理工作，继续实施"四河一湖"（徒骇河、马颊河、古运河、卫运河、东昌湖）碧水行动计划，重点做好水质达标、水污染物总量控制和水污染防治工程建设三项工作。要加强城市治污、农村环境改善等薄弱环节。同时，要建立健全突发环境事件的应急机制，提高综合处置突发环境事件的能力。

需要指出的是，强调治理和保护生态环境，不是意味着不要发展了或慢发展了。实际上，保护和发展并不矛盾。一方面，只有把环境保护好了，才能吸引人流、物流、资金流等各种要素，特别是吸引对环境质量要求高的高新技术产业，吸引注重生活质量的各类高素质人才；如果环境破坏了，优势丧失了，根本就谈不上发展。另一方面，现在环保技术已经非常成熟，只要充分运用这些技术，完全可以在环境容量允许或者不破坏环境的前提下发展生产。所以，保护好生态环境能更好地促进发展，发展好了才能够为保护生态环境提供雄厚的资金和技术条件。我们绝不能为了一时的发展而破坏环境，也不能因保护环境而忽视发展，要切实把保护和发展结合起来，既要金山银山，又要碧水蓝天。

（三）培育生态文化。建设生态文明，离不开生态文化作支撑。生态文化是一种价值观念，就是人与自然要和谐，而不是人凌驾于自然之上；是一种伦理道德，就是既要对自己负责，又要对他人负责，既要对当代负责，又要对未来负责；是一种行为准则，就是要大力倡导生态化的消费理念和生活方式。对一个城市来说，只要生态文化浓郁、深厚，即使经济总量不那么大，现代化摩天大楼不那么多，也能成为魅力独特、令人向往的城市。我们建设生态文明市，就要把生态文化作为主流文化，把生态意识上升为全民意识、主流意识，将生态文化融入到人们的思想行为、生活方式、社会风气、城市建设等各个方面。

首先，要大力建设和谐文化。坚持把中国文化中"天人合一"的传统精神与聊城人热爱自然、崇尚自然、亲近自然的淳朴情怀结合起来，把运河文化传承的"履中、韬和"思想与"自强不息、务实创新、包容开放、诚实守信"的聊城人文精神结合起来，培育和谐的现代文化。既要保护和挖掘文化遗产，推广具有地方特色文化形式，又要推进文化创新，发展文化产业，切实把聊城文化潜在的影响力转变为现实的城市竞争力，把聊城丰富的文化资源转变为现实生产力。

第二，要大力倡导生态生活方式。生态生活方式就是从追求豪华、奢侈、浪费的生活转向崇尚简朴、节俭的文明生活，大力推广绿色产品，追求健康享受。比如，在工作、生活中自觉节约每一度电、每一滴水，用纸袋、布袋代替塑料袋，坚持使用环保节能物品，大力倡导公交优先，提倡步行或骑自行车出行，等等。

第三，要营造良好的社会风气。社会风气是衡量社会文明程度的重要标志，是社会价值导向的集中体现。当前，社会上存在一些歪风邪气，有的企业背信毁约，不讲诚信；有的单位少数工作人员吃拿卡要，办事要请客送礼，等等，这些风气不改变，文明就无从谈起，发展环境就无从改善。必须深入开展"解放思想大讨论回头看"活动，进一步巩固解放思想大讨论的成果，切实改善发展环境，提高服务水平。要大力加强党风廉政建设和反腐倡廉建设，进一步发扬求真务实、改革创新、团结实干的好作风，认真查处各类违法乱纪行为，建设一支既干事、又干净的干部队伍。要在全社会大力倡导社会主义荣辱观，弘扬正气，自觉维护社会公平正义，形成良好的社会风气。

第四，突出城市建设的文化个性。城市建设没有文化、没有个性，就像人没有灵魂。必须坚持把文化元素融入城市规划和建设之中，无论是总体规划，还是单体景观，都要着力保护好历史文化，让城市空间布局延续历史、尊重个性、突出特色，注意克服抄袭、模仿、复制等现象，避免"千城一面"。要抓好城区绿化，增加绿量，给城市带来生机和活力。要注重节能建筑材料的使用，建筑墙面要少用大理石，避免向大自然索取过多。

（四）建设生态社会。生态文明不仅要实现人与自然的和谐，也要实现人与人的和谐。我们必须把生态文明市建立在以人为本的基础之上，高度关注民生，切实改善民生。

要不断满足人民群众的需要，让人民群众充分享受到发展成果。近年来我市下大力解决事关群众切身利益的就业、社保、教育、卫生等民生问题，取得良好成效。必须长期不懈地坚持下去，努力实现学有所教、劳有所得、病有所医、老有所养、住有所居的目标。要格外关注困难群众和社会弱势群体，弘扬扶贫济困的社会美德，千方百计为他们排忧解难，不断提高对困难群众的补贴标准，确保每个困难家庭的子女都有接受义务教育的机会，确保每个考上大学的学生不因家庭贫困而失学。

要健全民主法制，维护公平正义。弘扬公平正义是维持良好社会生态的基本法则。要维护社会成员的平等地位，尊重公民基本权利，公平合理地处理社会利益关系。要努力缩小城乡群众在教育、医疗、社会保障等方面的差别，消除就业歧视、农民工待遇不公等现象。要更加注重社会分配公平，缩小城乡居民收入差距和贫富差距，防止"马太效应"；要多做"雪中送炭"的事情，把有限的财力更多地用于解决关系群众切身利益的问题。要切实保障群众权益，坚持依法行政，维护司法公正。

要确保社会安全稳定。坚持重心下移，切实加强基层基础工作，抓好平安聊城建设和安全生产。尤其要吸取襄汾溃坝、三鹿奶粉事件的深刻教训，高度重视事关群众生命安全健康的工作，抓好安全生产，加强市场监管，排查安全隐患，完善体制机制，提高各级社会管理的能力和水平，确保不发生重大事故。同时，也要努力提升社会诚信、市场诚信以及政府的公信力，促进社会良性有序发展。

三、建设生态文明市的保障措施

建设生态文明市是一项创新性的工作，有一个在实践中不断探索完善的过程，要抓出特色、抓出成效，就必须强化工作措施，狠抓工作落实。

（一）加强学习宣传。各级领导干部要深入学习党的十七大精神，深入学习科学发展观，认真学习上级领导同志和专家学者关于建设生态文明的论述，将"什么是生态文明、为什么要建设生态文明、怎样建设生态文明"这些问题搞清楚，牢固树立正确的发展观、政绩观，牢固树立生态文明理念，真正将建设生态文明市的要求转化为谋划工作的思路、推进工作的措施、落实工作的成效。要针对企业经营者、干部职工、城乡群众等不同层面的群体，开展专题培训、科普讲座等不同形式的学习教育活动。各级宣传部门和新闻媒体，要大张旗鼓地开展建设生态文明市的宣传教育，使建设生态文明市深入人心，获得最广大人民群众的支持。

（二）制定科学规划。好的开始是成功的一半。现在，我们有了一个指导性的意见，还要有一个好的实施规划。这个规划，起点要高，要请全国著名专家学者、国家有关部委的领导同志研究指导。体系要完备，有关部门要组织力量，开展专项研究，全面分析我市生态文明市建设的现实基础与制约因素，完善生态文明理念下的经济和社会发展、产业发展、区域发展、城镇建设规划等，制定近期、中期、远期规划体系和目标体系。可操作性要强，要结合实际，抓住重点，将发展规划特别是近期规划落实到重点项目和重点工作上；还要制定科学完善的责任分工和考核奖惩办法，确保规划落到实处。

（三）创新工作机制。要按照科学发展观的要求、生态文明的理念，对照自己的工作，不断探索创新有效的工作机制。这里面有许多文章可做。比如，在保护生态环境方面，我们要创新法律手段，加大执法力度，严肃查处各种环境违法和生态破坏行为，把治理和保护环境纳入法制化轨道。要创新经济手段，严格按照"谁受益、谁补偿，谁污染、谁治理"的原则，大幅度提高污染和破坏环境的成本，切实解决违法成本低、守法成本高的问题。对利用废弃物为主要原料进行生产的企业，在贷款和收费等方面给予扶持。要创新投入机制，坚持"谁投资，谁受益"的原则，向不同经济成分的各类投资主体让出发展空间，鼓励他们以独资、合资、承包、租赁、股份制、股份合作制等形式参与生态文明市建设。发挥公共财政的引导作用，争取用较少的政府资金，调动更多的社会资金投入，并积极争取国债资金及上级部门资金支持。

（四）狠抓工作落实。这次会议还要通过市委、市政府《关于建设生态文明市的意见》，这个《意见》明确了今后的工作思路、任务目标和方法措施，各级要以实实在在的工作，把各项目标任务落到实处。要建立严格严密的责任体系，把建设生态文明市的各项工作分解量化，落实到人。要明确责任主体、时间进度、质量要求、考核办法，干好干坏都要有说法，都要十分明确。主要领导亲自抓、负总责，各级各部门各司其职，各负其责，齐抓共管，形成合力，切实把生态文明市建设的任务落到实处、收到实效。

同志们，建设生态文明市，是中央和省委赋予我们的重大任务，是事关聊城长远发展的根本大计，我们要以对党和人民负责、对聊城未来负责的精神，扎扎实实地做好这项工作，以此推进聊城的经济建设、政治建设、文化建设、社会建设，为加快建设强市名城实现新跨越、夺取全面建设小康社会新胜利而努力奋斗！

宋远方在生态聊城建设暨全市环境保护工作会议上的主持讲话

（2012年5月22日）

同志们：

这次会议是市委、市政府研究召开的一次重要会议，主要任务是传达学习生态山东建设大会和全省环保工作会议精神，表彰环保工作先进集体和先进个人，总结近年来我市建设生态文明市工作情况，安排部署生态聊城建设、海河迎检和环境保护工作。参加这次会议的有：市几大班子领导同志，市直有关部门单位的主要负责同志，各县（市区）党委、政府和经济开发区党工委、管委的主要负责同志、分管负责同志、有关部门单位的主要负责同志，以及市控以上重点企业的负责同志。

会议进行第一项，请市委常委、副市长侯军同志传达生态山东建设大会精神；

会议进行第二项，请市委副书记王忠林同志宣读三个表彰决定；

下面进行颁奖。首先，请获得创模突出贡献单位的市环保局和创模先进集体代表上台领奖；

请创模工作记二等功代表上台领奖；

请获得"2011年度生态市建设先进县（区）"称号和主要污染物总量减排工作奖励的经济开发区管委、冠县人民政府、东昌府区人民政府、阳谷县人民政府、莘县人民政府上台领奖；

会议进行第三项，大会发言。首先，请高唐泉林纸业有限公司作典型发言，临清市作准备；

请临清市作海河迎检表态发言，茌平县作准备；

请茌平县作海河迎检表态发言；

会议进行第四项，请侯军同志代表市政府与各县（市区）、经济开发区、市直有关部门主要负责人签订《2012–2015年环境保护工作目标责任书》。首先，请东昌府区政府签订责任书，高唐县政府作准备；

请高唐县政府签订责任书，市经信委作准备；

请市经信委签订责任书，市住建委作准备；

请市住建委签订责任书；

因为时间关系，会上只与部分单位签订责任书，其他单位会后补签。

会议进行第五项，请市委副书记、市长林峰海同志讲话；

同志们：

今天上午的会议，传达学习了生态山东建设大会精神，对环保工作先进集体和先进个人进行了表彰，几个单位作了大会发言，市政府与部分县区和市直部门签订了环保目标责任书。峰海同志全面总结了近年来我市建设生态文明市取得的成就，部署了建设生态聊城和环保工作任务，对做好海河迎检工作进行了动员，大家要认真抓好贯彻落实。下面，我就贯彻落实这次会议精神，切实做好生态聊城建设工作讲几点意见：

一、充分认识建设生态聊城的重大意义

建设生态文明，是党的十七大提出的重要战略任务，是实现全面建设小康社会奋斗目标的新要求。省委、省政府审时度势，作出了建设生态山东的战略部署，我们一定要认真学习领会，坚决贯彻落实。对于生态文明建设工作，市委、市政府的认识是统一的，行动是迅速的，措施是有力的。我们明确地提出建设生态型强市名城的奋斗目标，在全国全省较早地召开大规模的生态文明市建设动员部署大会。我们提出的建设生态文明市，是一个大的范畴，包括发展生态经济、优化生态环境、培育生态文化、建设生态社会等多方面内容。几年来，各级牢固树立生态文明理念，自觉按照生态文明的要求上项目、调结构、抓发展，促进了经济发展、生态优化、民生改善同步推进。2011年聊城的工业总量由2006年的全省第12位上升至第7位，而节能减排则由全省第16位（倒数第2位）上升为第4位和第6位，同期的民生投入占到地方财政支出的65%，比例也是全省最高的。这是我们落实科学发展观的实际成效，得到了上级领导和广大群众的一致认可。

站在新的历史起点上，市十二次党代会确立了"全面建设生态型强市名城、创造聊城人民的幸福生活"的奋斗目标，对进一步加强生态文明建设、做好环境保护工作提出了新的更高要求。我们必须深刻地认识到，在绿色革命深刻影响经济、社会和人类生活的今天，良好的生态环境是经济社会发展的重要基础，是最深厚、最持久的核心竞争力，建设生态文明的潮流不可阻挡、不可逆转。我们必须深刻地认识到，我市正处于工业化、城镇化快速推进的历史阶段，资源型的产业结构、高消耗的工业结构还没有从根本上得到改变，节能减排的压力仍然非常巨大，不能有丝毫松懈。而且聊城地处平原，人口稠密、分布均匀，生态系统的自我修复能力很差，一旦出现生态问题，将会造成不可弥补的损失。我们必须深刻地认识到，"江北水城·运河古都"的城市品牌已经深入人心，是聊城人民共同创造的宝贵财富。这个品牌本身就是良好生态环境的象征，我们只有把生态环境搞得更好更美，才能把这个城市品牌打得更响，才能塑造良好的聊城形象。我们必须深刻地认识到，生态环境关系到人民群众的生活质量，关系到社会的和谐稳定。喝上干净的水、呼吸清新的空气、吃上安全的食品、享受清洁的环境是人民群众的基本要求。为群众创造良好的生产生活环境，是各级党委、政府以人为本、执政为民的具体体现，是创造人民群众幸福生活的实际行动。各级各部门要充分认识建设生态文明的重大意义，切实增强建设生态聊城的责任感、紧迫感，坚持既要金山银山、又要碧水蓝天的发展理念，把生态聊城建设作为重大战略任务扎实推进，在转型跨越中实现绿色崛起。

二、切实抓好生态聊城建设各项工作的落实

这次会上，下发了市委、市政府《关于落实生态山东战略建设生态聊城的意见》，峰海同志对这项工作进行了全面部署，目标任务已经明确，关键在于落实。在具体工作中，要着重把握好以下几点：

一要坚持把转方式、调结构作为主攻方向。经济发展不能以牺牲环境为代价，同样，保护环境也不能靠放缓甚至停止发展来实现。要实现经济发展与环境保护的协调同步，就必须加快转方式、调结构，推进经济向生态化、低碳化、循环式发展转变。在这方面，各级各有关部门特别是信发、祥光、泉林等重点企业在工作中探索出许多成功经验，下一步要认真总结推广。要紧紧围绕建设"一五二"产业基地，依靠科技创新，加快改造提升传统产业，大力发展战略性新兴产业、现代服务业和生态高效安全农业。要坚持以优质增量促进存量调整，通过大上项目、上好项目，做大做强实力、创新力和竞争力。要充分发挥生态建设的倒逼作用，严格制定并实施节能减排的市场准入、强制性能效、土地投入产出强度等标准，抑制粗放型增长，促进产业转型升级。

二要坚持把保护生态环境作为关键环节。要始终把节能减排作为硬任务，强化节能减排目标责任制，突出抓好重点产业、重点企业和重点领域的节能减排，坚定有序地淘汰落后产能，确保完成省下达的约束性指标。要采取有效措施，切实解决好水污染、大气污染、农业面源污染等突出问题，解决好群众反映强烈的突出环境问题。扎实做好湿地保护、植树造林等工作，增强生态系统的自我调节和平衡能力。明年，我市将再次代表山东省迎接海河流域治污考核。这项工作不仅是对建设生态文明市工作的实际检验，也是开展"争先进位年"和"塑造聊城形象从我做起"活动成果的重要体现，各级各部门特别是环保部门要发扬成绩，再接再厉，抓好各项工作的落实，确保高水平、高质量地完成迎检工作任务。

三要坚持把培育生态文化作为基础工程。着眼创造聊城人民的幸福生活，着眼塑造良好的聊城形象，大力弘扬生态文化，深入开展宣传教育，扎实开展各种形式的生态文明创建活动，使生态文明的理念进学校、进企业、进农村、进社区，入心入脑，使爱护环境成为全民的自觉行动，促进城乡环境改善，促进全社会文明程度普遍提高。

三、加强生态聊城建设和环境保护工作的检查考核

生态聊城建设是一项事关全局的战略任务和系统工程。生态聊城建设领导小组要切实搞好组织协调，相关部门要各负其责、相互配合、齐抓共管、形成合力。广大企业要切实承担社会责任，严格遵守环保法规，自觉节能降耗、控制污染。要将生态聊城建设、海河迎检和环保工作作为各级党政领导班子和领导干部科学发展政绩考核的重要内容，严格对环保工作任务完成情况进行考核。各县（市区）党委、政府和市直有关部门每年要向市委、市政府报告生态聊城建设和环境保护工作任务完成情况。市考核办和市委、市政府督查室要定期开展督导考核，考核结果向社会公布。对于完成任务好的县（市区）和单位进行表彰奖励；对于未能按时完成阶段性任务的，对负责人进行约谈，情节严重的，严肃追究相关人员责任，给予通报批评、黄牌警告、一票否决等处分，促进各项工作扎实向前推进。

同志们，建设生态聊城是时代赋予我们的光荣使命。各级各部门和广大干部群众要以高度的政治责任感和历史使命感，恪尽职守、扎实苦干，努力提高生态文明建设水平，为全面建设生态型强市名城，创造聊城人民的幸福生活做出新的更大贡献！

林峰海在聊城市海河流域考核总结表彰暨创建国家环保模范城再动员会议上的讲话

（2009年10月22日）

同志们：

今天这次会议是市委、市政府研究确定召开的。会议的主要任务一是对我市代表山东省接受海河流域考核工作进行总结和表彰；二是以这次总结表彰为契机，对创建国家环保模范城工作进行再动员、再安排、再部署，加快推进国家环境保护模范城创建工作，力争早日通过国家验收。首先给大家通报一个情况，就是我市在创建国家环保模范城市过程中，领导重视，措施得力，成效是显著的。我市尚未通过验收，不是我们工作不到位，而是国家相关体制政策出现变化造成的。在我们创建工作的初期，国家提出的是创建环保模范城市，包含一套指标，一套要求，一套体制。当我们通过了国家技术核查以后，国家又提出了"创建国家环保模范城"，去掉了"市"字，又提出一套新的指标体系和新的验收管理办法。而且正好在这个时期，国务院停止了对创建国家环保模范城的验收，没有再审批新的国家环保模范城。所以这不是我们工作的问题，而是体制、政策变化的问题。现在创建国家环保模范城，是新的指标、新的体系，我们一定要按照新的标准和新的要求，扎扎实实地做好工作。

刚才，会议传达了国家环保部的考核通报，我们聊城市代表山东省迎接国家的检查，取得了第一名，这个成绩的取得是来之不易的。宋书记专门对会议致信，提出了重要指导意见；一会儿，同民同志还要总结我市海河流域考核工作情况，并对下步创建国家环保模范城工作进行具体的安排部署，请大家认真抓好贯彻落实。下面，我讲三点意见。

一、我市迎接海河流域考核工作打了一场漂亮的攻坚战

今年，国家对海河流域内北京、天津等7个省（市、自治区）水污染防治工作进行考核，每省选派一个地级市代表本省接受考核。4月底，省政府研究确定由我市代表山东省接受国家考核。经过两个多月的艰苦奋战，我市代表山东省取得了第一名的优异成绩，得到了环保部、省委省政府的高度评价和社会各界的广泛赞誉，为聊城、更为全省人民争得了荣誉，大长了我们聊城人民的士气，也为我们建设生态文明市、创建国家环保模范城奠定了坚实基础。这是省委、省政府正确领导的结果，是全市上下齐心协力、顽强拼搏的结果，是全市广大干部职工特别是各县（市、区）一线的同志冲锋在前、忘我工作的结果。在此，我代表市委、市政府，向在海河核查工作中作出突出贡献的同志们表示衷心的感谢，向今天获得表彰的单位和个人表示诚挚的祝贺！

我市这次迎检工作概括起来主要有以下几个特点：

（一）自我加压，定位高。省委、省政府经过认真研究，确定把迎接海河流域考核任务交给聊城，我们的准备时间只有一两个月，任务十分艰巨，时间非常紧张。另外，与北京、天津这样的城市同台竞争，我们的压力也十分巨大。在这种情况下，我们的办法无非只有两种，一是留有余地，留有后路，可能将来不失面子。二是痛下决心，把这个挑战作为促进我市工作的重要机遇，确保夺取第一。在这种情况下，市委、市政府经过反复研究，以对聊城发展负责的态度，敢于碰硬，敢于知难而进，确立了"勇夺第一"的目标。

对于实现这一目标，我们是有足够信心的。我们的信心来自于中央和省委、省政府对环保工作的高度重视。这项工作是落实科学发展观的客观要求和内在需要，非抓不可，是一项不能回避的政治任务。我们的信心来自于省委、省政府对我市的高度信任，这是促进我市环保工作再上新台阶

的重大机遇和坚强保障。我们的信心来自于省有关部门的悉心指导。大家可能还记忆犹新，在我们迎接检查的过程中，省环保厅张波厅长等有关领导同志亲临聊城进行具体指导，这为我市做好迎检工作提供了大力支持。我们的信心来自于近年来我市致力于推进的生态文明市建设。我们一直把环保工作作为学习实践科学发展观的重要内容，作为贯穿于经济社会发展全过程的自觉行动，作为转变发展方式、拓展发展空间、促进跨越发展的关键举措。我市环保工作已经取得了明显成效，有了一个良好的基础，只要我们痛下决心，真抓实干，自我加压，负重奋进，一定能够取得优异的成绩。我们的信心还来自于我们对各县（市、区）基层同志们的高度信任，我们基层的同志们水平、能力、作风都是过硬的，只要目标明确，路子对头，措施有力，是有强大战斗力的。所以，市委、市政府确立了在海河流域迎检中代表山东省必须坚决确保第一的目标，我们倒排工期，不惜一切代价做的每一项工作，都是按照确保第一这个目标来进行的。实践证明，这个决策是正确的。我们实现了确保第一的目标，聊城的环保工作也上了一个大台阶。原来我们聊城节能、减排双双位列山东第十六名，在十七个市中倒数第二。其他的市中有一个倒数第一，另一个位次在前边，而我们是双双倒第二，形势非常严峻，因为那些成绩比我们差的市成绩稍有提升，我们聊城就会垫底。因此，我们痛下决心，经过努力，我们的节能和减排工作从全省倒数第二变成了一个正数第三，一个正数第八，我们聊城市发展环境差、发展质量差的印象在省委、省政府那里有了很大的改观。现在我们又代表山东省夺取了海河流域考核第一名，聊城的节能减排工作和环保工作一下子摆脱了原来的被动局面，也为我们干好"项目突破年"的各项工作创造了环境，开拓了空间，为聊城的整体发展赢得了主动。否则的话，如果我们在节能减排上继续处于被动地位，我们上项目就会遭遇限批，就会给我市的发展带来十分不利的影响。现在我们认真做好了各项环保工作，对水污染防治重点项目、工业企业治理设施、档案材料、纪录片制作等各方面和环节都严格按照第一的标准去完成，取得了很好的效果。实践已经充分证明，我们的干部队伍有高度的全局意识，有非凡的战斗力，是完全有能力实现这个目标的。

（二）科学运筹，决心大。为了打好这场环保攻坚战，我们建立了"党委领导、政府主导、环保牵头、部门协作、全社会参与"的"大环保"工作机制，在全市建立了"纵到底、横到边"的责任体系。市里专门成立领导小组，市政府与各县（市、区）政府、市直有关部门签订了责任书，立下了"军令状"，各县（市、区）与各乡镇、重点工业企业也层层签订了责任书。几位副市长带队督导工作开展，环保部门在省环保厅的指导下，在有关部门的密切配合下，紧张有序地进行准备，监察部门专门对这项工作的开展进行督导督促检查，各级各部门都加大了责任考核力度，确保了每一个环节都围绕中心工作开展。我们对莘县、临清、茌平、高唐、东昌府区提出表扬，这些县（市、区）都是县委书记靠上抓；冠县、高唐对工作力度不够大、工作不到位的有关单位负责人给予了免职处理，充分显示出各县（市、区）党委政府的工作力度，这些措施有力地推动了工作开展。我市远程视频监控系统的硬件基础比较差，但是在短短一个月的时间内，全市所有的污水处理厂和20家重点工业企业全部安装了污染治理视频监控设施，并全部与市环境监控中心联网；在水污染防治重点项目完成不到50%的情况下，我们提出奋战一个月，提高10个百分点的目标，结果在短短一个月的时间内，最后考核达到了63%，提高了13个百分点。

（三）着眼长远，创举多。我们始终坚持以科学的理念为指导，立足当前，着眼长远，统筹兼顾，不是为了迎检而迎检，而是为了追求社会效益的最大化。在省政府提出的"治、用、保"治污思路的基础上，我们积极探索创新，融入了"防""管""控"监管模式，并创造性地提出了"服"的措施。防就是防控，管就是进行有效的管理，控就是进行科学的控制，服就是为企业和产业的发展搞好服务。在扎实做好污染监控、点源治理、综合利用的同时，促进生态的自然修复和良性循环。我们聊城形成了以"泉林模式"、"凤祥——祥光模式"、"东昌湖湿地模式"为代表的"点、线、面"相结合的治污体系以及"人机结合、以机为主、生物为辅"的"三位一体"水污染监管模式。人机结合就是在污染物监控工作中，要把相关人员去现场检查和机器控制、现场视频和在线控制结合起来；以机为主，就是以安装的监控设备、机器为主；生物为辅，就是污水处理后全部通过污水处理厂生物指示池向外排放，生物指示池中的鱼活蹦乱跳，所排放的处理后的污水才是达标的。通过这种方式可以确保达标排放，这也是在海河流域检查中，所有检查组成员以及省政府在我市开现场会的时候，其他市的领导很感兴趣的一个创新。这种做法也得到了国家考核组和省政府的高度评价。可以说，通过这次活动，我们对环保工作的认识和做好环保工作的思路更加清晰，抓环保工作的体制机制和办法更加完善，这是我们做好下一步环保工作的有力保障。

（四）顽强拼搏，作风硬。迎检期间，蔡同民副市长带领迎检办公室主要部门的同志们集中办公，不分白天黑夜，多次深入一线指导工作开展。各级各有关部门和单位的一把手讲政治、识大体、顾大局，亲自抓，工作雷厉风行，任务不过夜，取得了很好的效果。在这里，我要对各个县（市、区）党政主要负责同志的工作给予充分的肯定。大家认清形势亲自抓，下大力气真抓实抓，确保了各个县（市、区）的环保工作扎实、有效、全面地开展。高唐县、临清市环保部门的主要负责人由于任务重、工作负荷大累倒在一线，但仍坚持在政府领导下，提前完成了高唐县污水处理厂二期工程和茌平县污水处理厂中水回用工程等项目。在迎检期间，全市形成了"人人讲奉献、顾大局、比干劲、争一流"的迎检作风，这种"不畏困难、科学运筹、团结奋进、敢为人先"的迎检精神，是我们今后开展其他各项工作的宝贵财富。

（五）全民参与，氛围浓。在这项工作开展过程中，从城市到乡村、从机关到企业都广泛发动起来了，在交通干道和主要公共场所都有许多群众自创的标语口号和宣传牌。特别是报纸、电视等新闻媒体对迎检工作进行了全方位、多角度的报道，在全市上下形成了抓环保、促经济、美化家园的浓厚氛围。据粗略估算，仅在这两个月的时间里，全市环保投入就达到4亿多元，带动城建、绿化、美化和社会事业发展等方面的投入近50亿元。我们把这项工作作为带动环保工作和其他各项工作的有利契机，作为我市整治违法建筑的有利契机，作为我市推进农村爱国卫生运动的有利契机，作为我市交通和基础设施建设的有利契机，城乡环境整治工作得到了加强，大量环境死角得到了清理，我们的各项工作都有了深入的开展。为了做好海河迎检工作，大家付出了大量的心血和汗水，也得到了广大人民群众的支持，在省环保局舆情监控中心组织的环保民意随机抽样调查中，我市群众的满意率达到了历史最高水平。

在肯定成绩的同时，我们也要清醒地认识到，我市环保工作取得的成绩还是初步的、阶段性的。我们要创建国家环保模范城，要落实科学发展观，还有许多工作要做。我们的环保工作面临的形势依然严峻，创建国家环保模范城还面临许多困难和问题，主要是：我市传统产业比重大，资源依赖型行业多，工业结构偏重，重化工特征明显，污染物减排压力在一定时期内仍然很大，截至今年上半年，化学需氧量减排完成"十一五"减排任务的73%，剩余的工作量非常大，而且这些工作的难度会越来越大；环保投入仍然不足，重点工程建设仍需加强，大量设备需要上马；经济环境协调发展的长效机制尚不完善；人民群众的环保理念还需要进一步加强。对这些问题，我们要在今后的工作中采取得力措施，加大工作力度，认真加以解决。

二、再接再厉，确保国家环保模范城创建成功

顺利完成海河考核工作是我们取得的一个阶段性成果，同时也是一个新的起点。市委、市政府确定的建设生态文明城市的宏伟目标，要求我们必须再接再厉，进一步增强做好环境保护工作的紧迫感和责任感，巩固来之不易的工作成果，确保明年成功创建国家环保模范城，为聊城未来发展赢得更大空间，为广大群众创造一个更加安全、舒适、优美的工作和生活环境。

对于"创模"的具体措施，一会儿同民同志还要作具体安排部署，在此，我主要强调要处理好以下几个关系：

（一）正确处理项目突破和产业升级的关系。作为新兴的工业化城市，长期以来，结构性污染是我市环保面临的最突出问题。只有改变偏重的产业结构，才是治本之策，才能实现经济发展与环境保护共生兼得的目标。我们现在是以治标为主，要治本就是要实现我市产业结构的升级优化。目前，我市正处于工业化中期阶段，加快推进工业化、城市化仍是我们的首要任务，优化经济结构、建立节能环保型产业体系是我们坚定不移的战略选择。市委、市政府确定今年为"项目突破年"，各县（市、区）新上了一大批大项目、好项目，这些项目技术先进，在环保、能耗等各方面对原有的经济结构是一个很大的调整和提升。实践证明，市委、市政府的决策是正确的，我们就是要抓住国家扩大内需，保增长、保民生、保稳定的有利时机，调动各方面的积极性，上大项目，上好项目，扩大优质高效投入，做大工业规模，加快工业化进程。实践证明这是符合聊城经济社会发展实际，符合人民群众愿望的。国家和省、市都制定了产业调整规划，我们围绕产业升级拉长产业链条，提升重点产业的竞争力，还是要依靠上好项目。各级各有关部门要抓紧时间搞好谋划，继续将节能减排作为实现科学发展的突破口和硬任务，大上产业升级的项目、节能环保的项目和改善民生的项目，以环境保护优化经济发展，加快产业结构优化升级的步伐。要按照走新型工业化道路的要求，积极推进产业结构调整，认真落实市政府制定的《关于产业发展的指导意见》、《关于促进工业企业又好又快发展的意见》、《关于加快新能源和节能环保产业发展的指导意见》和《汽车工业调整振兴规划》等专项规划，促进产业、产品向高端化发展。要大力发展高新技术产业，积极运用高新技术和先进适用技术改造提升有色金属、造纸、纺织、机械等优势产业。

（二）正确处理严格执法和优质服务的关系。各级政府特别是环保部门，要严把环评审批关口，对不符合国家产业政策的"两高一资"项目坚决不批。对不符合国家产业政策、浪费资源、污染环境、产能过剩的落后生产线和设备，要摸清底子，列出清单，逐步加以技术改造，不能改造的要坚决予以关停、拆除。在这方面，环保部门既要把好关，更要搞好超前服务，提前预警，告知企业需要注意哪些问题，帮助企业研究适应环保标准的方式方法，决不能对企业简单粗暴执法，一关了之、一封了之。在环保工作的落实上，我们的态度要坚决，要不留余地。如果这个问题我们不解决，上了一些污染的项目，出了污染的问题，不但影响我们的形象，还会伤害到广大群众的身心健康，这是得不偿失的。但是另一方面，在执法的过程中，也要从大局着眼，从聊城的实际出发，讲究工作的方式方法。比如我们发现有家企业排污，主要有两种处理方法，一种是马上关停，这就是形而上学，是孤立地处理问题；另一种是发现问题之后，科学确定整改目标，并和企业一起研究上设备、改变工艺等具体的应对办法，而不能一关了之。要把管理和服务有机结合起来，在发展的过程中抓好环保，通过抓好环保促进更好的发展。实践也证明这是一条正确的路子，泉林集团很早以前也存在排放不达标的问题，是简单关停还是保留下来，并逐步解决环保问题，对此当时上级部门也存在争论。在这个过程中，有的同志坚持了正确的做法，认为不能一关了之，而是要帮企业找到问题，解决问题，因此泉林才保留下来，现在成了全国造纸行业搞好环保的排头兵，环保部、环保厅可能还要在这里开全国范围的行业现场会。这就是前面我们提出的"治、用、保"的环保理念和"防、管、控、服"中的服务工作，这也是对环保工作提出的更高要求。

（三）正确处理行政推动和创新机制的关系。抓好环境保护工作是各级政府的职责所在，特别是在当前全社会环保观念尚未全面树立的情况下，必须加大行政推动力度。同时，也要努力创新机制，利用更多的市场手段破解我们面临的问题。做好环保工作主要有三个手段：行政手段、法律手段、经济手段。法律手段有环境保护法等一系列法规，必须要落到实处。我们今天的会议包括其他一些工作都是行政手段，要靠各级政府、各有关部门来推动。在做好环保工作的起步阶段和攻坚阶段，行政手段、法律手段是非常重要的，但是在日常工作中，经济手段也发挥着不可替代的重要作用。在这个问题上，我市也进行了有益的探索。市政府研究运用经济手段，具体来说就是制定了保障金制度，对电厂的二氧化硫排放进行治理。比如说我们有10家电厂，在3年或5年内必须完成治理二氧化硫排放的任务，我们用行政手段来推动就是召开会议，提出明确要求，用法律手段来推动就是按照法律规定对企业进行处罚甚至关停。但是我们创新了机制，研究引入了经济手段。比如按照3年完成任务的要求，某个企业在脱硫方面需要投入3000万，每年投入1000万。那么不管这个企业上不上二氧化硫处理设施，都必须交纳这笔款项，以保障金的形式统一存入指定账户。这家企业如果不上脱硫设施，那么其他企业要上的话，就把这笔钱支付出去。这个办法有力地调动了电厂上脱硫设施的积极性，经过一年多的时间，我市所有的电厂都上了二氧化硫脱硫设施，这就是经济手段的威力。上不上环保设备对于企业的经营成本是有影响的，企业都要追求资本利益的最大化，是不会主动支付排污这份社会成本的。政府的职责除了法律手段、行政手段之外，就是要通过经济手段调动企业做好环保工作的内在积极性。在三种手段里面，起基础作用的还是经济手段，我们在这个问题上有了一些探索。在下一步的环保工作中，仍然要探索将法律手段、行政手段、经济手段结合起来推动环保工作。当前，影响我市创模的几大难题，如生活垃圾渗滤液处理、污水处理厂中水回用等，都需要大批资金，而我市欠发达的实际又决定了仅凭财政资金无法办好这些事情。这就需要各级攻坚克难，创新体制机制，采取BT、BOT等多种形式筹集资金，加快相关工程建设，使之达到上级要求。工程运营后，同样需要创新运行的体制机制，确保正常运转，不搞"面子工程"，使环保工程实实在在地发挥应有的作用。

（四）正确处理临时突击和形成长效机制的关系。这次迎接海河流域核查，一是靠我们这几个月的突击，二是靠我们的日常工作。关键时刻搞突击是必要的，而且也取得了很大的成效，但是搞突击的最大弊病在于往往不能持久。所以，要大力发扬海河流域迎检精神，坚持我们的成功经验和做法，努力形成促进环保日常工作的长效机制。具体来说，在今后的工作中，要坚持"六不准"。一是各级党委、政府的重视程度和工作力度，各有关部门、各有关企业的工作标准要求坚决不准降低；二是全市境内河流水质及出境断面主要污染物浓度坚决不准上升。我们要有一个负责任的态度，现在的考核也很科学，根据入境河流断面污染物浓度和出境河流断面污染物浓度，就能看出一个地方环保工作搞得怎么样，所以大家一定要下真功夫，绝不能弄虚作假。三是全市所有污水处理厂的处理率及外排达标率坚决不准降低。建设污水处理厂的投入很大，如果不能满负荷的运转，就是劳民伤财，现在各个县抓得不错，但是仍然有个别县还存在这样那样的问题。四是全市所有污水排放企业都要提高自律意识，不能有任何侥幸心理，坚决不准违法排放。五是各级要高度重视环保方面的信访问题，发现问题要及早果断处置，坚决不准任何污染事故发生。六是各级环保部门要严格执法，不徇私情，坚决不准降低执法力度。"六不准"是我们巩固环保成果、再上台阶必须坚持的。围绕实现"六不准"的要求，各级各部门还要考虑一些具体的制度和办法。如果在以上几个方面出现问题，市委、市政府将严肃追究有关方面的责任。

三、加强领导，确保创模各项任务落到实处

我市的创模工作取得了明显的成效，但距创模成功还有不小的差距。在下步工作中，各级各部门要拿出海河迎检的劲头，进一步加强领导，强化措施，确保尽快创建成功。

一是要加强领导，整体联动。为确保全市创模工作的持续推进，市委、市政府调整了创建国家环保模范城工作领导小组，由我任组长。各级各部门的一把手同样是创模工作的第一责任人，要进一步加强对创模工作的领导，重大问题亲自研究、亲自推动，分管领导同志必须靠上抓。各责任单位要严格按照目标责任书的要求，迅速制定相应的工作方案，明确工作标准，明确每项工作的具体责任人，确保创模工作件件有人抓、事事能落实，决不能因为某项工作的失误，拖了全市创模工作的后腿。

二是要宣传发动，舆论引导。广泛发动社会参与是搞好创模工作的重要保障，社会的参与程度和人民群众的发动程度将最终决定创模工作的成效。要通过电视、广播、报纸、网络等新闻媒体，大张旗鼓，大造舆论，宣传市委、市政府的决心，宣传各责任单位的举措，宣传广大群众的热情，营造"人人参与创模，共建美好家园"的良好氛围。现在群众的环保意识在明显增强，我们要引导好，使之成为我们搞好工作的强大动力。要

充分利用各种宣传教育阵地，采用群众喜闻乐见、易于接受的宣传形式，提高人民群众对创模活动的认识，增强搞好创模活动的责任，把广大人民群众的积极性和创造性充分调动起来、发挥出来，使他们理解创模、支持创模、参与创模，真正成为创建国家环保模范城的生力军。

三是要强化督查，严格奖惩。市创模领导小组办公室要与纪检监察部门密切配合，切实加大检查督导力度。要围绕国家环保模范城考核指标体系，按照目标任务责任分工，采取定期与不定期、明察与暗访、抽查与全面检查相结合等方式，加强工作督查，掌握工作动态，反馈工作情况，推动工作落实。对工作扎实、成绩突出的单位和个人，要大张旗鼓地表彰奖励；对创模工作中存在的突出问题，要责令责任单位和责任人限期整改；对措施不力、行动迟缓，甚至消极应付、推诿扯皮而影响创模工作的单位和个人，要严肃实行责任追究，绝不姑息迁就。

同志们，我市在海河迎检中取得的优异成绩，充分证明聊城的各级干部群众有能力、有干劲、有水平。希望同志们戒骄戒躁，再接再厉，继续发扬"不畏困难、科学运筹、团结奋进、敢为人先"的迎检精神，立即行动起来，坚定信心，真抓实干，为国家环保模范城早日创建成功，为把我市尽快建设成为生态文明城市做出新的更大的贡献。

（根据录音整理）

林峰海在生态聊城建设暨
全市环境保护工作会议上的讲话

（2012年5月22日）

同志们：

这次会议是市委、市政府研究确定召开的一次重要会议，主要目的是贯彻落实生态山东建设大会精神，回顾总结全市生态文明建设工作，安排部署生态聊城建设和全市环保重点工作，对海河迎检工作进行动员。刚才，会议表彰了创模、主要污染物减排和生态建设先进集体和先进个人；市政府与各县（市、区）和市直有关部门签订了环保目标责任书；高唐泉林纸业有限公司作了典型发言，很值得大家学习借鉴；临清市政府、茌平县政府分别作了海河迎检表态发言，讲得都很好，关键是要抓好落实、兑现承诺。宋书记还要作重要讲话，希望大家认真学习领会，抓好贯彻落实。下面，我先讲几点意见。

一、我市生态文明市建设取得显著成效

近年来，全市上下深入贯彻落实科学发展观，坚持在发展中保护生态环境，以生态环境保护的成效更好地促进科学发展，积极建设生态文明市，取得了显著成效。主要体现在以下几个方面：

（一）生态理念深入人心。坚持以科学理念做指导，鼓励和动员全市上下凝神聚力、共谋发展。2008年，我们在全省率先召开了生态文明市建设动员大会，市委、市政府出台了《关于建设生态文明市的意见》，将生态文明市建设提到重要议事日程；2009年3月，市委、市政府进一步把奋斗目标凝练为"建设生态型强市名城"；今年年初召开的市第十二次党代会上，我们又将奋斗目标确定为"全面建设生态型强市名城，创造聊城人民的幸福生活"。这一系列的奋斗目标得到全市干部群众的一致认可，凝聚了人心、鼓舞了干劲。"生态是借贷而不是继承"、"建设生态文明从我做起"等生态理念已深入人心，各级干部群众都自觉地按照生态文明的要求谋发展、保环境，即使在应对金融危机时的严峻形势下，在开展"项目突破年"的浓厚氛围中，也没有上污染项目，所上的都是符合国家产业政策、节能环保的项目，促进了经济社会平稳较快发展，生态环境不断改善。2011年全市经济社会发展登上新台阶，经济总量达千亿元台阶，经济效益达百亿元规模，主要经济指标增幅均名列全省前茅，规模以上工业主营业务收入突破5000亿元大关，由2006年的全省第13位一举跃居第7位，而同期节能减排在全省的位次由双双第16位分别提高到第4位和第6位，努力探索了一条不以牺牲生态环境为代价的跨越发展道路。这也充分验证了市委、市政府关于生态文明市建设的决策是完全正确的。

（二）生态经济健康发展。坚持以建设生态文明市为总抓手，努力打造"一五二"产业基地，积极推动生态产业化、产业生态化，经济发展进入可持续发展的轨道。首先，努力加大优质高效投入，从源头上推进结构调整。坚持把抓投入、抓项目作为转方式、调结构的关键，坚定不移地上大项目、上好项目。坚持每年抓好100个重点项目，自2007年以来已累计完成投资1395.5亿元。信发集团化工配套及赤泥处理、祥光铜业40万吨阴极铜、鲁西化工精细化工、中色奥博特20万吨铜合金板带、时风集团20万辆电动汽车、中冶银河20万吨高档文化用纸、泉林纸业80万吨有机肥等一批大项目陆续建成、发挥效益。这些项目为产业结构的调整奠定了坚实的基础。其次，加快发展与节能环保密切相关的战略支柱产业、战略新兴产业、现代服务业和生态高效安全农业，推进经济结构优化升级。制定并实施了工业十大产业调整振兴规划，大力推进"4455"工程建设，目前四大"千亿产业园区"发展框架全面拉开，战略新兴产业发展提速，我市被国家有关部门命名为"中国有色金属新城"，被省政府认定为"新能源汽车示范基地"。在全省率先提出并实施了农业十大产业调整振兴计划，以发展生态农业为突破口，大力发展龙头企业、特色农产品基地，粮食总产突破百亿斤，列全省第3位，蔬菜总产跃居全省第一，全市农业综合生产能力迈上一个大的台阶。加快商贸物流、文化旅游等服务业跨越发展，中华水上古城、徒骇河世界运河博览园、农产品大市场等一大批重点项目正在加快建设。2011年，服务业占生产总值比重首次突破30%，标志着全市转方式、调结构上了一个新台阶。

（三）生态环境日益优化。坚持保护环境就是保护生产力，生态环境质量持续得到改善。一是坚持狠抓节能减排不放手。在促进经济快速发展的同时，节能减排工作打了一场漂亮的翻身仗，节能和减排在全省的位次不断前移。2009年，我市代表省接受国家对海河流域水污染防治工作核查，一举夺得了第一名的优异成绩。成功创建国家环境保护模范城市，成为环保部成立以来按照新标准验收通过的全国第一个地级市。2011年，全市主要污染物减排工作中四项主要污染物削减比例均不同程度下降，是全省四项指标均下降的四个市之一。二是积极推进科技创新，大力发展循环经济。2007年以来，新增国家重点实验室、工程技术研究中心和企业技术中心7家，获省科技进步一等奖6项，建成博士后流动工作站8个。我市被认定为有色金属材料及制品国家火炬计划特色产业基地、国家知识产权试点城市，成功创建国家级高新技术创业服务中心。祥光铜业生态工业园区以其生态高效、全产业链、循环经济的特色，成为全国首家县属国家生态工业示范园区。信发铝业集团自主研发并建设的200万吨赤泥综合利用项目，解决了世界性难题，成为世界第一家拥有将赤泥"吃干榨净"技术的铝冶炼企业。泉林集团成为全国首批循环经济试点企业。三是着力打造生态宜居城市。坚持高起点定位、高水平规划、高质量建设、高效能管理，把生态环境整治与优化城市布局相结合，大力实施"两城一河"战略，改善居民生活环境，城市功能和承载力进一步增强。我市先后成功创建为国家卫生城市、国家园林城市，并获得中国十大特色休闲城市、"影响中国"十大特色魅力城市等美称。目前，全市森林覆盖率达到32%，城市绿化覆盖率达到44.6%，成功创建3个国家级生态示范区、5个省级生态示范区，41个乡镇（办事处）被命名为省级生态乡镇。

（四）生态社会和谐稳定。坚持把生态文明市建设与和谐社会建设结合起来，努力在加快发展中促进社会和谐。坚持不断加大民生投入，2011年全市财政用于民生的支出达到113亿元，占财政支出的65%，高出全省10个百分点。各类教育均衡协调发展，全市中小学全部免除了杂费，农村中小学免除了课本费，实现了真正意义上的义务教育。新建重建校舍67.4万平方米，农村中小学面貌发生了显著变化。市直中等职业教育资源整合取得重大突破，2011年大学本科录取人数列山东省第3位。文化事业繁荣发展，实施文化惠民工程，广泛开展了文化下乡、科技下乡、卫生下乡等活动，丰富了群众的文化生活。在乡村实现了综合文化站、农家书屋全覆盖。医疗卫生加速发展，乡镇中心卫生院、村卫生室建设改造任务全面完成，农民健康服务行动成功有效。社会保持和谐稳定，安全生产事故各项指标全面下降，平安奥运、平安全运、平安世博等重大安保任务圆满完成，人民群众的安全感、幸福感和满意度不断提高。

在充分肯定成绩的同时，我们必须清醒地认识到，我市环境形势依然十分严峻，环境保护还面临较大压力，突出表现在：一是环境容量和经济发展的矛盾日益突出。目前，我市处于工业化、城镇化加快发展的阶段，高耗能、高污染、资源消耗型等行业所占比重仍然较大，加快发展与环境制约因素的关系矛盾突出。二是群众期望和环境现状存在较大差距。虽然我市的环保工作取得了很大成绩，但距人民群众的要求，还有相当大的差距。三是环境保护面临的任务十分繁重。"十二五"期间我市的减排任务高于全国、全省平均水平。我市将代表山东省迎接新一轮国家海河流域水污染防治考核，争创第一的任务十分艰巨，等等。各级一定要保持清醒的头脑，正视存在的矛盾和问题，在今后工作中认真加以解决。

二、明确生态聊城建设的思路目标

今后一个时期，全市生态建设和环境保护的总体要求是：深入贯彻落实科学发展观，以转变经济发展方式为主线，以生态市建设为载体，以削减主要污染物排放总量为重点，着力解决危害群众健康和影响可持续发展的突出环境问题，切实促进经济建设与生态建设同步推进，全面提升生态文明水平，为建设生态型强市名城提供强有力的生态支撑。

主要目标任务主要包括四个方面：一是生态经济形成较大规模。转方式调结构取得重大进展，单位生产总值能源资源消耗和主要污染物排放总量大幅下降，万元地区生产总值能耗降低17%，化学需氧量、氨氮排放总量分别减少12.7%和14.8%，二氧化硫、氮氧化物排放总量分别减少17%和18%，全市初步建立起循环经济体系，绿色发展模式初步形成。二是生态环境质量明显改善。水和空气环境质量比2010年改善20%以上，省控重点污染河流全部消除劣五类水体；空气能见度大幅提升，空气质量良好天数明显增加，大气污染防治实现重要突破。全市森林覆盖率达到33%。三是城乡环境宜居水平显著提高。城市（含县城）污水处理率达到90%，城乡生活垃圾收运体系基本实现全覆盖，建成区绿化覆盖率达到40%，土壤环境得到有效治理，环境重金属污染问题基本解决，环境安全得到有效保障。四是生态文化日益繁荣。生态文化建设和生态文明宣传教育不断加强，生态文明建设示范活动广泛开展。生态意识成为全民意识，健康环保的生活方式、消费模式初步形成。

围绕上述思路和目标，工作中要注重抓好"三个结合"：

一要坚持生态建设与加快经济发展紧密结合。搞好生态建设绝不是慢发展、不发展，而是要实现更好更快的发展，两者是辩证统一的。从聊城实际出发，发展仍然是我们的中心任务，而且发展的速度和力度不能减小，只能增加。但我们所追求的发展，是有质量、有效益、可持续的发展，绝不能为了发展而牺牲环境。这就要求我们，在发展中要最大限度开发利用资源，最大限度减少废弃物排放，最大限度提升经济发展成效，做到"既要金山银山、又要碧水蓝天"。

二要坚持生态建设与城乡规划建设紧密结合。我市已进入工业化、城镇化加快发展的阶段。"十二五"期间，市中心城区要建设"双百大城市"，各县（市、区）、各中心镇建设也要加快发展，建设中一定要统筹规划、合理确定城镇功能分区，加强城乡环境基础设施建设，提高城乡环境承载能力。特别是，市中心城区的规划建设要注重把生态融入城市，逐步建立环城绿带、绿色走廊、大型绿地相配套的城镇绿化体系，持续改善城市景观水体水质，做活"水"的文章，进一步擦亮"江北水城·运河古都——生态聊城"的品牌。

三要坚持生态建设与提升群众幸福感紧密结合。建设生态市的目的不是为了拿一块牌子、得一份荣誉，而是要让600万聊城人民能够生活在一个生态、健康、优美的环境当中，给群众带来更多的实惠。要坚持把生态建设作为改善民生、造福民众的重要实事，切实解决好群众反映强烈的环境问题，让人民群众在优美舒适的环境中生产和生活，从而进一步凝聚民心、集聚民力，更好地推进我们的各项事业。

三、全面落实生态聊城建设各项任务

建设生态聊城，就是要坚持在发展中保护、在保护中发展的原则，积极探索代价小、效益好、排放低、可持续的环境保护新道路，以最少的消耗、最小的污染排放，取得最大的经济效益。实践中，要扎实做好以下工作：

（一）突出抓好节能减排。节能减排是转方式调结构的"牛鼻子"，也是"摘帽子"工程。节能减排的工作必须下死手抓、下硬功夫抓、下真功夫抓。一要切实抓好污染物总量减排。"十二五"期间我市的主要污染物总量控制种类增加到4项（化学需氧量、二氧化硫、氨氮和氮氧化物），且减排指标是全省平均数的1.1倍，是全国平均数的1.8倍，任务十分艰巨。全市上下要下定决心，全力以赴，争取主动，争取前四年完成整个"十二五"的目标任务。今年是《2008—2012年生态省建设市长目标责任书》的最后一年，明年省政府将对责任书完成情况进行全面考核，这是对我们5年来工作的一次"大考"，考核范围广，涉及部门多，各级各有关部门要超前谋划，明确责任分工，切实完成预定的任务。二要抓好减排工程建设。各级各有关部门要严格责任书目标要求，抓好11个污水处理厂新建扩建项目、23个工业治理水污染项目、2个中水回用项目以及10个人工湿地减排重点项目的建设，确保正常运行。三要认真执行环评制度。要严格执行能耗前置审批和环境影响评价制度，严格控制"两高一资"、低水平重复建设和产能过剩项目，通过区域规划环评、建设项目环评和工程项目的"三同时"等制度的落实，合理引导投资方向，促进产业结构调整和优化，努力做到在调整结构中促进发展。四要加大落后产能淘汰力度。严格落实国家产业政策，加大重点行业落后产能淘汰力度，深化重点企业、重点行业节能减排管理，运用先进技术改造提升传统产业。要重点围绕调结构、控新增，严控新增煤量，2012年全市规模以上企业煤炭消费量要控制在1650万吨以内，其中电力要控制在1350万吨以内。除"上大压小"外，全市化肥、焦炭、水泥等其他涉煤行业和造纸、化肥、味精、淀粉以及印染等行业原则上均不再增加产能，重点放在装备提升改造上。五要大力推进循环经济发展。以高耗能、高污染行业为重点，推进企业强制性清洁生产审核，建设一批循环经济型企业。着力抓好生态工业园区建设，构建绿色产业链和资源循环利用链，加强资源的综合利用和再生利用，努力把园区建设成为产业高地、创新高地、环境保护和生态建设高地。与此同时，要通过政策引导、扶持奖励，注重发展生态旅游等低碳产业和战略性新兴产业，切实提高绿色生态产业产值占GDP的比重，构建生态环保的现代产业体系。

（二）切实改善环境质量。要围绕群众关注的热点难点问题，切实加大治理力度。首先，要切实改善大气环境质量。以工业废气及异味治理、城市烟尘扬尘和机动车尾气治理为重点，严控复合型大气污染，将PM2.5纳入日常监测体系，实行定期通报。要加快实施工业废气排放再提高工程，执行更加严格的大气污染物排放标准，按时完成15个脱硝工程和20个电力行业脱硫设施旁路取消工作，加快脱硝工程建设进度，并逐步提高脱硫、脱硝效率。要加强燃煤锅炉治理，全面取缔城区集中供热范围内的燃煤锅炉。取缔露天烧烤，减少街头商业、餐饮污染。要求各类露天土堆、灰堆、煤堆、渣堆等全部进行密闭覆盖或采取喷淋等其他防扬尘措施。建筑工地要实施文明施工和绿色施工，建筑材料及渣土运输车辆采取遮盖或密闭等防扬尘措施。公安、环保等部门要密切配合，合理制定机动车淘汰计划，出台并实施黄标车区域限行或车牌尾号限行政策，并推行机动车油品升级，逐步实行机动车使用"国四"标准。其次，要切实改善水环境质量。省里要求2012年底主要河流断面水质化学需氧量浓度≤45mg/L、氨氮浓度≤4.5mg/L，到2015年，将彻底消除劣五类水体，即化学需氧量浓度≤40mg/L、氨氮浓度≤2mg/L。实现这一目标任务艰巨，需要我们下大力气实施城市污水处理厂和工业企业废水深度处理工程并确保稳定运行，建设有足够处理规模的人工湿地水质净化工程，同时进一步完善污水管网，谋划乡镇污水集中处理。

（三）加强环境污染防治。

一是强化环境执法监管。继续深入开展整治违法排污企业保障群众健康专项行动，对违法排污企业要采取严打的高压态势，综合运用行政、经济、法律、技术等手段，打好执法监管"组合拳"，加强对重点行业、企业的监管，对存在环境违法行为的企业依法进行立案查处。

二是强化土壤、重金属和危险废物污染防治。建立土壤污染环境监管制度，对粮食、蔬菜基地等重要敏感区进行风险评估，坚决禁止利用重污染土壤种植、生产农副产品。强化重金属污染防控，开展河流、湖泊底泥重金属污染调查和治理。加强污染事故防范和应急管理，重点加强对重金属、化工、放射源和放射性废物及危险废物等的安全管理，消除环境安全隐患。

三是加大农村污染防治力度。要以城乡环境综合整治为契机，开展农村环境连片整治，充分发挥"连片整治"、"以奖代补"资金的引导和鼓励作用，重点解决危害农民身体健康的迫切问题。加快村镇垃圾、污水收集和处理处置设施建设，搞好农村厕所改造。要扎实推进畜禽养殖业污染治理。大力开展规模化畜禽养殖专项治理工作，对不符合环保要求的养殖场要实施挂牌督办，限期治理。各县（市、区）要按照责任书要求，按期完成28家规模养殖场治理设施建设。要加快城乡供水一体化进程，试点先行、逐步推广，确保城乡居民安全饮水、健康饮水。

最后，我就抓好海河迎检工作再讲几点意见。

当前，我们面临的一项重大任务就是海河迎检，今天这次会议既是生态聊城建设部署会议，也是海河迎检工作动员会议。国家将于明年年初来我市检查，我们必须下最大的决心、用最大的努力，确保再获第一名，向省委、省政府和全市人民交一份满意的答卷。

一要提高认识，落实任务。做好海河流域水污染防治工作既是一项必须完成的政治任务，还是一项造福于民的民心工程。大家要从讲政治和为民办实事的双重高度进一步增强做好水污染防治工作的重要性、紧迫性，把这项工作作为重中之重来抓，奋力拼搏，全力以赴，确保取得优异成绩，为全省争光。各级各有关部门主要负责人作为第一责任人，要靠前指挥、亲力亲为，分管领导作为直接责任人，要靠上主抓、检查督导。迎接国家海河流域考核工作领导小组办公室要切实承担组织领导责任，开展经常性督查和抽查，及时编发工作简报，定期通报迎检工作进展情况。我们的市级领导到县（市、区）检查经济项目或其他重点项目时，要一并检查环保重点项目。

二要强化措施，加大投入。刚才，市政府与各县（市、区）、经济开发区和有关部门签了责任状，要严格按照责任书和《聊城市迎接国家海河流域水污染防治考核工作实施方案》抓好落实。要进一步明确任务分工和完成时限，把任务细化到每一个人，把责任落实到每一个人。各级各有关部门要根据各自迎检的项目，抓住关键，明确重点，制定切实可行的迎检方案和措施，切实加大资金投入，加快规划项目、人工湿地工程的建设进度，确保全面完成任务。

三要提高标准，确保第一。要想在海河迎检中再次取得好成绩，必须提高工作标准、打造亮点。比如，列入国家海河流域水污染防治规划的项目建设进度，2012年底前完成率要达到75%。只有这样才能超越对手。要进一步提高工作标准，对于已经完成的工作要进一步完善和包装，好上加好；对于目前尚未完成的工作任务要高标准、严要求的完成，不能因为时间紧而降低标准。

同志们，建设生态聊城，加强环境保护，任务艰巨，意义深远。大家要以对聊城长远发展、对人民群众高度负责的精神，开拓创新，扎实苦干，推动我市生态建设和环境保护工作再上新水平，为全面建设生态型强市名城、创造聊城人民幸福生活做出新的更大贡献！

生态文明与新型工业化案例

——聊城实证分析

中共聊城市委　聊城市人民政府

工业化是现代化的必由之路，是人类文明进程不可逾越的历史阶段。在科学发展成为时代主题的今天，面对经济全球化和新科技革命带来的机遇和条件，秉承生态文明理念，走新型工业化道路，有效规避传统工业化带来的资源、环境等问题，实现经济发展与环境保护的互促共赢，以更快的速度、更高的质量完成工业化的历史使命，是我们落实科学发展观，促进经济社会又好又快发展的必然选择。近年来，聊城市围绕推进新型工业化，进行了建设生态文明市的积极探索，在工作中取得了较好成效。

一、主要情况

聊城位于山东省西部，河北、山东、河南三省交界处。现辖8个县（市区）和1个省级经济开发区，总面积8715平方公里，总人口604万。聊城是一个传统的农业地区，又是一个相对欠发达市。近年来，通过狠抓生态文明市建设，聊城在保持农业全省领先和加快发展服务业的同时，工业实现了跨越发展。全市规模以上工业主营业务收入由2006年的1407.42亿元发展到2011年的5294.08亿元，翻了近两番，总量在全省的位次由第12位上升到第7位；而同时期生态环境得到有效保护和持续改善，节能减排综合排名由双双全省第16位上升至第4位和第6位。由于同时取得了经济发展和环境保护的突出成就，2011年，聊城获得了国家环境保护模范城市的称号，成为环保部成立后按新标准验收通过的全国第一个地级市。

（一）立足实际部署推动生态文明市建设。改革开放以来，聊城和全国全省一样，经济社会取得了长足发展。培植起有色金属、农机装备、造纸纺织、食品医药、能源化工、新能源汽车等优势产业，发展起信发铝业、祥光铜业、时风机械、泉林纸业、鲁西化工、中通客车、东阿阿胶、凤祥食品等一大批在全国同行业名列前茅的大企业集团，打造出中国"江北水城·运河古都"的城市品牌，创建为国家历史文化名城、全国优秀旅游城市、国家卫生城市、国家环保模范城市、国家园林城市、全国双拥模范城和省级文明城市，实现了由传统农区向新兴现代化城市的转变。同许多发达地区走过的道路一样，聊城在工业化的起步阶段，发挥劳动力、土地等生产要素的低成本优势，率先发展的是劳动密集型、资源密集型的传统工业，在为我市装备了农业、带动了服务业、改善了民生、支撑了财政、拉动了城镇化、作出了历史性贡献的同时，以其高能耗、高污染、层次低、粗放式的特征带来了很大的资源和环境压力。2006年，聊城的节能和减排两项指标排名在山东省17个市中双双排第16位，分管副市长在全省会议上作了检讨性发言。并由此带来了一系列社会矛盾和问题，特别是因环境污染引发的群众上访事件逐年增多。

党的十七大提出了建设生态文明的目标任务，给我们创新工业化发展战略、促进科学发展进一步指明了方向。2007年，新一届市委、市政府领导班子围绕探索符合聊城实际的科学发展道路，进行了深入的调查研究。大家一致认为，面对发展的新形势、上级的新要求、群众的新期待，如果继续沿用传统的发展模式，走规模扩张、外延发展的路子，资源难以为继，环境不堪重负，发展约束将越来越大。而且聊城地处平原，人口稠密且分布均匀，生态环境的自我修复能力很差，一旦发生生态灾难，后果不堪设想，必须按照建设生态文明的要求，走经济发展与环境保护协调推进的路子。市委、市政府确立了"加快建设生态型强市名城实现新跨越"的奋斗目标，提出了建设生态文明市的战略任务。2008年，市委、市政府召开建设生态文明市工作会议，对这项工作进行动员部署。会上，邀请了全国人大常委会和国家环保部的有关领导和专家作报告，省直十几个部门的领导同志出席，市县乡三级干部1000多人参加会议。这次会议，以其规格之高、规模之大、内容之深刻在全市上下产生强烈反响。为促进生态文明理念深入人心，各项工作顺利推进，干部群众积极参与生态文明建设，市委、市政府研究制定了《关于建设生态文明市的意见》，成立了建设生态文明市工作领导小组，明确了各级各部门在生态文明市建设中的目标责任；开展了广泛深入的宣传教育活动，提出了"生态是借贷而不是继承"、"GDP增长不等于财富积累"、"既要金山银山，又要碧水蓝天"等通俗易懂的理念和口号；采取报告会、党校培训、学习参观、新闻宣传、文艺演出等形式，深入宣传生态文明市的重大意义、丰富内涵和实现途径；开展了生态文明县（市区）、生态文明乡镇、生态文明社区、生态文明单位、生态文明企业等群众性创建活动。市委书记宋远方同志亲自主编了《聊城建设生态文明市的探索与实践》一书，全书50多万字，由新华出版社正式出版，发至全市县级以上领导干部。通过几年来的学习、宣传、实践，各级干部自觉按照生态文明的要求抓发展，在大力招商引资的过程中，在应对国际金融危机、全力以赴保增长的关键时期，也坚决把高能耗、高污染的项目拒之门外；广大企业家接受了新的理念和知识，积极转变企业发展方式，大力开展科技创新，促进了企业可持续发展；广大人民群众积极践行生态文明的生活方式，全市上下形成了关心、支持、参与生态文明市建设的浓厚氛围。

（二）以重点项目为载体加快经济转调升级。建设生态文明市，经济是基础。作为欠发达地区，加快发展是最大的任务，同时又要做好转调升级的工作，二者的结合点在于加大优质高效投入，以增量的优化促进结构的调整。

为达到这一目的，在战略层面，市委、市政府确立了将聊城建设成为山东西部的新兴生态化工业城市、冀鲁豫交界地区的商贸物流中心城市、江北文化旅游和休闲度假目的地城市的城市定位，部署了建设"一五二"

产业基地的总体产业布局，即在一产方面，建设生态农业及农产品深加工基地；在二产方面，建设有色金属及金属加工、运输设备及零部件、基础化工及精细化工、轻纺造纸及食品医药、能源电力及节能设备等五个工业基地；在三产方面，建设商贸流通及现代物流、文化旅游及休闲度假两个基地。在战术层面，市委、市政府研究制定了各个产业的发展规划，把目标任务和责任分解落实到各个县（市区）、各有关单位，最终落实到具体项目上。在具体工作中，市委、市政府每年都确定100—200个重点项目，由市级领导同志帮包，一个项目一套班子，明确任务、落实责任、严格考核，举全市之力扎实推进，以重点项目为载体促进经济转调升级。

一是大力发展循环经济。立足聊城传统工业、重化工企业较多的实际，围绕拉长产业链条、资源高效循环利用上项目，发展起一批循环式生产的企业、产业和园区，创造了新的经济增长点。市里重点支持80余家企业的废水利用、固废集中处理、余热回收等循环经济项目，50余家企业的节能技术改造项目，20余个企业的循环经济关键技术的研发和产业化项目。同时，将循环经济理念贯穿到园区规划之中，围绕资源的循环利用和高效产出，合理布局企业，优化资源配置，建立各具特色的循环经济产业链，以循环型企业壮大循环型产业、以循环型产业带动循环型园区、以循环型园区引领循环型社会，使循环经济成为聊城经济的特色，涌现出一批发展循环经济的先进典型。祥光铜业集团年产40万吨阴极铜项目，采用世界最先进的节能环保技术，实现了"三废"零排放，每年还可带来经济效益36亿元，成为十大"国家环境友好工程"之一；祥光铜业生态工业园区被国家环保部、商务部、科技部授予国家生态工业示范园区的称号。信发集团投资16亿元，自主研发建设了200万吨赤泥综合利用项目，不仅可把氧化铝生产过程中产生的尾矿赤泥"吃干榨净"，而且可实现销售收入22.5亿元，利税5.9亿元。这项技术吸引了美国美铝公司主动前来寻求合作。泉林纸业投资106亿元建设150万吨秸秆综合利用项目，不但有效利用农村秸秆，增加农民收入，而且利用废液生产有机肥，既减少了排放，又创造了财富。这些成功的经验，得到了国家和省有关部门的肯定。

二是拉长产业链条。近年来,我市注重引导企业拉长产业链条,向精深加工和终端产品发展,每拉长一个环节,增加一次资源利用深度,拓展一次增值空间。重点抓好年主营业务收入过千亿元的四个产业园建设。(1)信发循环经济千亿产业园,依托信发铝业集团,大力发展铝及铝加工产业,目前已发展起金属粉末、铝板带箔、汽车配件等铝深加工企业100多家;同时在市经济开发区建设铝产品高端加工区,引进用于高速列车和飞机制造的铝合金深加工项目。全市形成了以铝土矿、氧化铝、电解铝、铝合金、型材、高精度铝板带箔、铝合金精密铸件等产品为主的铝产业链条。(2)祥光铜业生态工业千亿产业园。依托祥光铜业集团,新上32万吨铜导体及电气化铁路架空导线项目,目前该产业园已创建为国家级生态工业示范园区。全市形成了以铜冶炼、高密度铜合金板带、铜箔、精密铜杆管线、接插件、管组件、电子元件和超高压交联电缆等产品为主的铜加工产业链条。(3)化工新材料千亿产业园。依托鲁西化工,重点发展煤化工、盐化工及石油化工,提高化工产品科技含量和附加值,打造精细化工千亿产业园。(4)新能源汽车千亿产业园。中通集团建设了年产3万辆新能源和节能型客车项目,时风集团建设了年产20万辆电动汽车项目。同时,在纺织行业中形成了以棉花加工、纺纱、印染、织造、家饰用品等产品为主的纺织产业链,在医药行业中形成了以大瓶液体、软袋液体、针剂、固体制剂等产品为主的制药产业链,在木制品深加工中形成了以中高密度板、贴面板、装饰板、强化木地板、家具等产品为主的密度板产业链条。

三是做大做强现代农业和现代服务业。在稳定粮食生产,用不到全国1‰的土地生产了全国1%、全省1/8的粮食,产量突破百亿斤的基础上,以打造富有地方特色的优质农产品品牌为抓手,大力发展生态农业及农产品深加工业。重点建设全国新增千亿斤粮食产能规划聊城项目区、凤祥集团总投资12亿元的现代化养殖及禽肉加工基地、嘉华公司投资3.6亿元的大豆加工等项目。目前,全市无公害、绿色、有机农产品品牌和地理标志保护产品达到266个,基地面积达到321万亩;规模以上农业龙头企业达到416

家，其中国家级龙头企业4家、省级30家；全市瓜菜菌总产预计达到816万吨，同比增长5.1%。蔬菜产量达到1390万吨，居全省第1位。充分发挥聊城的区位交通和文化旅游优势，投资49亿元规划建设了1平方公里的中华水上古城，建成后将成为全国独一无二，集历史文化、观光娱乐、休闲度假、文化创意等为一体的文化旅游区；投资53亿元建设了10平方公里的马颊河（世界运河之窗）生态旅游度假区，以展示世界著名运河两岸的建筑和风情为特色，在度假区内游览就相当于周游世界；规划建设了徒骇河沿岸10公里长的世界运河（建筑）博览园，将建设成为展示世界运河文化的长廊、凸显"江北水城·运河古都"城市特色的重要区域；投资70亿元规划建设了总面积4.5平方公里的聊城物流园区，建成后可实现经营收入100亿元，税收5亿元，促进了服务业比重、规模和质量的迅速提高，服务业占生产总值的比重突破30%。

（三）推动科技创新为经济发展注入强大动力。科技创新最具爆发力、最具含金量、最具跨越赶超的现实性。近几年来，我市通过加快运用高新技术和先进适用技术改造传统产业，大力发展战略性新兴产业，提高了经济发展的质量和效益。

一是加快建设科技创新平台。坚持开放式发展科技，与国内外200多家高校院所建立了产学研合作机制，在引进、消化和吸收的基础上不断提高自主创新能力。全市共建设市级以上工程技术研究中心116家，其中省级20家，国家级2家；国家级企业技术中心7家，省级37家；全市共有重点实验室35家，其中国家农作物种质资源国家重点实验室1家，省级6家，市级28家。2009年，科技部批准"聊城有色金属材料及制品产业基地"为国家火炬计划特色产业基地。2010年中国有色金属工业协会授予聊城为"中国有色金属新城"。以市经济开发区为依托，由中南大学、聊城大学和信发集团、祥光铜业、中色奥博特合作，组建了聊城有色金属研究院。投资6亿元的西安交大聊城科技园、规划面积16平方公里的九州国际高科技园正在加快建设。2011年，聊城获得"全国科技进步先进市"称号。

二是努力提升传统产业的科技含量。重点引进、开发对产业发展具有重大影响的共性技术、关键技术和配套技术，提高产品开发和深加工能力。"十一五"期间，市财政拨出2亿元设立科技发展基金，鼓励支持企业用新技术、新工艺改造传统产业。发挥企业技术创新主体作用，鼓励企业加大研发投入。通过财政补贴、贴息、奖励等措施，引导企业实施技术改造，争创高新技术企业，申报国家和省重大科技项目。全市累计完成技术改造投资1614亿元，年均增长32.14%。共有8项涉及节能环保的科研项目通过了省级以上科技成果鉴定，分别达到国际领先水平和国际先进水平。鲁西化工集团原是传统的化肥企业，自2008年开始积极采用高新技术嫁接，一手抓传统化肥产业的转型升级，一手抓新兴化工产业的发展，形成了较为完整的煤化工、盐化工以及煤盐结合一体化发展的综合性化工产业结构，化工产品占企业生产的比例由过去的5%发展到现在的55%。时风集团采用先进技术嫁接，实施"12万吨年铸铁屑清洁高效利用技术产业化工程"，采用计算机控制的5套10吨一拖二中频电炉取代15台6吨的冲天炉，进行电炉化熔炼铁水的技术改造，每年可利用12万吨铸铁屑直接取代高牌号面包铁用于生产，每年减少烟尘排放80%，节约标准煤5.094万吨。

三是大力发展战略性新兴产业。我们积极发展生物医药、新能源、节能环保、高端制造、新材料等战略性新兴产业，中通客车集团投资11亿元，建设了年产2万辆新能源客车项目，承担了三项国家"863"计划节能与新能源汽车重大专项项目，拥有30多项新能源技术专利；中通混合动力客车和纯电动客车项目整体达到国际先进水平；2008年中通奥运用纯电动客车被国际奥委会和北京市奥组委指定为奥运会开幕式、闭幕式指挥车，赢得专家和社会的一致好评。燎原光电公司投资11.6亿元，建成了半导体照明灯具封装产业化项目；鑫亚集团投资10亿元，建成了国内最大的欧4标准的发动机电喷系统生产项目。战略性新兴产业不断壮大，正在成为聊城经济的新优势。

（四）强化节能减排降低生态成本。我市把节能减排作为硬约束，在山东省下达目标任务的基础上，自我加压，主动调高节能减排目标。

一是加大淘汰落后产能力度。"十一五"以来，严格落实国家产业政策，加大重点行业落后产能淘汰力度，累计关停小火电机组38.3万千瓦，淘汰落后立窑水泥熟料产能80万吨，全面取缔"十五小"和"新五小"企业，关停了5条5万吨以下草浆生产线、6条5千吨以下酒精生产线和20多家治污设施不能稳定达标的企业。综合利用行政、市场等多种手段，使全市50户重点用能企业、130户重点排污企业实现了达标生产。

二是大力实施重点用能企业节能技术改造。信发集团电解铝项目采用国内先进且最成熟的大型预焙槽技术、电脑智能控制、模糊控制技术、超能相输送技术、电解烟气净化回收技术，具有技术起点高、环保达标的优势。集团电解铝单位能耗13300千瓦时/吨，氧化铝综合能耗417.5千克标煤/吨，优于国家和行业标准。鲁西化工集团大力实施节能技术改造和创新，引进先进节能技术，提高能源利用效率，2011年单位合成氨综合能耗为1.353吨标煤，比2006年降低0.131吨标煤。山东中华发电有限公司聊城发电厂通过生产过程能量优化等节能技改项目的实施，2011年比2006年供电能耗每度电节约12克标煤，按2011年总供电量140.5亿度计算，相当于节省了16.87万吨标煤。

三是抓好重点减排工程建设。几年来，为全面完成主要污染物减排任务，全市累计投入环保资金246亿元，共实施污染物减排工程309个；在60余家市控以上重点工业污染源建设了污水治理"再提高"工程或污水深度处理工程；投资10亿多元建设了12座污水处理厂，全市污水集中处理率达到90%以上；规划建设了13处人工湿地，流域内污染负荷不断降低。目前，卫运河、马颊河、徒骇河三条省控重点河流均实现了"有水就有鱼"的水质改善目标。同时，加大了对燃煤电厂脱硫工作的监管，全市29家燃煤电厂投资18亿元配套建设了脱硫设施，城区大气质量稳中有升。

四是搞好清洁生产审核。2006年以来，累计组织80余家企业参加了清洁生产审核师培训，22家企业自愿实施了清洁生产审核，对92家企业实施强制审核，并全部通过了评估验收。企业通过开展清洁生产审核工作，共产生清洁生产方案3000余个，累计投入资金12亿元，年可削减COD 3471吨，削减SO2 4975吨，节电9348万千瓦时，节约蒸汽20万吨，节水3402万吨，减排废水654万吨，节煤24.3万吨，节约原辅料3.87万吨。

经过努力，"十一五"期间，我市万元GDP能耗累计降低23.01%，以能源消费年均8.7%的增速支撑了全市国民经济年均14.6%的增长，超额完成了省下达的节能任务目标，受到省政府通报表彰，市政府被评为"山东省节能突出贡献单位"，记集体一等功。2009年，聊城代表山东省接受国家对海河流域水污染防治工作核查，在7省市中一举夺得了第1名的好成绩。2011年全市四项主要污染物（化学需氧量、氨氮、二氧化硫、氮氧化物）不同程度下降，是山东省四项指标均下降的3个市之一；万元GDP能耗比上年下降3.75%，超额完成了省下达的3.7%的任务。

（五）加强目标考核形成工作激励约束机制。目标考核是各级干部工作方向的"指挥棒"。2008年市委、市政府召开建设生态文明市工作会议之后，随即将主要任务进行了量化分解，包括基础设施、生态产业、环境质量、生态文化、政府责任等10大类66项指标，明确了分管领导、责任单位、时间进度、质量要求等；将其纳入各级各部门的年度目标考核体系，与经济建设、政治建设、文化建设、社会建设一并进行考核，赋予其占考核总分值20%的权重。从2009年起，又以生态文明市建设为核心，对目标管理考核体系进行了重新设计，分为生态经济、生态环境、生态文化、生态社会、政治建设、党的建设和群众满意度测评等7个方面，创造性地构建起一套设置科学、方便量化、适合操作的考核指标体系。同时，市政府每年都与各县（市区）、经济开发区签订《生态文明市建设县（市区）长、主任目标责任书》，加强对建设生态文明市工作的领导。

在重要的单项工作上，出台了更加细化的考核细则，如在节能减排上，制订了全市节能减排工作实施方案，对各县（市区）、行业部门和50户重点用能企业逐年下发节能工作目标计划，每年对县（市区）节能目标完成情况进行考核；严格落实节能减排目标考核问责制和一票否决制，落实"四不一奖"规定，对完不成节能减排任务的地方、单位和企业，一律不能参加评优树先活动，对完不成节能减排目标的县（市区）政府主要负责人和分管负责人不予提拔重用，并视情况给予政纪处分，对完不成节能减排目标的国有、国有控股企业领导班子不能享受年终考核奖励，对完不成节能减排任务或存在节能环保违法行为企业的主要负责人，不能推荐为各级党代会代表、人大代表和政协委员，对完成节能减排任务好、作出突出贡献的给予表彰奖励等。这些严格具体的措施，有力促进了生态文明市建设向前推进。

二、典型案例

案例之一：茌平信发集团——大投入带来大效益

信发集团是以生产氧化铝、电解铝为主的具有国际影响力的大型铝电企业，该企业不断延伸产业链条，建成了循环经济链网，做到了把各种资源全部"吃干榨净"。（1）赤泥处理。赤泥是氧化铝生产过程中铝土矿经强碱浸出时产生的废渣，一般每生产1吨氧化铝大约产生赤泥0.8—1.5吨。由于赤泥中含有大量的强碱性化学物质，又含有铁、铝等多种杂质，对于赤泥的无害化处理是一个世界性难题。大量堆存的赤泥不仅占用土地、浪费资源，而且构成极大的环境污染和安全隐患。信发集团在生产氧化铝的过程中，每年产生赤泥300多万吨，并需要200亩土地堆放。该集团从2008年开始，进行了两次大规模工业化试验，突破了一系列关键技术，得到了赤泥处理较成熟的工艺流程，成功攻克了从赤泥中提取烧碱的世界性难题，并将提取出的烧碱循环用于氧化铝生产，同时进一步从赤泥中提取出残留的氧化铝粉，最终的余料用于生产水泥等建筑材料。目前，国家知识产权局正式授予信发集团"关于氧化铝厂固体废弃物的综合处理工艺"发明专利。信发集团已投资16亿元建设了两条赤泥综合处理生产线，年可处理赤泥200万吨，年可提取烧碱75万吨，提取率达95%以上；氧化铝25万吨，提取率达60%以上；余料完全可作为烧制水泥的优质原料。该项目每年可以节省200亩用于堆放赤泥的土地，年可实现销售收入22.5亿元，利税5.9亿元。下一步，信发集团将再上两条生产线，达到年处理赤泥400万吨的总能力，不仅可以将该企业当年产生的赤泥"吃干榨净"，而且可以将其历史形成的库存逐步消化。这项技术，吸引美国美铝公司主动前来聊城寻求合作。（2）氯气处理。信发集团在生产提取氧化铝所需的液碱过程中，产生氯气44万吨。为此上马了70万吨聚氯乙烯项目，将全部氯气直接输送到聚氯乙烯生产车间，和氢气进行反应生成氯化氢（生产聚氯乙烯的原材料），最终形成70万吨聚氯乙烯生产能力，既减少了废气排放，又创造了新的工业产值45亿元，利税6.1亿元。

案例之二：高唐泉林集团——高科技促成新项目

泉林集团是全国知名的大型造纸企业。聊城市农业秸秆资源丰富，秸秆作为造纸原料，存在草浆滤水性能差、废液提取率低等难题。随着环保力度加大，国家限制草浆造纸业的发展，许多草浆造纸厂被关停，大量秸秆无处消化，多数采取了无序存放或就地焚烧的方法，不仅浪费了资源，而且污染了环境。泉林集团通过科技创新，开发了具有自主知识产权的"秸秆清洁制浆"、"环保型秸秆本色浆制品"、"制浆废液生产木素有机肥"三项国际领先技术，不但可以有效利用秸秆，而且利用制浆黑液制造木素有机肥，其循环经济模式得到了国家环保部的充分肯定。今年2月，国家发改委正式核准批复了泉林纸业150万吨秸秆综合利用项目。

该项目建成后，年可减少秸秆无序存放产生的水体污染COD196万吨，减少秸秆燃烧产生的二氧化碳150万吨，节省木材240万立方米，农民出售秸秆可增加收入3.5亿元（按每亩秸秆产量460千克，每吨秸秆价格240元计，为农民每亩增收110元），处理黑液、废渣可生产有机肥60万吨，增加产值9.6亿元。

案例之三：阳谷祥光集团——大循环造就"零排放"

祥光铜业集团是世界上一次建成规模最大、技术最先进的现代化铜冶炼厂，设计能力年产高纯度阴极铜40万吨。他们依托世界上最先进的节能环保技术，最大限度提高资源利用效率。（1）废气综合利用。将铜冶炼中产生的二氧化硫高效回收制造硫酸，硫总回收率达98%以上、固化率达99.9%，二氧化硫排放量比国家标准低36%。年可生产硫酸140万吨，增加产值8亿多元。（2）废水零排放。企业生产用水全部来自污水处理厂的中水。凤祥集团（农业龙头企业）肉鸡宰杀加工使用的废水经过处理后，全部用作祥光铜业的冷却用水，炼铜产生的余热又用于肉鸡宰杀处理。每天节约新水6000多吨。（3）将废渣"吃干榨净"。采用先进的浮选法处理工艺，回收炉渣中的铜；采用先进的卡尔多炉，对电解产生的铜泥中的金、银等贵金属进行回收。综合测算，资源循环利用给祥光铜业每年可带来经济效益36亿元。

在聊城，这样的例子还有很多。通过发展循环经济，既减少了排放、保护了环境，又增加了财富，成功走出了一条经济发展与环境保护的共赢之路。

三、几点启示

（一）经济发展与环境保护完全可以实现互促共赢。在有些地区为经济发展与环境保护的矛盾而困惑的时候，聊城以自己的工作实践充分证明，只要坚持生态文明的理念，按照建设生态文明的要求抓工作，经济发展与环境保护的关系就不是对立的，而是相互促进的。在经济发展的同时有效保护和改善生态环境，不仅理论上可行，而且在实际工作中完全可以做到。

（二）发展循环经济是加快转方式、调结构的最佳切入口。贯彻落实转方式、调结构的要求有多种渠道，比如"腾笼换鸟"，转移低端产业，引进高端产业；比如加大研发力度，开发高附加值产品等，都是行之有效的措施。而聊城在实践中走出一条发展循环经济的路子，也就是不断延伸产业链条，实现资源的充分利用，既实现了节能减排，保护了生态环境，又促进了经济发展，增加财政收入，从而使转方式、调结构有了具体抓手，将各项任务落到实处。

（三）环保约束是生态文明理念下的发展动力。在传统工业文明的理念下，环保指标无疑是经济发展的约束。而从聊城的实践看出，由于提出建设生态文明市的目标，从经济、社会、文化等各个方面入手，多措并举促进经济环保同步发展，使这一压力得到积极释放，倒逼转方式、调结构，促进科技创新，催生新工艺、新设备、新项目，带来新的效益，从而使压力变成动力，动力推动了发展。

（四）落实生态文明建设的任务必须有过硬的措施。建设生态文明，广大干部群众有一个认识和理解的过程。推进这项工作，一方面，决策者认识要清醒，意志要坚定，促使各级干部步调一致、持之以恒、百折不挠地向前推进；另一方面，要让广大人民群众理解和接受，使新理念被群众所掌握，转变成巨大的物质创造力和自觉的社会监督力。为此，聊城市委、市政府召开了大规模会议进行动员，制定了强有力的目标考核措施强力推进；并以通俗易懂的语言、生动活泼的形式广泛宣传，使生态文明的理念深入人心，使生态文明建设在聊城大地结出丰硕成果。

（2012年8月）

二、各媒体对聊城的重点报道

当年"借路兴聊"　如今"生态荣城"

"江北水城"数聊城

时光如白驹过隙。今日的聊城，虽不敢言有翻天覆地之变，却有不容世人小觑之实。明清时因漕运得来400年的兴盛，16年前由京九大动脉而"借路兴聊"，如今凭一汪碧水"生态荣城"，着实又是一个轮回。

"江北水城"，穿越百年时空，映照出运河古城的盛景往世和现代都市的繁荣今生，实现着经济发展与环境保护的互促共赢。

水为魂，清灵之气动古城

公元1289年，会通河开凿疏浚，成为京杭运河的重要河段，两岸街巷纵横，各种店铺、民居依河而建。明清时期，聊城被誉为"漕挽之咽喉，天都之肘腋"，为当时运河沿线九大商埠之一。

400多年的繁华之后，聊城陷入了长久的沉寂，甚至因贫困闻名，成为山东经济社会快速发展之船的沉重"船尾"。

1998年，聊城撤地设市。自那以后，"江北水城"建设逐渐拉开帷幕，古运河改造、东昌湖扩面深挖、徒骇河整治相继实施。10余年来，聊城分四期对城内运河进行了彻底"整容"，扩挖河道近10公里，河面恢复至明清通航时的宽度。两岸铺设青石，立白玉护栏，绿树成阴。过去用于行洪的徒骇河上，长100米、高5米的单体橡胶坝保证了河道的水量，1000多亩的绿色生态景区初见端倪。

水生金，繁荣盛景今再现

10年间，聊城旅游已经远不是当初的一穷二白。2011年，聊城接待国内游客的数量首次过千万；旅游总收入达到64.3亿元，4年间的平均增长率为23%。截至目前，全市已有A级景区25家，其中4A级景区4家；旅游直接从业人员5万多人。

水可以生金，不止体现在旅游产业。聊城人更在意的，是水彻底搅活了这方土地上的经济细胞，因水而带来的环境改善和人气集聚，促使众多的投资者将聊城当作投资创业的热土。秉承生态文明理念，聊城市加快推进新型工业化步伐，发展起时风机械、祥光铜业等一批以循环经济为特色的大型骨干企业。

对聊城而言，虽然经济水平尚无法与发达地区平起平坐，但"江北水城"的靓丽品牌，已经毫无疑问地成为未来发展最强大的动力。

水安民，秀美宜居享幸福

"江北水城"的牌子，聊城得来不易。历届党委政府班子多次提出这一设想，却一直没有开展实质性的工作。

从1998年开始，聊城进入了城市建设"大干快上"的阶段。随着水城明珠、水城广场、十九孔桥等基础设施的完工，聊城也渐渐"有些看头了"。

围绕城区内外的"四河一湖"，聊城开展"碧水行动"，建设了13处人工湿地；通过拦截污水进入地下管道，两条原有的排污河道变成美丽的风景线，全市污水处理率达到95.2%。城市建成区绿化覆盖率42.3%，100处具有休闲健身功能的街头绿化节点美化城区。

聊城市还将2亿元"砸"进宋代古城的地下，建成了高2.6米、宽4.5米的四大街综合管沟，除室外排水管道外，还囊括供热、供电、供水、通讯等多种管线，将成为水城的一道新景观。

国家优秀旅游城市、国家卫生城、国家环保模范城、国家园林城市……一项项荣誉，诠释着聊城城市建设的进步。走在聊城的大街小巷，从市民的穿着打扮也可以看得出，现代化的城市意识已经在这座古城中渐渐生发开来。

（《人民日报》一版，8月19日，记者 徐锦庚 卞民德）

聊城：产业链上"挖金掘银"

工业总量跃居全省第七

文化资源变成现实生产力　单位产值能耗持续下降

如何让当地资源最大优势化？怎样用最少的投入产出最大效益？聊城市的做法是：以骨干企业为龙头，把产业链做粗做长，在产业链上"挖金掘银"。

近几年来，聊城市培育起了时风、阿胶、凤祥、信发、中通等一批全国行业龙头企业，横跨一、二、三产，支撑全市经济。"要加快转变经济发展方式，提升区域经济竞争力，就必须依托现有的基础和优势产业，向精深加工和高端产品延伸，从产业链条的每个环节寻找增值空间，实现小投入大产出。"市委书记宋远方介绍，围绕这一思路，市里提出了打造"一五二"产业基地的目标：在农业方面建设生态农业及农产品深加工基地；在工业方面建设有色金属及金属加工、运输设备及零部件等五个基地；在服务业方面建立两个基地，即商贸流通及现代物流、文化旅游及休闲度假基地。

用龙头企业带动种养业。聊城市扶持培育400家规模以上农字号龙头企业，带动发展起十大农业产业加工基地。凤祥集团投资16亿元，实施现代化肉鸡养殖一体化项目，建起了一条集饲料加工、种禽繁育、鸡苗孵化、肉鸡饲养、屠宰分割、熟食品加工、海内外销售为一体的现代化肉鸡产业链条，年肉鸡屠宰能力达到2亿只，提供就业岗位1.6万个，年创社会效益10

亿元。去年，全市规模以上农字号龙头企业年销售收入560亿元，农民人均纯收入7735元，连续5年年均增长14%以上。

用链条延伸优化组合生产要素。聊城瞄准当地是我国铜、铝生产基地的优势，突出抓好铜、铝两个千亿产业聚集区和精深加工产业园建设，向精深加工和高端产品延伸产业链条。祥光铜业在世界上第一个实现了旋浮铜冶炼，阴极铜产能由原设计规模40万吨发展到60万吨，年生产副产品黄金20吨、白银600吨、硫酸170万吨，带起了一批配套和深加工企业。在铝产业链上，聚集发电、氧化铝、电解铝、汽车配件、铝精深加工等50多家企业，形成了国内最大的铝工业集中区。去年聊城工业总量跃居全省第7位，规模以上工业主营业务收入突破5000亿元。

把潜在的文化资源变成现实生产力。围绕打造两大服务业基地，阿胶养生文化苑、马颊河世界运河之窗生态旅游度假区等一批龙头项目取得明显进展，带动作用凸显。东阿阿胶借力阿胶深厚的文化底蕴，先期投资1亿元修建的阿胶古方生产线、中国阿胶博物馆、阿胶养生坊、药王庙和影视城等，引来《杨乃武与小白菜》等3部大戏在此拍摄，把看、玩、娱、购结合在一起，使阿胶文化变成集东方养生文化、旅游观光、中药保健、度假休闲、医疗于一体的综合产业。

"产业链上挖金掘银，促进了企业转型升级，经济运行质量显著提高。"据市长林峰海介绍，去年全市规模以上工业实现增加值1399亿元，实现税收157亿元，利润347.7亿元，比上年分别增长16.2%、21.5%和34.8%；今年第一季度三项指标同比分别增长23%、28.4%和27.9%，增幅居全省第二和第三位；去年全市万元生产总值能耗下降3.7%；化学需氧量削减3.81%，二氧化硫削减5.1%。

（《大众日报》一版，6月5日，记者 宋庆祥 王兆锋）

聊城：经济发展与环境保护互促双赢

聊城市委、市政府以科学发展为主题，以加快转变经济发展方式为主线，以建设"一五二"产业基地为总抓手，积极应对各种挑战，经济发展与环境保护互促共赢，迸发出新的活力。

抓项目建设促增量优化。围绕全市200个重点项目，市级领导同志落实帮包责任，各级各有关部门积极支持，项目责任单位全力以赴，一个项目一套班子大力推进。上半年，200个重点项目有167个形成投资进度，完成投资274.5亿元；其中总投资过10亿元的项目有54个开工建设，完成投资138.4亿元；重大交通项目中，火车站改造及站前广场、高唐至临清高速公路已经竣工，邯济铁路扩能改造、德商高速公路、济聊一级公路等正在加快建设，济聊城际铁路、聊泰铁路的争取工作取得新进展。

抓产业升级促工业转型。以打造铝及铝加工、铜及铜加工、精细化工、新能源汽车四大千亿产业园区为核心，引导重点企业发展精深加工、新上优质项目、延伸产业链条。上半年，信发循环经济产业园和信发高端产业园共完成投资26亿元，新上航空航天铝材、车辆船舶铝材、50万吨烧碱等项目20个；祥光铜业生态工业园完成投入10.8亿元，新上铜深加工项目7个，其中，32万吨铜导体及电气化铁路架空导线和年产5000千米矿用电缆等项目已经投产。鲁西化工循环经济产业园完成投入19亿元，新上精细化工项目5个；时风新能源汽车产业园年产20万辆电动汽车、中通新能源客车产业园年产2万辆电动客车项目取得新进展。

抓规模膨胀促三产提升。以加快建设中华水上古城、马颊河世界运河之窗生态旅游度假区、徒骇河世界运河（建筑）博览园、聊城物流园区、聊城农产品交易中心等龙头项目为重点，进一步明确思路、完善政策、加大投入、优化环境，促进文化旅游、商贸物流、金融保险、科技信息、文化创意等服务业全面发展。上半年，全市服务业完成投资112亿元，同比增长14.1%；服务业占生产总值的比重达到30%。

抓品牌建设促农业调整。夏粮生产实现"十连增"，总产量达到56.5亿斤，亩产940斤，均创历史新高。以打造富有地方特色的优质农产品品牌为抓手，大力调整农业产业结构，发展生态农业及农产品深加工。目前，聊城市无公害、绿色、有机农产品品牌和地理标志保护产品达到266个，基地面积达到321万亩；规模以上农业龙头企业达到416家，其中国家级龙头企业4家、省级30家；全市瓜菜菌总产预计达到816万吨，同比增长5.1%。

抓改革开放增发展活力。大力发展民营经济，上半年，聊城市私营企业达到1.8万户，同比增长18.6%；个体私营上缴税金达到21.92亿元，增长18.7%。实施了招商引资春季"百日会战"活动，以项目落地为目标，狠抓签约项目的跟踪落实。上半年，全市实现招商引资到位资金230亿元，同比增长12.2%。积极发展对外经贸。上半年，全市完成进出口总值28.4亿美元，同比增长14%。

在发展经济的过程中，聊城市牢固树立生态文明理念，走经济发展与环境保护互促共赢的路子。他们在持续保持农业全省领先地位和加快发展服务业的同时，工业实现了跨越发展。全市规模以上工业主营业务收入由2006年的1407.42亿元发展到2011年的5294.08亿元，翻了近两番，总量在全省的位次由第12位上升到第7位。在工业高速发展的同时，生态环境得到有效保护和持续改善。节能和减排两项指标在2006年全省综合排名双双第16位（倒数第2位）的基础上逐年攀升，到2010年上升至全省前第4位和第6位，获得了国家环境保护模范城市的称号，成为环保部成立后按新标准验收通过的全国第一个地级市。

科学调转使全市经济社会保持了又好又快发展的良好势头。上半年全市生产总值完成980亿元，同比增长12.5%，增幅居全省第2位，比去年全年前移1位；实现地方财政收入56.98亿元，增长21.1%，增幅居全省第1位；规模以上工业增加值增长21.5%，增幅居全省第2位，比去年全年前移1位；完成社会消费品零售总额344亿元，增长15.1%，增幅居全省第3位，比去年全年前移2位；城镇居民人均可支配收入达到11765元，增长15.8%，增幅居全省第2位；农民人均纯收入达到5429元，增长19%，增幅居全省第3位，实现了争先进位的要求。

（《大众日报》，10月10日，记者 宋庆祥）

聊城：生态强市　绿色崛起

工业基础薄弱的聊城市，对技术投入做加法，对能耗排放做减法，两种算法互相推动，让环境得到严格保护的同时，经济实现了高速发展。

夏收在即，聊城市高唐县的农机手们却正忙着拆下收割机上的粉碎刀。往年要粉碎还田的秸秆，今年派上了新用场。梁村镇杜屯村村民任洪彦称，原来粉碎后还得喷农药，现在不粉碎了，企业回收，一反一正一亩地能增加收入两三百块钱。老任说的企业是当地最大的造纸企业泉林纸业公司。靠着科技创新，泉林用秸秆做原料生产出本色纸，草浆造纸最难解决的黑液，也成了有机肥的原料，黑液提取率比传统方法提高了10%。

山东泉林纸业有限公司环保处处长贾明昊称，我们的水排放COD每升不超过30毫升，远远低于国家的90毫升标准。

通过研发掌握"技术绝活"，降低能耗、减少排放，已经成为聊城企业做大、做强的选择。同样处于传统行业领域的阳谷祥光铜业公司，二期工程刚刚建成投产，一种叫"旋浮铜冶炼"的技术，彻底改变了国际上通行的铜冶炼流程。

阳谷祥光铜业熔炼厂阳极炉工段长布乃祥接受记者采访时称，原来需要加天然气做还原反应，现在这个步骤省略了，一年能节省天然气1000万标方，相当于聊城市城区用气量的1／10。

像这样的技术改进，让祥光吨铜能耗比国内平均水平低了近五成。在今年有色金属市场波动的背景下，前5个月，祥光依然保持了满负荷运转。

节能减排既是一个门槛，更成为企业发展的提速器，正是因为有严格的环保标准，这些企业的竞争力才更具可持续发展能力。关闭了全市70多家"五小"企业的聊城，工业发展反而提速。去年，在全面完成节能减排任务的同时，不仅全市规模以上工业增加值由全省后列进入中游水平，还顺利摘得"国家环保模范城市"称号。

（山东卫视《山东新闻联播》，6月8日）

书记市长访谈

聊城：全面打造生态型强市名城

据山东卫视《山东新闻联播》报道，山东省十次党代会对聊城等西部地区提出了加快发展，形成新的经济隆起带的总体要求。为实现这一目标，聊城提出建设生态型强市名城目标，未来五年，实现经济发展与生态环境的互促共赢。

在聊城古运河，游客们乘船游览，独特的水城古韵给夏日带来一份清凉。

"感觉非常的惬意，聊城真的太漂亮了，就像置身于一幅画里一样。"游客告诉记者。

未来五年，一幅描绘聊城蓝图的壮美画卷也已然铺开。

中共聊城市委书记宋远方告诉记者，我们制定了工业强市、三产兴市、三农稳市、城建靓市的四字方针，提出了"全面建设生态型强市名城，创造聊城人民幸福生活"的奋斗目标。强市名城，强市要经济实力要进一步的做强，名城是指文化影响力要进一步提升。生态型指的环境保护要好。

正在建设的中华水上古城项目，将成为阐述聊城"江北水城·运河古都"城市品牌内涵的新名片。未来三年，聊城市还将有这类总投资600多亿元的200多个项目陆续建成。

宋远方说："聊城市是首批国家历史文化名城，所以我们提出要把着丰富的文化资源转变为现实的文化生产力，要把潜在的文化影响力转变为现实的城市竞争力。因此，我们结合聊城的产业规划布局，结合"一五二"产业基地规划，打造文化旅游和休闲度假目的地城市。"

未来五年，聊城市生产总值将年均增长13%，地方财政收入年均增长18%，而万元地区生产总值能耗却在"十一五"的基础上降低17%。

宋远方表示，走循环经济的道路，发展工业不但不会污染环境，还应该在节能减排的基础上增加工业产值，要做到这一点，关键的是要树立一种正确的发展的思路，按照科学发展观的要求，按照省委省政府积极作为、科学务实的态度来转方式调结构。

以生态文明理念为指导，一批生态型项目正在实施。中通新能源及节能型客车基地项目建成后，将年产客车3万辆；山东燎原光电产业园带动起光电产业集群的发展。未来五年，聊城市将着力打造有色金属及金属加工等五个基地，发展起铜及铜加工等四个年主营业务收入过千亿元的产业，建成山东产品和服务拓展中西部市场、中西部能源进入山东的"桥头堡"。

书记市长留言板：

只要我们按照省党代会的要求去做，按照我们聊城的实际去做，按照科学发展观的要求去做，未来五年我们聊城"江北水城·运河古都"城市品牌将会更加响亮，我们聊城人民的生活将会更加的富裕。我们的精神文化生活将会更加的丰富，而我们聊城人民的幸福指数也会得到进一步的提升。

（齐鲁网，7月10日）

绘聊城农产品物流交易中心蓝图
建华北最大农产品物流交易市场

聊城农产品物流交易中心是由聊城艾科农业科技发展有限公司计划投资50亿元人民币承建的项目，该项目位于聊城经济开发区，总占地4800亩，分三期建设，一期占地2200亩，二期占地1600亩，三期占地1000亩，建设工期5—7年。聊城农产品物流交易中心被列入聊城市重点建设项目，纳入了聊城经济和社会发展"十二五"规划，并被推荐为山东省重点建设项目。

聊城农产品物流交易中心将建蔬菜、果品、粮油、水产、肉食、花卉等十大批发市场，有机农产品物流交易、研发与孵化、种植加工、示范展示等十大中心。目前，该项目已累计开工建设10万平方米，完成投资近3亿元，果品理货大厅即将投入运营。

未来的聊城农产品物流中心将力争建设1个完整的有机农产品产业链；建立10个不少于1万亩的有机农业开发产业园；培育100个生态有机农业高科技企业；培育1000个有机农业合作社；培训1万名农业经纪人，使一百万农民直接受益。项目整体建成后，年交易农副产品量可望达1500万吨，三年后可拉动相关产业链条1000亿元的产值。

搭交易平台　显区位优势

山东寿光蔬菜批发市场是全国最有影响力的市场之一，其蔬菜指数也是国内蔬菜市场的晴雨表。寿光蔬菜瓜果类产量占潍坊市产量的40%以上，寿光市农民的收入70%来自蔬菜，常年上市蔬菜品种300多个，年成交蔬菜600万吨，交易额80亿元。

聊城市也是山东主要的蔬菜瓜果产地之一，蔬菜瓜果类产量与潍坊市几乎持平，人均蔬菜占有量1533.7公斤，居全省第一位，蔬菜种植面积239.9万亩，总产853.1万吨，均居全省第三位。粮食、棉花等产品在全省也占有相当大的比重。虽然聊城农业资源很丰富（目前有35个无公害农产品品牌、17个绿色农产品品牌、5个地理标志农产品），蔬菜水果总产量也明显高于寿光市，区位优势和交通运输优势更远远强于寿光市，但聊城市农业产业的集聚度、组织度、知名度、影响力等指标均明显落后于寿光市。聊城本地产的蔬菜水果很多都是通过寿光等蔬菜批发市场外销或直接由经销商收购后再转卖聊城，而南方的果蔬和北方的蔬菜也是几经倒手后在聊城分销。

这样就会产生两个明显的问题，一个问题是聊城本地蔬菜外运增加了运输成本，菜农收入减少；另一个问题是南方几经倒手后到聊城的蔬菜价格大大增加，市民买菜增加一定的额外费用，相应增加了市民的消费负担。再加上各县（市区）分块管理、分散经营，无法形成规模化聚集效应，得天独厚的农产品资源得不到有效整合，农业区域优势成了直接影响农民收入的劣势。产生上述问题，最主要的原因是缺少一个信息通畅、功能完备、统一管理、聚集效应明显的交易平台。因此，加快聊城农产品物流交易中心建设显得极为迫切。

倡科学规划　领产业升级

为全面提升聊城农产品市场的设施水平和环境面貌，增强农产品市场整体服务功能，服务和改善民生，全力打造聊城市民心工程、生态工程，调整农业产业结构，繁荣农产品市场，增加农民收入，全面推进聊城农村经济社会发展，充分发挥聊城区位和资源优势，聊城市委、市政府决定建设聊城农产品物流交易中心，该项目已被列入山东省政府重点项目，是省政府从经济战略高度，扶持发展聊城农业发展的力作。建设聊城农副产品集散、周转、批发、储运等一体化的大型农产品物流交易园区，是发展现代农产品物流业的需要，是聊城农业增效、农民增收、丰盈商贸惠及全市乃至全国农民菜篮子的重要举措。它对优化地方经济结构，安置大批农村劳动力就业，实现农业的可持续发展，都具有重要意义。

聊城毗邻冀、豫等农业大省，具有三省交界的区位优势、铁路和高速公路便利的交通优势、生态良好的环境优势，北靠京津唐等发达工业地区，既有广阔的农产品资源腹地，又有需求能力极强的大市场，经济效益前景良好。在建设传统物流交易园区的同时，市委、市政府着眼未来，在战略发展上将聊城物流交易中心定位在发展绿色有机产品上，提出了建设"艾科生态有机农业城"及不远的将来将聊城打造为华北"生态农业新城"、中国"有机农业之都"的科学规划。

由于有机农产品的价格显著高于普通农产品，价格差约在2—10倍之间。在未来，随着聊城农产品物流交易中心绿色有机农产品示范基地建设和交易平台的建成，整个聊城的农业产业结构将会出现系统调整和产业换代升级，聊城农业将矗立于山东省农产品种植、养殖、生产、加工、贸易等整个农业经济的最高端。

延产业链条　促农民增收

聊城是农业大市，是全国重要的蔬菜、粮棉生产基地和江北最大的食用菌生产基地。2009年，全市瓜菜菌类面积306万亩，总产1150万吨。在京九沿线的21个地级市中，面积为第三，总产和效益均为第一，是全国最大的供应基地。项目建成后，年交易农副产品量可达1500万吨，其中现货交易量1200万吨（占80%），电子交易量300万吨（占20%）。一期建成后，年现货交易量可达400万吨，其中蔬菜年交易240万吨、果品年交易80万吨、粮油年交易80万吨，三年后年交易收入可达到100亿元。预计到2015

年，聊城农产品物流交易中心有机农产品和食品的实物交易和电子交易额可望达到280亿元人民币，能够提供工作岗位5万余个，可拉动相关产业链条500亿元的产值，对促进全市经济持续发展和对企业自身的发展壮大都具有重要意义。

市场孕育是有困难的，但是艾科人会坚实地走出每一步。在市场运营启动的首期将运用"大户点对点、散户面对面、以大户带小户、以老户带新户"的策略，来初步完成市场氛围的形成和聚集。第二阶段，会以"市场带基地、基地带农户、本地带外地、外地反哺本地"的模式，来进一步扩大农产品交易中心的交易量。在进一步的工作进程中，聊城艾科将配合聊城市委、市政府完成聊城市的"六个一工程"，即借助1个完整的农产品产业链，引导各县（市区）分别建设不少于1万亩的农业示范园，培育100个农业高科技企业及1000个农业合作社，培训10000名农业经纪人，将使农户的收入提高5至8倍，使100万农民直接受益。

（《农民日报》，3月14日，记者 谢存海 罗新刚）

持续稳定增收空间在哪里

——山东聊城农户经营样本解析

在全国粮食生产"七连增"和农民增收"七连快"基础上，如何确保粮食增产、农业增效？如何实现农民持续增收？3月上旬，记者深入山东省聊城市乡村，选择了粮农、菜农、养殖户、农民工等四个农户，进行了样本调查。

粮农：有了规模，种粮才有效益

"去年，小麦平均亩产1150斤、玉米1380斤，260亩地纯收入大约20万元。"在聊城市茌平县冯官屯镇前赵村，种粮大户逯金亮颇显得意地说，对种粮来说，这个收入是比较高的，究其原因，一是国家政策，二是规模经营。

逯金亮介绍说，2008年初听说国家鼓励规模种粮，镇上对百亩以上农户每亩奖励100元，村里牵头办流转手续。他觉得包地比干建筑强，就拿出积蓄，以每亩225公斤小麦价格，签了45份合同，流转了260亩土地。

更让他高兴的是国家政策："去年的补贴项目，涵盖了从良种到收购的整个粮食生产过程。我买了旋耕犁、联合收割机、宽幅精播机和拖拉机，价值40多万元，国家补了10多万元，我只拿了30多万元。"

他算了一笔账：每亩地农资、化肥、工钱、承包费等直接成本1400

元，扣除银行利息、机械折旧、水利等成本，亩产1000公斤，利润约为500元。

逯金亮有个念头：耕种1000亩地，争取当"粮王"。前一阵子，他与村两委协商再流转一些地，一些村民也愿意把地交给他。"我觉得，有了规模，好用机械，好搞水利，再加上科技，亩产再能提高10%。有了规模，种粮才有效益。"

搞规模经营，逯金亮也面临一些难题：他已经投入了70多万元，因为种粮没有抵押物，难以从银行贷款；他打算再买台拖拉机，修修机井，买些农资，但他没钱了；再说，也不敢再多投，因为与农户订的是5年合同，双方对太长时间的事，心里都没底。

菜农："协会+市场+技术"就有好效益

"这几年种菜效益不错，原因有三个：一是有协会帮助，二是建了市场，三是技术高了。"临清市刘垓子镇九圣庙村邢文秀说，"九圣庙村种韭菜有20多年了，那时候是自种自销，村里没市场，只能驮着篓子赶集卖。白天割韭菜，夜里跑到城里集市抢摊位，忙活一年赚不了多少钱。"

邢文秀介绍，2004年村里成立了130户参加的韭菜协会，投资20万元，建起了韭菜专业批发市场；协会组织到寿光参观了反季节韭菜种植技术；协会对韭菜品种进行换代，统一购进零残留的农药，把住了施药关；对会员实行了统一供种、统一指导、统一购料、统一销售。2005年，九圣庙韭菜通过了国家无公害生产基地验收，注册了"圣韭"牌商标。他的韭菜种植面积从7分也扩大成了7亩。

"每到韭菜大量上市时节，协会只要打打电话，外地客商带着货车，立马就到。"邢文秀对协会大加赞赏，"下午两点半，韭菜市场上就停满了收购的货车，6点前全部交易完。而且是一手交货，一手交钱，省心！"

"这个市场，每年外销韭菜可达2000万斤！"邢文秀说，全村1000亩地，种植韭菜达800多亩。在九圣庙村周边，有20多个村种起了韭菜，面积有3000亩。生产有保证，销售不用愁，增加了种菜信心。2007年，他又承包了3亩地，韭菜面积达到了10亩。

"韭菜一年收三茬，每亩地一茬能产3000多斤，三茬近一万斤，一亩就挣一万块。加上套种的西瓜、棉花和菜花，一亩能收入一万六！"邢文秀说，韭菜套种西瓜、棉花和菜花，是他多年摸索成功的"三种三收"立体种植模式。

养猪户：盼望国家加大养殖科技投入

"去年，养猪纯收入约120万元。"东昌府区华苑畜牧公司总经理张高丞介绍，"经过更衣、换鞋、照紫外线、过消毒池4道程序，才能进入养殖区。"

张高丞认为："降低饲养成本，是提高养殖效益和抵御市场风险的根本措施。"他用米糠、麸皮等替代部分玉米，可降低一点成本；为保证饲料能量，他与中国农大搞出了混合饲料，成本降了5%，每头猪成本减了30元。

"农民说'家有万贯，带毛的不算'，确实如此。"据张高丞介绍，"一旦染病，就会成批地损失，这是养猪的一大难题。"目前，他投资100多万元，与中国动物卫生与流行病学中心联合，建立了聊城市猪疫病防控工程中心。

在养殖区总控室，张高丞打开闭路电视，21个通道展示着21个圈舍图像。他双击第10通道，"产房3"字样清晰可见，只见一群刚出生的小白猪，从保温箱里跑出来挤向猪妈妈吃奶，场面很逗人。

2009年，在政府扶持下，他投入120多万元对猪场进行了高标准改扩建，从英国引进了现代化的养猪管理系统，实现了微机化管理，完善了监测化验、人工授精等管理系统。

张高丞与中国农大合作承担了国家、省、市多项科技项目，研究掌握了"优质种猪基因遗传与种猪选育"等10项技术。张高丞急切地表示，

"给钱给物不如给技术，我们养猪户非常盼望国家能加大对养殖的科技投入。有了科技，养猪才有保证，才能稳定市场。"

农民工：从打工仔到小老板

"它叫'USB3.0'，也叫'电脑3C端子'，是我二弟从日本带回来的。以前全部依靠进口，现在我们能做了。"东阿鸿泰精密组件公司总经理张树峰指着一条金黄色带卡孔的金属条介绍。

鸿泰公司是由东阿县陈集乡张汉吴村的张树峰、张树起、张胜利三兄弟创办的。他们三兄弟和多数农村年轻人一样，曾经外出打工。

老大张树峰边打工边自学，完成了工商企业管理专业课程的学习。他把电子产品研发、生产和销售的套路摸了个一清二楚，看到了市场潜力，决心回家创业。县工业园给他划批了土地，联系了有实力的投资人，解决了企业起步的资金难题。

张树峰一边筹建企业，一边让二弟走进学校，学了精密铸造专业课程，回来后挑起了技术大梁，现在已是公司高级工程师和技术总管。后来，张树峰又把在成都打工的三弟叫了回来。

"别看我们厂子小，技术后盾和一流外资企业是同一个档次的。我们聘请的研发人员都是国内外一流的，专兼职都可，只图所用，不图所有，机制很灵活。"张树峰的话让记者明白了一些奥秘。

"这种产品，我们H62铜的利用率可达70%，而其他企业相同产品的利用率不到45%。"张树峰拿起一个汽车连接器介绍道。

（《农民日报》一版，3月29日，记者 于洪光 吕兵兵）

"有一种力量推着你走"

聊城"我承诺我清廉"廉政承诺为基层党组织注入活力

本报聊城讯 "我承诺,我清廉……严格遵守党的纪律,决不以权谋私,如有违反承诺,自愿引咎辞职,接受组织处理。"3月21日上午,茌平县博平镇75名村党支部书记,高举紧握的拳头,面对鲜艳的党旗,庄严宣誓。誓后,一一在印有镰刀和锤头的红色承诺书上,郑重签上了自己的名字。

今年以来,聊城市围绕创先争优活动,在村(居)党支部书记中开展了"我承诺、我清廉"廉政承诺活动。市纪委每名常委分包一个县(市区),与县纪委书记、组织部长一起,到各乡镇(街道)召开村(居)党支部书记廉政承诺大会,在干部、群众见证下,村支书面向党旗进行廉政宣誓,当场签下廉政承诺书。承诺书一式四份,承诺人本人留存,市、县、乡分别存档。承诺内容通过本村(居)党务(村务)公开栏、电子显示屏、党建网站等进行公示,接受群众监督。

"支部书记职务不高,责任重大。"聊城市纪委书记万志博说,"我们开展这项工作,目的就是进一步强化村(居)干部自我约束、自我监督和廉洁从政意识,切实推进基层党风廉政建设深入开展。承诺重在践诺,我们将继续完善承诺、践诺评价体系,避免'一承了之',切实做到'一承诺之'、'一诺践之',确保这项工作取得实效。"

"就像有一种力量推着你走,走慢了就觉得不对劲,有一种恐慌感。"东阿县新城街道鲁庄村党支部书记陈庆常，签了承诺书后感触很深。他说："以前我认为不贪不占就是好干部，承诺以后就不行了，要求我们要做政治上的明白人、廉洁上的清白人、事业上的有心人、群众的贴心人、经济发展的领路人。白纸黑字贴在墙上，全村群众都知道你应该干什么、干到什么程度。干不好会被戳破脊梁骨。"签下承诺书第二天，陈庆常就召开村民大会，向全体村民作了表态。

为保证"我承诺、我清廉"工作扎实开展，他们注意发挥村务监督委员会的作用，对村（居）财务收支、"三资"处置及集体投资经营活动等实行全程监督，并督促村（居）"两委"及时进行党务村务公开。截至3月底，全市村务监督委员会共参与监督重大事项12901次，提出合理化意见建议7242条，纠正违反规定决策281项，审核集体收支3954.28万元，制止不合理支出370.16万元。

（《大众日报》，4月7日，记者 宋庆祥　通讯员 李洪强 高明印）

其他报道目录

"泉林模式"让秸秆有"用武之地"

《光明日报》，6月23日

聊城：让城乡居民看病更方便快捷

中央人民广播电台《央广新闻》，6月25日

山东高唐：辛兴店来了"俩书记"

《人民日报》，6月26日

聊城大力推进文化建设 为农民幸福加分

中央人民广播电台《央广新闻》，6月29日

"深松"地 收成好

《人民日报》，7月1日

秸秆禁烧，怎样让农民"买账"

《大众日报》，7月7日

山东冠县村支书薪酬达公职人员水平

《人民日报》，7月12日

临清农民 网上闯世界

《经济日报》，7月12日

全国公开水域游泳大奖赛在聊城开幕

中央人民广播电台《央广新闻》，7月21日

冠县今年将投2.5亿元支持教育发展

《农民日报》，7月25日

天气炎热 聊城免费纳凉点 为市民送清凉

中央人民广播电台《央广新闻》，7月29日

安全储粮度汛期

《经济日报》，8月7日

土地"入托"加速东阿现代农业步伐

《农民日报》，8月20日

聊城校车司机迎大考 全面提升校车安全运营

中央人民广播电台《央广新闻》，8月25日

撩开"聊城大捷"的神秘面纱

《大众日报》，8月28日

一个农业大区的兴学重教气魄

《农民日报》，9月7日

聊城：特色社区构筑和谐生活

中央人民广播电台《央广新闻》，9月13日

山东聊城：牢记宗旨　直面群众　科学处置和化解突发性事件

人民网，10月22日

后 记

在全国上下深入贯彻落实党的十八大精神的新形势下，《生态文明看聊城》一书正式与读者见面了。

在党的十七大首次将生态文明作为全面建设小康社会的新要求写进政治报告后，刚刚闭幕的党的十八大再次对生态文明作出重要阐述，将生态文明建设与社会主义经济建设、政治建设、文化建设、社会建设作为改革发展的整体作出规划和部署。正是在全党和全社会对生态文明建设越来越重视的大背景下，中国（聊城）生态文明建设国际论坛于10月9日至11日在山东聊城成功举办。本次论坛由农工党中央环资委、中国生态道德教育促进会、北京大学生态文明研究中心、农工党山东省委、山东省生态文明研究会、山东大众报业集团联合主办，中共聊城市委、聊城市人民政府承办，来自国内外的数百位各级领导、专家学者和新闻记者，围绕"聊城现象：绿色低碳循环高速发展的工业与生态文明"这一主题，开展了广泛的学术交流，取得了丰富的理论成果，达成了重要的生态文明共识。为贯彻落实党的十八大精神，应与会专家学者和社会各界关心生态文明建设有识之士的意愿和建议，我们及时编辑出版《生态文明看聊城》一书，期待能为各地的生态文明建设带来些许裨益。

本书是对中国（聊城）生态文明建设国际论坛重大成果的集结汇总。书内原汁原味地收录了中央和省市各级领导在论坛上的贺信和致辞、领导专家的主旨演讲（部分演讲根据录音整理，未经本人审阅）、各媒体对论坛的宣传报道、论坛筹备工作文件讲话，聊城市委市政府有关生态文明建设的文件，2012年媒体对聊城成就的报道等，以期能够尽量将论坛的盛况真实地还原，使各级领导和专家学者在智慧的碰撞和思想的交融中产生的新思路和新理念，能够更好地保存、交流和传播，让广大读者共享新成果、学到真经验。

本书是继《聊城建设生态文明市的探索与实践》（新华出版社，2011年4月，宋远方博士主编）之后，又一本研究聊城生态文明建设的论著，更加清晰地勾勒出聊城市生态文明建设的脉络，同时还以鲜活的事实、生动的"聊城现象"，展示出自《聊城建设生态文明市的探索与实践》一书出版以来的新发展、新变化。我们通过本书的出版，要告知广大读者，604万聊城"愚公"始终没有止步、没有停歇，每天挖山不止一样创造着绿色奇迹，矢志不渝地在科学发展的道路上继续探索和前进。

中国生态道德教育促进会会长、北京大学生态文明研究中心主任陈寿朋教授，中共聊城市委书记、市人大常委会主任宋远方先生，中共聊城市委副书记、市长林峰海先生，应邀担任本书编委会顾问，给予了大力的关心指导。

著名生态学专家、中国生态文明研究与促进会秘书长、中国生态道德教育促进会副会长王景福先生应邀担任本书编委会主任并作序，文中系统总结了生态文明"聊城现象"的15条普适性经验，阐述了其重大意义和贡献；他还在通读全部书稿的基础上，以其对生态文明的深刻理解和对"聊城现象"的准确把握，对本书的编辑工作提出了极具建设性的指导意见。

本书编委会主任、中共聊城市委副书记王忠林先生对编辑工作提出了重要意见；编委会副主任、主编、中共聊城市委常委、宣传部部长赵庆忠先生对本书的整体结构、材料筛选、稿件编辑等提出了具体要求；编委会其他副主任、编委都给予了指导和支持。中共聊城市委宣传部、中共聊城市委外宣办、聊城报业传媒集团（聊城日报社）、聊城广播电视总台、聊城市环保局等积极参与、密切配合，为本书的编辑出版作出了积极贡献。中共聊城市委宣传部副部长刘博先生积极调度协调，为本书的编辑出版创造了良好条件；中共聊城市委宣传部新闻科科长苗保田先生具体负责材料的收集，为本书提供了大量宝贵素材。

在本书具体编辑过程中，聊城报业传媒集团抽调《聊城日报》、《聊城晚报》的骨干编辑记者，组成了强有力的编辑工作小组。集团党委书记、总编辑高文举先生，集团副总编辑吴文立先生带领全体人员连续作战，精益求精，克服重重困难，在时间紧、任务重的情况下，协助出版社圆满完成了编辑任务，确保了本书及时出版面世。

中国社会科学出版社、中国社会科学院的王斌先生、杨合申副处长等领导专家给予了大力支持。

在此，我们向在本书编辑出版过程中给予支持和帮助的上述各位领导专家和各界朋友表示衷心的感谢！

我们期盼着这一本闪烁着集体智慧结晶的《生态文明看聊城》，能够使更多的有识之士主动参与到生态文明的建设中来，成为生态文明的信奉者、传播者和践行者，使全社会在建设生态文明的大道上迅速行动起来！但是，由于时间紧，且水平有限，在编辑过程中难免出现疏漏，敬请广大读者批评指正。

编 者

二〇一二年十一月十五日